MARGOT UND ROLAND SPOHN

Welche Blume — ist das?

KOSMOS

Margot und Roland Spohn

Welche Blume ist das?

Wie ist die Seite aufgebaut?

Zur Benutzung des Buches

Zu jeder beschriebenen Blume finden Sie Angaben zum Vorkommen sowie Interessantes zu ihrer Verwendung, aus der Geschichte oder Biologie. Informative Abbildungen mit Hinweisen auf die wichtigen Merkmale erleichtern das Erkennen. Das große Hauptfoto zeigt dabei das typische Erscheinungsbild oder einen typischen Ausschnitt der Blume. Weitere Abbildungen informieren Sie über aussagekräftige, für die Bestimmung wichtige Details. Die Randspalte enthält mit Text und Bildern Angaben zum Vorkommen, wichtige Merkpunkte und zeigt eine typische Blüte. Bei Blumen, die auf einer ganzen Seite beschrieben werden, erfahren Sie in einem **„Schon gewusst?“**-Kasten etwas besonders Interessantes zu der Art.

Höhe (H)
Die Angabe beschreibt die Höhe der Blume. Auch bei kriechenden Pflanzen ist die Wuchshöhe über dem Boden angegeben und nicht die maximale Länge der waagerecht wachsenden Stängel.

Monatsangabe
Der oder die Monate geben den Blütezeitraum der Blume an. Diese Blütezeit gilt für das natürliche Hauptverbreitungsgebiet, bei Blumen, die in ganz Europa vorkommen in der Regel für Mitteleuropa.

Wissenswertes
Hier stehen interessante Informationen aus den unterschiedlichsten Bereichen wie Verwendung, Geschichte, Medizin, Biologie.

Typisches Aussehen
Ein großes Foto vermittelt einen Eindruck der ganzen Pflanze oder eines auffälligen Ausschnitts. Die Beschriftung weist auf wichtige Merkmale hin.

„Schon gewusst?“-Kasten
Der Kasten enthält, oft mit einem Bild eine besonders interessante Information zu der Blume. In manchen Fällen zeigt er auch eine verwandte Art.

Deutscher Name
Wissenschaftlicher Name
Familie

Wuchsform
Ist die Pflanze einjährig, zweijährig, oder ausdauernd? Überwintert sie als Staude, Strauch oder Baum? Bei giftigen Blumen Hinweis auf die Giftigkeit.

Lebensraum
Das Foto zeigt die Blume in einem ihrer natürlichen Lebensräume. Der Text beschreibt die weiteren Lebensräume und die Verbreitung in Europa.

Wichtige Merkpunkte
Kurzfassung wissenswerter Informationen zum Beispiel zur Bestimmung, Verbreitung oder Nutzung.

Blüte
Zeigt eine typische Blüte und weist auf wichtige Bestimmungsmerkmale im Blütenbereich hin. Bei Korbblütengewächsen ist ein ganzes Blütenkörbchen abgebildet.

Farbcode
Jede der 5 Hauptgruppen ist mit der für sie typischen Blütenfarbe gekennzeichnet (siehe Seite 1).

Symbol
Die Schemazeichnungen zur Blütenform ermöglichen eine Unterteilung innerhalb der Blütenfarben (siehe Seite 1).

Bestimmungsdetails
Die kleinen Illustrationen zeigen Ausschnitte aus der Pflanze, die für die Bestimmung wichtig sind. Es kann sich dabei zum Beispiel um Blätter, Früchte, weitere Blütenausschnitte oder Wurzeln handeln. Die zugehörigen Legenden weisen auf die typischen Merkmale hin.

Farbe der Blumen

Die Blumen sind in diesem Buch nach einem auch ohne botanische Kenntnisse sehr einfach zu erkennenden Merkmal - den Blütenfarben - in fünf Hauptgruppen angeordnet. Diese Gruppen lassen sich anhand des Farbcodes rasch auffinden.

Blütenfarbe

Der Farbcode kennzeichnet die Blütenfarben rot, weiß, blau, gelb und grün/braun. Die meisten Arten lassen sich recht einfach in diese Gruppen einordnen. Die typische Blütenfarbe ist am Besten an voll geöffneten Blüten zu erkennen.

Blütenaufbau

Eine Blüte setzt sich aus unterschiedlichen Teilen zusammen.

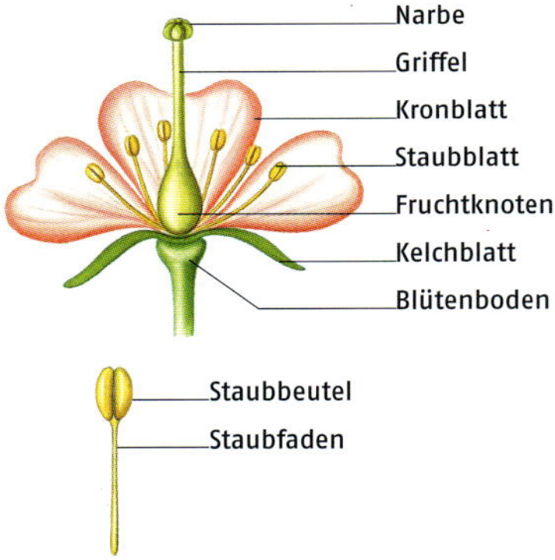

Wechselnde Blütenfarbe

Violette Blüten zeigen verschiedene Farbnuancen zwischen Rot und Blau. Wirken sie während der ganzen Blütezeit eher rotviolett, finden sie sich unter der Hauptgruppe Rot, erscheinen sie eher blauviolett, sind sie der Hauptgruppe Blau zugeordnet. Zahlreiche Blüten ändern jedoch während der Blütezeit ihre Farbe. In diesen Fällen oder wenn Blumen der gleichen Art mit unterschiedlichen Blütenfarben beieinander stehen, empfiehlt es sich, bei allen in Frage kommenden Hauptgruppen nachzuschlagen.

Die Frühlings-Platterbse blüht **rotviolett**

Die Gewöhnliche Ochsenzunge blüht **blauviolett**

Typische Blütenformen

Die Blütenform gehört zu den wichtigsten Erkennungsmerkmalen der Blumen. So sind die Farbgruppen in diesem Buch anhand von fünf Schemazeichnungen, die sich am Rand der Seiten im Farbcode wiederfinden, in weitere Untergruppen gegliedert. Die Schemazeichnungen symbolisieren den typischen Umriss der Blüte und die Anzahl der Blütenblätter. Innerhalb dieser Untergruppen können die einzelnen Teile einer Blüte in unterschiedlicher Ausprägung vorhanden sein oder auch ganz fehlen, so dass Blüten eine ganze Fülle an Erscheinungsformen aufweisen.

Blüten mit höchstens 4 Blütenblättern

getrenntblättrig mit Kelchblättern und Kronblättern; Meersenf

Blüten mit 5 Blütenblättern

Krone verwachsen, **mit Röhre und Zipfeln;** Blauroter Steinsame

Krone verwachsen, **glockig;** Echte Tollkirsche

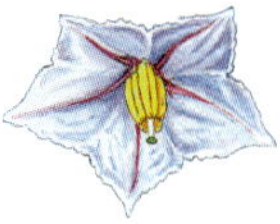

Krone verwachsen, **flach ausgebreitet;** Sodomsapfel

Blüte mit mehr als 5 Blütenblättern oder Blüten in Körbchen

Blüte mit **6 gleichartigen Blütenblättern;** Wilde Tulpe

Blütenkörbchen nur mit **Zungenblüten;** Gewöhnliche Wegwarte

Blütenkörbchen nur mit **Röhrenblüten;** Färber-Distel

Blütenkörbchen mit **Zungen- und Röhrenblüten;** Wiesen-Margerite

Blüten zweiseitig-symmetrisch

Schmetterlingsblüte; Weiß-Klee

Lippenblüte; Wiesen-Salbei

Blüte mit Sporn; Gewöhnliches Leinkraut

Orchideenblüte; Mücken-Händelwurz

Typische Blütenanordnungen

Außer der Farbe und Form der Blüten ist für die Bestimmung der Blumen auch die Anordnung der Blüten an den Stängeln wichtig. Manche Blüten stehen einzeln, andere bilden charakteristisch aufgebaute Gruppen. Besonders typisch sind diese Blütenstände dann entwickelt, wenn die Blüten voll aufgeblüht sind oder sogar die ersten davon am Verwelken oder bereits abgeblüht sind.

Traube
gestielte Blüten stehen an einem Blütenstängel; Schopfiges Kreuzblümchen

Ähre
Viele Blüten stehen dicht und ungestielt entlang dem Ende des Blütenstängels; Mittlerer Wegerich

Rispe
Der Blütenstand ist mehr oder weniger verzweigt; Tüpfel-Johanniskraut

Kolben
Entspricht einer Ähre, bei der der Stäbgel, um den die Blüten sitzen, fleischig verdickt ist; Kalmus

Dolde
Die Stiele der Blüten stehen mehr oder weniger in Etagen angeordnet; Gewöhnliche Wiesen-Schlüsselblume

Blüten in Quirlen
Die Blüten stehen mehr oder weniger in Etagen angeordnet; Gefleckte Taubnessel

aus Döldchen
zusammengesetzte Dolde
Die Stiele der kleineren Döldchen entspringen an einem Punkt am Ende des Stängels; Wasserschierling

Köpfchen
Alle Blüten stehen dicht beieinander am Ende des Stängels und bilden einen mehr oder weniger rundlichen Blütenstand; Kugelige Teufelskralle

Typische Wuchsformen

Bei gleichem Grundaufbau zeigen Blumen sehr verschiedene Wuchsformen. Wichtige Eigenschaften sind die Lebensdauer und die Art, wie sie den Winter überdauern. Ein- oder zweijährige Kräuter stehen den ausdauernden Pflanzen gegenüber. Von diesen ziehen sich die Stauden im Winter weitgehend unter die Erde zurück und überdauern mit Wurzelstöcken, Zwiebeln oder Knollen. Sträucher und Bäume dagegen strecken als Holzpflanzen ihre verholzten Stämme, Äste und Zweige auch im Winter in den Himmel.
Neben dieser Zuordnung, die bei jeder Blume in den Kurzmerkmalen angegeben ist, bestimmt die Wuchsrichtung und Verzweigung der Stängel die Wuchsform der Pflanze.

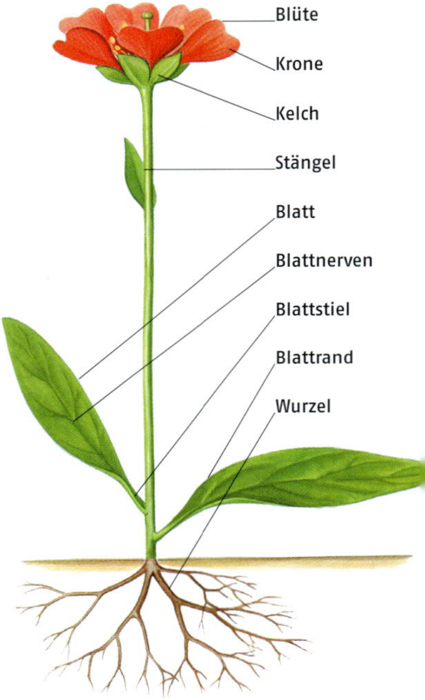

mit windenden Stängeln
Gewöhnliche Thymian-Seide

aufrecht verzweigt
Gewöhnliches Eisenkraut

Stängel niederliegend oder kriechend
Pfennigkraut

Stängel aufsteigend
Kriechendes Gipskraut

mit Blattrosette und blattlosen Stängeln
Gewöhnliches Fettkraut

Pflanze mit Ausläufern
Wald-Erdbeere

Polster
Stängelloses Leimkraut

Die Blätter der Blumen

Blattmerkmale gehören neben den Blüten zu den wichtigsten Erkennungszeichen der Blumen. Neben dem Aussehen des einzelnen Blattes kann für die Bestimmung auch noch die Anordnung der Blätter am Stängel wichtig sein.

Blattformen

Die unterschiedlichen Blattformen lassen sich bestimmten Grundformen zuordnen.

linealisch;
Junkerlilie

lanzettlich;
Kanadische Goldrute

eiförmig;
Immenblatt

herzförmig;
Zweiblättriges Schattenblümchen

nierenförmig;
Europäische Haselwurz

pfeilförmig;
Acker-Hellerkraut

fiederspaltig;
Wermut

gefiedert;
Blaue Himmelsleiter

fein zerteilt;
Gemeines Rutenkraut

handförmig;
Blutroter Storchschnabel

dreizählig;
Nickender Sauerklee

gefingert;
Vielblättrige Lupine

Blattstellungen

Die Blätter entspringen entlang der Stängel in wenigen Grundmustern. Für die Bestimmung ist es sehr hilfreich, diese Muster zu kennen. Hierzu sollte nicht die Stängelspitze, sondern ein tiefer liegender Abschnitt betrachtet werden.

wechselständig;
Warzen-Wolfsmilch

in zwei Zeilen;
Wohlriechende Weißwurz

gekreuzt gegenständig;
Ufer-Wolfstrapp

in Quirlen;
Waldmeister

Der „Schon-gewusst?"-Kasten

Ohne Blumen wäre unsere Umgebung nicht vorstellbar. Sie erfreuen unser Auge, liefern Ausgangsstoffe für verschiedene Produkte und stellen einen unverzichtbaren Bestandteil einer funktionsfähigen Natur dar. Oft machen wir uns über die Bedeutung jeder einzelnen Blumenart wenig Gedanken. In diesem Buch finden Sie deshalb für jede vorgestellte Blume Wissenswertes aus den unterschiedlichsten Bereichen. Bei ganzseitigen Arten nimmt das Wissenswerte am meisten Raum ein. In einem **„Schon gewusst?"**-Kasten wird dabei auf etwas besonders Interessantes hingewiesen.

Heilpflanzen

Blumen bilden eine Vielzahl verschiedener chemischer Substanzen, die ihnen zum Beispiel als Fraßschutz oder zur Anlockung von Bestäubern dienen. Auf den Menschen wirken einige dieser Stoffe giftig, andere liefern wertvolle Rohstoffe für pflanzliche Arzneimittel. Das Wissen über diese Heilpflanzen und ihre Wirkungen ist auch aus der heutigen Medizin nicht mehr wegzudenken. Um die große Nachfrage nach natürlichen Heilmitteln zu decken, werden viele Heilpflanzen in großem Maßstab kultiviert.

Schon gewusst?

Die Wurzeln der Dornigen Hauhechel wirken harntreibend und helfen bei Entzündungen der Harnwege. In klein geschnittener Form sind sie deshalb in vielen Nieren- und Blasentees enthalten.

Kulturpflanzen

Viele der uns heute bekannten Kulturpflanzen entstanden über langwierige Züchtungsprozesse aus heimischen Wildarten. Dabei ist die Ähnlichkeit der Wildpflanze mit den heutigen Sorten in manchen Fällen kaum mehr zu erkennen.

Schon gewusst?

Die Ursprünge des grünen Salats gehen auf den Kompass-Lattich zurück. Die Wildart gilt heute als Stammpflanze der verschiedenen Kultursorten. In China kennt man auch eine Zuchtform des Kompass-Lattichs, deren Stängel man wie Grünspargel isst.

Zierpflanzen

Viele wilde Blumen haben so auffällige und schöne Blüten, dass sie bereits als Wildform Eingang in die Ziergärten gefunden haben. In anderen Fällen haben Züchter gezielt aus den wilden Pflanzen Zierformen gezüchtet, die noch größere oder auch anders geformte und gefärbte Blüten hervorbringen. Während die Wildformen ihre Blüten entwickeln, um über die spätere Samenbildung für die Vermehrung zu sorgen, bilden manche dieser für

Schon gewusst?

Gärtnereien verkaufen besonders im Frühjahr verschiedene Kulturformen des Gänseblümchens mit größeren, gefüllten Blütenkörbchen. Bei diesen ist die Zahl der Zungenblüten vermehrt und von weiß bis rot gefärbt.

das menschliche Auge gezüchteten Formen keine Samen mehr aus.

Lebensraum für Tiere und Pflanzen

Eine ausgeräumte Kulturlandschaft bietet wilden Tieren und Pflanzen kaum einen Lebensraum und ist deshalb meist sehr artenarm. Deshalb setzen sich Naturschützer dafür ein, eine vielfältige Umgebung zu erhalten oder wiederherzustellen. Jede einzelne Blumenart spielt darin eine Rolle. Manche Tiere sind beispielsweise so spezialisiert, dass sie zum Überleben auf bestimmte Pflanzen oder Pflanzengruppen als Lebensraum oder Nahrungslieferant angewiesen sind.

Schon gewusst?

Die Pflanzen sind oft hässlich zerfressen: Rehe knabbern die Blütenknospen ab und ein roter, 6–8 mm großer Käfer, das Lilienhähnchen, frisst an den Blättern. Diese Käfer können leise zirpen, für uns nur hörbar, wenn man sie ans Ohr hält.

Die Tricks der Blumen

Wenn wir uns über farbige oder schön geformte Blüten freuen, oder über besondere Bildungen wundern, so bestaunen wir das Ergebnis raffinierter Anpassungen: Die Blumen möchten an ihren Standorten überleben und sich vermehren. So haben sie Lösungen entwickelt, wie sie am besten für eine sichere Bestäubung ihrer Blüten sorgen können, wie sie ihre Samen am weitesten und sichersten verbreiten oder wie sie besonders gut an Nährstoffe gelangen können.

Schon gewusst?

Die schwarzen „Mohrenblüten" im Zentrum der Dolde helfen bei der Bestäubung: Die Dolden werden von Fliegen besucht. Diese landen am liebsten dort, wo schon andere Fliegen sitzen. Die dunklen Blüten wirken deshalb als Fliegenattrappen.

Akeleiblättrige Wiesenraute

Thalictrum aquilegifolium (Hahnenfußgewächse)

H 40–120 cm   Mai–Juli   Staude

Vorkommen *Auenwälder, Schluchtwälder, feuchte Wiesen, zwischen anderen hohen Stauden. Hauptsächlich Mitteleuropa, in den Alpen bis in Höhen von 2300 m.*

> **zeigt nährstoffreiche, nasse Böden an**
> **Blätter ähneln denen der Wein-Raute (S. 215)**
> **schön im Wildpflanzengarten**

Die Akeleiblättrige Wiesenraute ist eine „Pinselblume“. Bei ihr sind nicht die Blütenblätter, sondern die zahlreichen Staubblätter die auffälligsten Blütenteile. Mit ihrem Duft und der Färbung locken sie zahlreiche verschiedene Insekten wie Käfer, Fliegen, Bienen und Hummeln an, die den Pollen sammeln.

Großer Sauerampfer

Rumex acetosa (Knöterichgewächse)

H 30–100 cm   Mai–Juli   Staude   (☠)

Vorkommen *Wiesen, Weiden, Wegränder, Fluss- und Bachufer. Ganz Europa.*

> **Blätter schmecken sauer**
> **fällt besonders im Mai und Juni auf**
> **zeigt Stickstoffreichtum an**

Für den sauren Geschmack der Pflanze sind die gleichen Inhaltsstoffe verantwortlich, die auch im Sauerklee (S. 117) vorkommen. Junge Blätter lassen sich als Salatbeigabe und in Suppen verwenden. Zu große Mengen führen jedoch zu Durchfall und Erbrechen und können Nierenschäden verursachen.

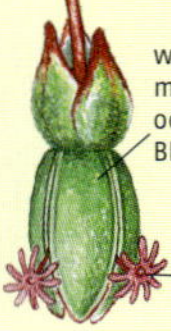

Schlaf-Mohn

Papaver somniferum (Mohngewächse)

H 40–150 cm   Juni–Aug.   einjährig   ☠

Der Milchsaft der unreifen Kapseln liefert eingedickt das als Rauschgift bekannte Opium. Die Droge löst jedoch nicht nur Glücksgefühle aus, sondern führt auch zur Sucht. In der Medizin gehört sie zu den wirksamsten Schmerzmitteln. Einzelne Bestandteile lindern auch Husten und lösen Muskelverspannungen. Von der Antike bis in die frühe Neuzeit setzten Ärzte als Betäubungsmittel bei Operationen hauptsächlich Schlaf-Mohn bzw. Opium und Bilsenkraut (S. 235) ein.

Vorkommen *Gärten, Unkrautbestände auf Schutt, Ödflächen. Ursprünglich aus Westasien, in Europa gelegentlich aus Anbau verwildert.*

- ***auch leuchtendrote oder gefüllte Sorten***
- ***Früchte bleiben lange stehen***
- ***seit der jüngeren Steinzeit kultiviert***

19

Schon gewusst?

In jeder Frucht entwickeln sich bis zu 2000 Samen. Die reifen, als Backzutat beliebten „Mohnkörner“ enthalten keine Giftstoffe mehr. Aus ihnen lässt sich auch Mohnöl auspressen.

Klatsch-Mohn

Papaver rhoeas (Mohngewächse)
H 30–90 cm   Mai–Juli   einjährig   (☠)

Vorkommen *Getreidefelder, Wege, Bahnhofsgelände, Ödflächen, an Straßenböschungen auch zur Begrünung angesät. Ganz Europa.*

- > **Blüten öffnen sich am frühen Morgen**
- > **wurzelt bis etwa 1 m tief**
- > **braucht im Sommer warme Standorte**

Jede Blüte produziert die außergewöhnlich große Menge von rund 2,5 Millionen Pollenkörnern, die sehr nahrhaft sind und von verschiedenen Insekten gesammelt werden. Besonders Hummeln warten am Morgen oft schon auf den Blüten, bis sich diese entfalten. Den meisten Blütenstaub geben die Blüten morgens bis etwa 10 Uhr ab.

Meersenf

Cakile maritima (Kreuzblütengewächse)
H 15–30 cm   Juli–Okt.   einjährig

Vorkommen *An sandigen oder kiesigen Meeresstränden im Spülsaum. Wächst oft in lockeren Gruppen. Küsten ganz Europas.*

- > **Blätter oft mit schmalen Abschnitten**
- > **verträgt Salz**
- > **schmeckt scharf**

Der Meersenf gehörte zu den ersten Blütenpflanzen, die die Vulkaninsel Surtsey nach deren Entstehung besiedelten. Der obere Teil seiner zweigliedrigen Frucht enthält ein lufthaltiges Gewebe und kann mit Wasser weit weggespült werden, der untere verbleibt zunächst an der Pflanze, fällt später zu Boden und verankert sich dort.

Rundblättriges Hellerkraut

Thlaspi cepaeifolium (Kreuzblütengewächse)
H 5–15 cm   Juni–Sept.   Staude

Das Rundblättrige Hellerkraut fällt besonders durch seinen ungewöhnlichen Standort auf: Es wächst oft ganz allein als Rasen in Schutthalden, die noch in Bewegung sind. Seine langen, mehrere Jahre alt werdenden Stängel kriechen zwischen dem Geröll. Werden sie abgerissen, bewurzeln sie sich einfach wieder und wachsen zu einer neuen Pflanze.

***Vorkommen** Lockerer, grober Kalkschutt, Geröllhalden. In Höhen von 1500 bis über 3000 m. Gebirge Mittel- und Südeuropas.*

> ***braucht Feuchtigkeit im Untergrund***
> ***wird gern von Gämsen gefressen***
> ***überwintert meist mit grünen Rosetten***

21

Großer Wiesenknopf

Sanguisorba officinalis (Rosengewächse)
H 30–150 cm   Juni–Sept.   Staude

Der wissenschaftliche Name der gerbstoffreichen Pflanze bedeutet so viel wie „Blut aufnehmen". Früher benützte man die Wurzeln als blutstillendes Mittel bei zu starker Monatsblutung, das Kraut (Blätter und Stängel) bei Wunden. Die blutrote Farbe der Blütenköpfchen deutete man dabei als Zeichen für die Wirksamkeit.

***Vorkommen** Feuchte und nasse Wiesen, Moor- und Bergwiesen. Auf gedüngten oder schwach gedüngten Böden. Fast ganz Europa.*

> ***Blütenköpfe nicken vor dem Aufblühen***
> ***fällt durch das sehr dunkle Rot auf***
> ***braucht ausreichend Feuchtigkeit***

Heidekraut

Calluna vulgaris (Heidekrautgewächse)

H 30–100 cm   Aug.–Okt.   Strauch

Vorkommen *Heiden, magere Weiden, helle Kiefernwälder, Moore, Felsen. Auf nährstoffarmen, sauren Böden an hellen Standorten. Ganz Europa.*

> ***heißt auch „Besenheide"***
> ***kann ganze Landstriche in rosa Blütenmeere verwandeln***
> ***eignet sich für Trockensträuße***

Auf Flächen, die mit Heidekraut bewachsen sind, können sich Bäume im Vergleich zu anderen offenen Standorten nur spärlich oder verspätet ansiedeln. Die Wurzeln setzen Stoffe in den Boden frei, die das Wachstum von vielen Pilzen unterdrücken. Damit hemmen sie gleichzeitig die Bäume, die auf eine Lebensgemeinschaft mit diesen Pilzen angewiesen sind. Bienen sammeln den Nektar der Blüten für „Heidehonig". Früher stellte man aus den Zweigen Besen her.

Schon gewusst?

„Heide" leitet sich vom germanischen haithio ab und bedeutet „wildes, unbebautes Land". Die Nichtchristen werden auch so genannt, weil sie auf dem Land lebend zuletzt oder gar nicht von Missionaren erreicht wurden.

Schnee-Heide

Erica carnea (Heidekrautgewächse)
H 15–30 cm Jan.–April Strauch

Als Winterblüher und immergrüner Bodendecker wird die Schnee-Heide gern und in vielen Sorten in Gärten kultiviert. Es gibt Formen mit gelblichen Blättern und Blütenfarben von Weiß bis Dunkelviolett. Die Blütenkrone fällt erst lange nach der Bestäubung der Blüten ab, so dass über lange Zeit der Eindruck einer blühenden Pflanze besteht.

Vorkommen *Häufig in Gärten gepflanzt. Wild in sonnigen Kiefernbeständen der Gebirge Mittel- und Südeuropas. Auf meist kalkhaltigen Böden.*

> ***heißt auch „Erika-Heide"***
> ***Blütenknospen bereits im Herbst vorhanden***
> ***lockt Bienen, Falter und andere Insekten an***

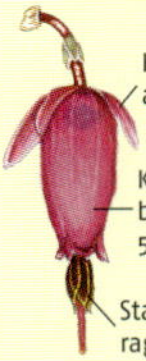

Gestreifter Seidelbast

Daphne striata (Seidelbastgewächse)
H 10–35 cm Mai–Juli Strauch ☠

Der germanische Gott Ziu war wohl der Namenspate für „Zeiland" und „Seidelbast", Bezeichnungen, die ursprünglich für den Gewöhnlichen Seidelbast (S. 24) galten. Dem etwas an eine Alpenrose (S. 41) erinnernden Gestreiften Seidelbast gab man Namen wie „Steinröschen" oder „Bergrosen".

Vorkommen *Bergheiden mit niedrigen Sträuchern, Bergrasen. In Höhen von 1500 bis 2800 m auf Kalkböden in den Alpen.*

> ***Wuchs niederliegend***
> ***Blätter immergrün***
> ***Blüten duften fliederartig***

Gewöhnlicher Seidelbast

Daphne mezereum (Seidelbastgewächse)

H 40–120 cm März–April Strauch

Vorkommen *Krautreiche Wälder, Gebüsche oberhalb der Waldgrenze, Felsschutt. Fast ganz Europa bis in Höhen über 2000 m.*

> ***tödlich giftig***
> ***stark duftende Blüten erscheinen vor den Blättern***
> ***abgebrochene Zweige riechen unangenehm***

Der Gewöhnliche Seidelbast heißt auch „Kellerhals", ein Name, der sich von „Quälerhals" ableitet. Er bezieht sich auf die besonders in Rinde und Samen enthaltenen scharfen Giftstoffe, die im Hals zu heftigem Würgegefühl und starker Entzündung führen. Bereits wenige Beeren können einen tödlichen Schock oder Kreislaufkollaps bewirken. Hautkontakt mit dem Saft kann zu Rötungen und Blasen führen.

Schon gewusst?

Bachstelzen und Drosseln fressen die roten Früchte und speien die Kerne wieder aus. Ihnen schaden die Giftstoffe offensichtlich nicht.

Zottiges Weidenröschen

Epilobium hirsutum (Nachtkerzengewächse)
H 80–150 cm   Juni–Sept.   Staude

Die Samen des Zottigen Weidenröschens können mehrere Wochen auf dem Wasser schwimmen. Im 18. Jahrhundert nutzte man seine Samenhaare und die des Schmalblättrigen Weidenröschens (S. 26) als Stopfmaterial für Polster und Bettdecken und fertigte Dochte und kleine Stricke daraus. Ihr Wert als Faserlieferant ist jedoch nur gering, da sie sich nicht verspinnen lassen.

viele Blüten in den Achseln der oberen Blätter

Blattrand mit nach vorn gerichteten Zähnen

Blätter sitzend

Frucht langgestreckt, weich behaart

Vorkommen *Bäche, Grabenränder, Quellen. Auf nassen, nährstoffreichen, meist kalkhaltigen Böden. Fast ganz Europa.*

> ***Pflanze zottig behaart***
> ***verträgt auch verschmutztes Wasser***
> ***schön im Wildpflanzengarten***

4 etwas eingebuchtete Kronblätter

Blüte 1–2 cm breit, tiefrosa bis purpurrot

Fruchtknoten wirkt wie ein dicker Stiel

Sumpf-Weidenröschen

Epilobium palustre (Nachtkerzengewächse)
H 10–50 cm   Juli–Sept.   Staude

Als Pflanze ohne Blüten erinnert das Sumpf-Weidenröschen ebenso wie andere Weidenröschen etwas an einen Weidenzweig. Die blühenden Stängel gehörten vielerorts in die Kräuterbündel, die an Mariä Himmelfahrt geweiht wurden. Sie sollten bei Gewittern das Haus vor einschlagenden Blitzen schützen.

Blätter nur 2–7 mm breit

Blüten in den Achseln der oberen Blätter

Stängel kaum verzweigt

Vorkommen *Gestörte Flachmoore, Grabenränder, nasse Wiesen. Meist auf kalkarmen Böden. Fast ganz Europa.*

> ***Samen wie bei allen Weidenröschen mit Haarschopf***
> ***bevorzugt kühle Böden***
> ***wächst einzeln oder in kleinen Gruppen***

4 vorn tief eingebuchtete, 4–7 mm lange Kronblätter

Fruchtknoten wirkt wie ein dicker Stiel

Schmalblättriges Weidenröschen

Epilobium angustifolium (Nachtkerzengewächse)

H 60–120 cm Juli–Aug. Staude

Vorkommen *Waldlichtungen, Kahlschläge, Sturmwurfflächen, Waldwege, Ufer. Auf meist kalkarmen Böden. Fast ganz Europa.*

> ***Samen leben nicht lange***
> ***auffälligste Weidenröschen-Art***
> ***kann riesige Flächen bedecken***

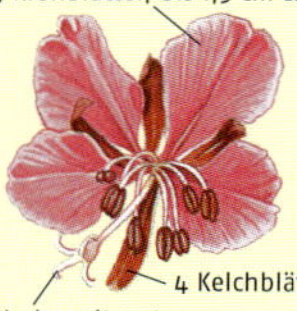

Die Volksheilkunde empfiehlt Tee aus dem Schmalblättrigen Weidenröschen gegen Vergrößerungen der Prostata (Vorsteherdrüse). Ganz junge Blätter und Triebe eignen sich auch für Wildgemüse. Die Blüten sind nur anfangs strahlig-symmetrisch. Während der Blütezeit rücken die beiden unteren Kronblätter nach oben, die frei werdende Lücke wird vom unteren Kelchblatt eingenommen, so dass die Blüten zweiseitig-symmetrisch werden.

Schon gewusst?

Jede Pflanze bildet viele Tausend winzige Samen, die dank ihrer Haarschöpfe bis 10 km weit fliegen können. So kann die Art neue Standorte rasch und in großer Zahl besiedeln.

Wasser-Minze

Mentha aquatica (Lippenblütengewächse)
H 20–80 cm Juli–Okt. Staude

Die Wasser-Minze zählte neben dem Echten Mädesüß (S. 116) und dem Eisenkraut (S. 170) zu den heiligen Kräutern der Druiden. Man kann sie für Tee sammeln, allerdings ist ihr Aroma nicht so angenehm wie das der Pfeffer-Minze. Diese kommt wild nicht vor, sondern entstand erst Ende des 17. Jahrhunderts in England aus einer Kreuzung der Wasser-Minze mit der Grünen Minze.

***Vorkommen** An Ufern, in Gräben, im Schilf, auf nassen Wiesen und Moorwiesen. Ganz Europa.*

> ***riecht und schmeckt nach Pfeffer-Minze***
> ***erträgt Überschwemmung***
> ***duftende Blüten locken viele Insekten an***

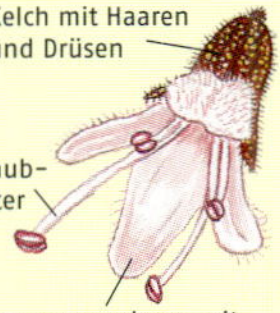

Ross-Minze

Mentha longifolia (Lippenblütengewächse)
H 50–100 cm Juli–Sept. Staude

„Ross“ soll auf den geringeren Wert dieser Art im Vergleich zu anderen Minzen hinweisen und auf den Duft, der etwas an Pferdeurin erinnert. Offensichtlich wurde sie früher auch zur Behandlung von Pferdekrankheiten verwendet. Als Teepflanze ist sie weniger geeignet. Die asiatische Küche kennt sie jedoch als Gewürz.

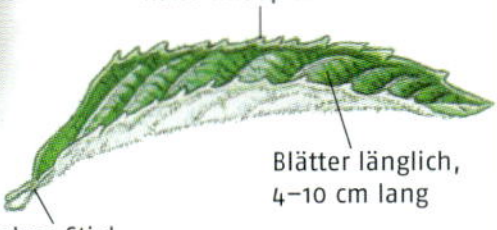

***Vorkommen** Ufer, nasse Weiden, Gräben, Wegränder. Auf nassen, oft auch zeitweise überschwemmten Böden. Besonders Mittel- und Südeuropa.*

> ***Blattunterseite weißfilzig***
> ***riecht aromatisch, etwas pfefferminzähnlich***
> ***zeigt nasse Standorte an***

Gewöhnliches Seifenkraut

Saponaria officinalis (Nelkengewächse)
H 30–80 cm Juni–Sept. Staude (☠)

Vorkommen *Unkrautbestände an Flussufern, Wegen, auf Schuttplätzen, Dämmen, Ödland. Auf nährstoffreichen Böden. Fast ganz Europa.*

> ***blüht manchmal auch weiß***
> ***rübenförmige Hauptwurzel***
> ***duftet besonders abends und nachts***

Oft sind die Staubbeutel schwarzviolett gefärbt. Die Pflanzen sind dann von einem Brandpilz befallen, die Staubbeutel enthalten statt dem Blütenstaub der Pflanze nur Pilzpulver, das nun durch Insekten zu anderen Blüten transportiert wird. In der Medizin helfen die Wurzeln gegen Katarrhe der Atemwege, da sie zähe Schleime verflüssigen. Größere Mengen wirken jedoch giftig. Sie lösen Erbrechen aus und reizen die Schleimhäute.

Schon gewusst?

Die Wurzeln enthalten Stoffe, die mit Wasser einen Schaum bilden und Waschkraft entfalten. Wurzelauszüge dienten früher als Seife, besonders zum Waschen von Wolle. Für diesen Zweck wurde die Pflanze bis zum Beginn des 20. Jahrhunderts kultiviert.

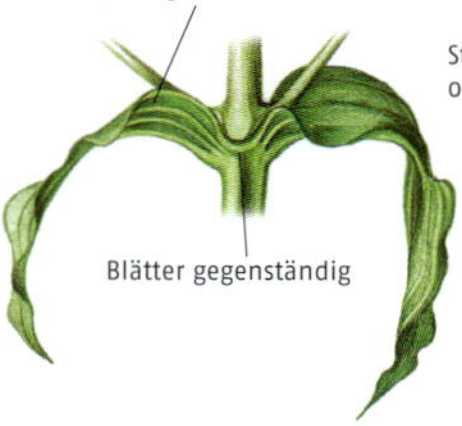

Kleines Seifenkraut

Saponaria ocymoides (Nelkengewächse)
H 10–30 cm April–Okt. Staude (☠)

Bei der Blütenpracht, die das Kleine Seifenkraut entwickeln kann, ist es kein Wunder, dass es auch als Zierpflanze für Steingärten beliebt ist. An Mauern kommt ihm eine Eigenschaft zu Gute, die ihm auch beim Besiedeln von Schuttflächen hilft: Es sitzt mit einer kräftigen Hauptwurzel fest im Untergrund, die Stängel liegen dagegen nur locker darüber.

Vorkommen *Trockene Hänge, Steinschutt, Wegränder, Straßenböschungen, lichte Wälder. In Höhen bis 2200 m. Mittel- und Südeuropa.*

> ***lockt Schmetterlinge an***
> ***kann ausgedehnte Rasen bilden***
> ***Blütenfarben von hellrot bis Tiefpurpurrot***

Kriechendes Gipskraut

Gypsophila repens (Nelkengewächse)
H 8–25 cm Mai–Aug. Staude

Die Pflanze überdeckt den Schutt teppichartig und hilft ihn zu festigen. Ihre meist zahlreichen Blüten locken Fliegen, Hummeln und Tagfalter an. Obwohl das Kriechende Gipskraut aus den Hochlagen der Gebirge kommt, ist es relativ kälteempfindlich. Es überwintert unbeschadet unter einer schützenden Schneedecke, fehlt diese jedoch, stirbt es ab.

Vorkommen *Kalkschutthalden bis auf 2800 m, steinige Ufer von Alpenflüssen. Gebirge Mittel- und Südeuropas.*

> ***wirkt zierlich***
> ***blüht rosa oder weiß***
> ***Stängel und Blätter sterben im Winter nicht ab***

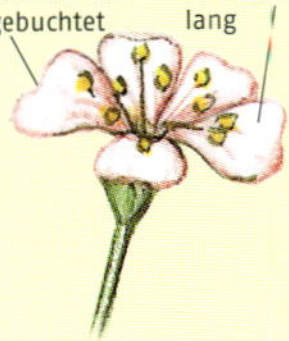

Kartäuser-Nelke

Dianthus carthusianorum (Nelkengewächse)

H 15–50 cm   Juni–Sept.   Staude

***Vorkommen** Magere Rasen, sonnige Hänge, Böschungen, Waldränder. Auf meist kalkreichen Böden.*

> ***duftet wie Gewürznelken, ist aber nicht mit diesen verwandt***
> ***benötigt viel Wärme***
> ***kann auch in Felsspalten wachsen***

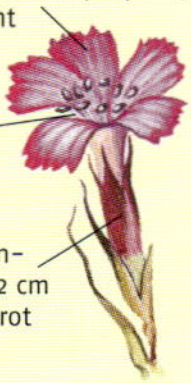

„Näglein" hießen im Mittelalter die Blütenknospen des südostasiatischen Gewürznelkenstrauches. In der Renaissance nannte man dann die ähnlich duftenden Garten-Nelken „Näglein-Blumen", verkürzte dies zu „Nelke" und bezeichnete so eine ganze Gruppe von Pflanzen. „Kartäuser-Nelke" bezog sich zuerst wohl auf die Bart-Nelke, die früher oft in Klostergärten wuchs.

Heide-Nelke

Dianthus deltoides (Nelkengewächse)

H 15–40 cm   Juni–Sept.   Staude

***Vorkommen** Magere Rasen und Weiden über Silikatgestein, Böschungen, Sandrasen. Auf trockenen Böden. Mittel- und Nordeuropa.*

> ***Blüten nachts geschlossen***
> ***Pflanze braucht Wärme***
> ***Pflanze mit blühenden und nichtblühenden Stängeln***

An geeigneten Orten kann die Heide-Nelke dichte Rasen bilden. Sie ist ebenso wie andere Nelken nicht nur durch Pflücken, sondern auch durch die düngende Wirkung von Luftverunreinigungen gefährdet. Für Gärten gibt es auch weiße, rosafarbene, rote und gefüllte Sorten. Die duftenden Blüten locken Tagfalter an.

Gewöhnliche Kornrade

Agrostemma githago (Nelkengewächse)

H 40–100 cm   Juni–Juli   einjährig   ☠

Die Gewöhnliche Kornrade war früher gefürchtet, da sie das Mehl vergiften konnte. Sie wurde zusammen mit dem Getreide abgemäht, ihre Samen fielen beim Dreschen aus den Fruchtkapseln und mischten sich unter das Korn. Da sie sich in der Größe kaum von diesem unterscheiden, konnten sie nur schwer abgetrennt werden. So gelangten sie in die Mühlen oder bei der nächsten Aussaat wieder auf den Acker. Die Giftstoffe führen zu Schwindel, Krämpfen und Tod.

Vorkommen *Getreideäcker, vor allem in Wintergetreide, Sandrasen. Auf humosen, sandigen oder lehmigen Böden. Fast ganz Europa.*

> ***Blüten locken Schmetterlinge an***
> ***führte früher zu Massenvergiftungen***
> ***Samen fallen kaum von selbst aus den Früchten***

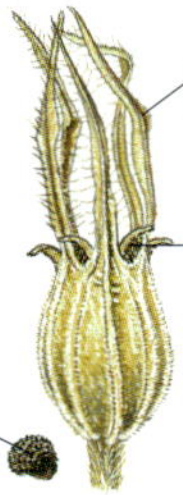

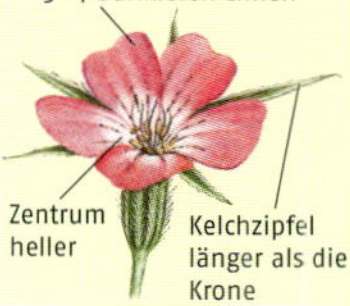

Schon gewusst?

Durch die modernen Methoden der Saatgutreinigung und durch Unkrautvernichtungsmittel ist die Kornrade in den Äckern selten geworden. Gelegentlich ist sie in Wildblumenmischungen enthalten.

Kuckucks-Lichtnelke

Silene flos-cuculi (Nelkengewächse)
H 30–80 cm   Mai–Juli   Staude   (☠)

Vorkommen *Wiesen, Sumpf- und Moorwiesen. Auf nassen oder feuchten nährstoffreichen Böden. Von der Ebene bis ins Gebirge in ganz Europa.*

- > ***zeigt feuchten Boden an***
- > ***Blüten wirken zerzaust***
- > ***schön in Wildpflanzengärten***

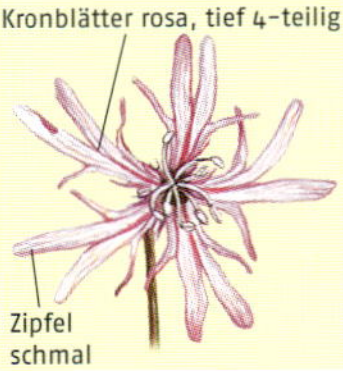

Die Blütezeit im Frühling führte zur Namensgebung nach dem Kuckuck als Frühjahrskünder. Auch der häufig an der Pflanze zu findende Schaum von Schaumzikaden, hat wohl mit dazu beigetragen. Diesen nennt man im Volksmund „Kuckucksspeichel". Früher glaubte man, dieser Vogel habe bei seiner Ankunft im Frühjahr auf die Pflanzen gespuckt.

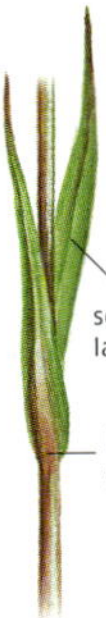

Stängelloses Leimkraut

Silene acaulis (Nelkengewächse)
H 1–5 cm   Juni–Sept.   Staude   (☠)

Vorkommen *Steinige Rasen, Felsgrate, Schutthänge auf Kalk. Nordeuropa, Gebirge in Mittel- und Südeuropa. In den Alpen von etwa 1500 bis 3000 m.*

- > ***bildet charakteristische Polster mit Pfahlwurzel***
- > ***wird auch „Blühendes Moos" genannt***
- > ***Blüten duften***

Die Polster sind gut an den rauen Standort mit Wind und Schnee angepasst. In ihrem Innern reichert sich Humus an, der Nährstoffe liefert und Feuchtigkeit speichert. Bei Sonne erwärmen sich die Polster bis etwa 15 °C über die umgebende Lufttemperatur. Dies fördert wohl die Blütenentwicklung und Fruchtreife. Die Blüten sind nur tagsüber geöffnet.

Rote Lichtnelke

Silene dioica (Nelkengewächse)
H 30–90 cm April–Sept. Staude (☠)

Die männlichen und die weiblichen Blüten sitzen auf verschiedenen Pflanzen. Beide locken besonders Tagfalter und langrüsselige Hummeln als Bestäuber an. Wiesen an geeigneten Standorten sind im Mai durch die üppige Blütenpracht oft rotviolett gefärbt. Nur wenige Nachzügler blühen später.

***Vorkommen** Feuchte Wiesen und lichte Wälder. Fast ganz Europa.*

> ***zeigt nährstoffreiche Böden an***
> ***Blüten duften nicht***
> ***die ähnliche Weiße Lichtnelke blüht weiß***

Grasnelke

Armeria maritima (Bleiwurzgewächse)
H 5–50 cm Mai–Nov. Staude

Die Grasnelke verträgt nicht nur Salz, einige Sippen können sogar Böden besiedeln, die mit giftigem Schwermetall verseucht sind. Die Pflanze lagert die aufgenommenen Metalle dann in die Blätter am Grund ein. Die Blütenköpfe behalten auch getrocknet in Trockensträußen ihre Farbe und Form. Man darf sie jedoch nicht von Wildpflanzen sammeln, da diese geschützt sind.

***Vorkommen** Strand- und Salzwiesen der Meeresküsten, Trockenrasen. Auf sandigen oder steinigen, salzhaltigen Böden. Nord-, Mittel- und Westeuropa.*

> ***Blätter grasartig***
> ***bildet eine lange Pfahlwurzel aus***
> ***ist an Salzstandorte angepasst***

Vogel-Knöterich

Polygonum aviculare (Knöterichgewächse)

H 5–50 cm   Mai–Nov.   einjährig

Vorkommen *Wege, Wegränder, Risse in Asphalt, Pflasterplätze, Unkrautbestände. Ganz Europa.*

- > ***wächst flach oder aufrecht***
- > ***sehr trittfeste Pflanze***
- > ***zeigt Stickstoff im Boden an***

Wie der Name andeutet, fressen Vögel gern die Samen. So sieht man in den Dörfern häufig Spatzen an den Pflanzen picken. Die vielgestaltige Art begleitet den Menschen seit der jüngeren Steinzeit und kommt heute weltweit in den gemäßigten Zonen vor. Die Samen haften gut an Schuhsohlen und werden so entlang der Wege verschleppt.

Wasser-Knöterich

Persicaria amphibia (Knöterichgewächse)

H 30–300 cm   Juni–Sept.   Staude

Vorkommen *Zwischen anderen Pflanzen in Teichen, an Ufern, in Nasswiesen, auf nassen Äckern und Schuttplätzen. Ganz Europa.*

- > ***sehr variabel im Wuchs und Standort***
- > ***Blüten duften angenehm***
- > ***bildet nur an feuchten Standorten Samen aus***

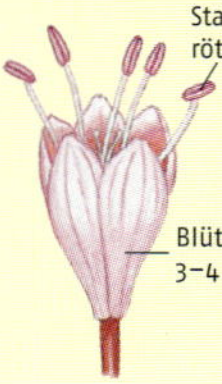

Der Wasser-Knöterich wächst entweder als Wasserpflanze mit Schwimmblättern oder als Landpflanze mit aufrechtem Stängel. Er ist dabei so flexibel, dass er von einer Form in die andere wechseln kann. Fallen Gewässer trocken, wächst er einfach als Landform weiter. Er verträgt auch starke Wasserschwankungen besser als viele andere Wasserpflanzen.

Schlangen-Wiesenknöterich

Bistorta officinalis (Knöterichgewächse)

H 30–100 cm Mai–Juli Staude

Die Pflanze ist nicht nur schön anzusehen, sondern auch nützlich: In den Blüten finden Insekten reichlich Nektar. Junge Stängel und Blätter werden gern vom Vieh gefressen und ergeben schmackhaftes Wildgemüse. In Sibirien und auf Island aß man früher den gerösteten, stärkereichen Wurzelstock. Gemahlen diente er auch zum Strecken von Mehl. In der Volksheilkunde verwendet man ihn gegen Durchfall und Rachenentzündungen.

Vorkommen *Nasse Wiesen, Auenwälder, Ufer. Von der Ebene bis ins Gebirge. Mitteleuropa.*

- ***kann oft große Flächen bedecken***
- ***zeigt nasse Böden an***
- ***auch für das Ufer des Gartenteichs geeignet***

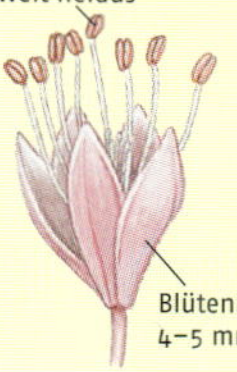

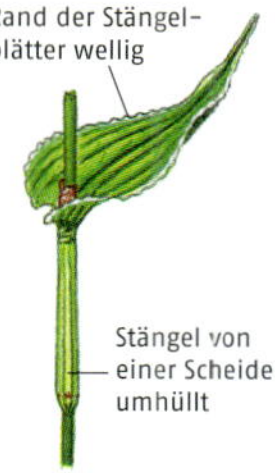

Schon gewusst?

In dem gewundenen Wurzelstock sah man früher einen Hinweis auf die Heilkraft der Pflanze. So geben Kräuterbücher des 16. Jahrhunderts an, dass ein aus der Pflanze destilliertes Wasser wirksam gegen Bisse von Giftschlangen sei.

Wilde Malve

Malva sylvestris (Malvengewächse)

H 30–100 cm Juni–Okt. Staude

Die scheibenförmigen, plattgedrückten Früchte ähneln einem kleinen Käseleib. Besonders Kinder haben sie früher in unreifem Zustand gesammelt und roh gegessen. Sie erinnern im Geschmack etwas an Kohl. Im 16. Jahrhundert galt die Wilde Malve noch als Allheilmittel, heute verwendet man die Blätter und Blüten nur noch bei trockenem Reizhusten und entzündeten Rachenschleimhäuten. Dunkle Malvenblüten eignen sich auch zum Färben von Lebensmitteln.

Vorkommen *Sonnige Unkrautbestände an Wegen, auf Schuttplätzen, Ödflächen. An eher warmen, trockenen Standorten. Fast ganz Europa.*

- > ***blüht über einen langen Zeitraum***
- > ***Blüten rosaviolett oder dunkelpurpurn***
- > ***heißt auch „Große Käsepappel"***

36

Schon gewusst?

Auf den Blättern der Malven sitzen häufig rostfarbene Pusteln. Sie stammen von einem Rostpilz. Die von ihm befallenen Pflanzen sterben zwar nicht ab, sehen aber nicht mehr sehr schön aus.

Graubehaarte Zistrose

Cistus incanus (Zistrosengewächse)
H 30–100 cm April–Juni Strauch

Aus den Blättern und Zweigen einer Unterart bereitet man „Cystus-Tee", der Herz- und Kreislauferkrankungen vorbeugen und die allgemeine Abwehrkraft verbessern soll. Extrakte wirken auch gegen Halsschmerzen und konnten zumindest in Laborversuchen die Vermehrung von Grippeviren hemmen – eine Fähigkeit, welche die Bedeutung der Pflanze in Zukunft steigern könnte.

Vorkommen *Lockere Wälder und Buschgebiete im Mittelmeerraum, außer in Frankreich und Spanien.*

> ***ist an Trockenheit angepasst***
> ***erinnert aus der Ferne an eine Rose***
> ***blüht nur vom Morgen bis zum frühen Nachmittag***

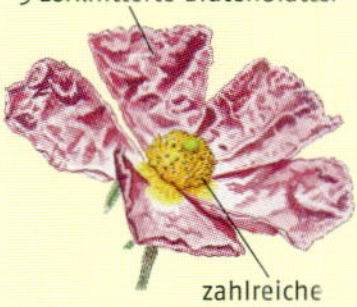

Acker-Gauchheil

Anagallis arvensis (Primelgewächse)
H 5–30 cm Juni–Okt. einjährig ☠

Der Acker-Gauchheil galt früher als wirksame Heilpflanze gegen Geisteskrankheiten („Gauch" = Narr, Tor). Die Blüten öffnen sich morgens gegen 9 Uhr und schließen sich nachmittags spätestens ab 15 Uhr. Da sie sich auch bei bewölktem Himmel und damit bei bevorstehendem Regen schließen, hielt man die Pflanze für eine Wetterprophetin.

Vorkommen *Unkrautbestände in Äckern, Gärten, an Straßenrändern, auf Schuttplätzen. Auf nährstoffreichen Böden. Ganz Europa.*

> ***oft flächig an Straßenrändern***
> ***Früchte krümmen sich zum Boden***
> ***braucht viel Licht***

Europäisches Alpenveilchen

Cyclamen purpurascens (Primelgewächse)

H 5–15 cm Juni–Sept. Staude ☠

Vorkommen *Laubwälder auf Kalkgestein. In den Gebirgen Mittel- und Südeuropas.*

- ***Blätter immergrün***
- ***Knolle ragt meist etwas aus dem Boden***
- ***überall geschützt, nicht ausgraben!***

In der Antike gehörte die Pflanze zu den – nicht ungefährlichen – Zutaten von Liebestränken. Griechen und Römer pflanzten sie auch in die Nähe von Häusern, im Glauben, dies schütze vor der Wirkung von Gifttränken. Im Mittelalter hieß die Pflanze noch „Erdapfel“ – später „Erdscheibe“, Namen die sich von der Form der Knolle ableiten. Erst gegen Ende des 19. Jahrhunderts kam der Name „Alpenveilchen“ auf. Vergiftungen können zu Atemlähmung führen.

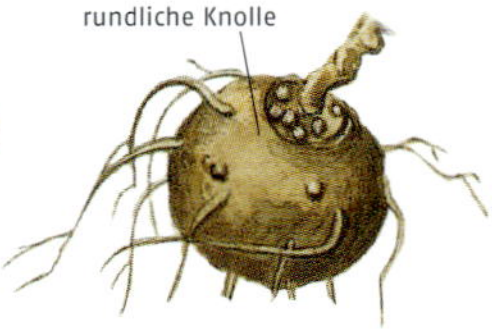

Schon gewusst?

Bereits im März blüht das Vorfrühlings-Alpenveilchen, das wild in Bulgarien und auf der Krim wächst. Bei uns findet man es als Zierpflanze in Gärten.

Milchkraut

Glaux maritima (Primelgewächse)
H 3–20 cm Mai–Aug. Staude

Das Milchkraut ist gut an seinen salzigen Standort angepasst. Es besitzt spezielle Drüsen auf den Blättern. Durch diese kann es das giftige Salz, das es aus dem Untergrund aufgenommen hat, einfach wieder ausscheiden. Glaux war bereits in der Antike der Name einer Pflanze, welche die Milchleistung beim Vieh steigern sollte.

Vorkommen *Salzrasen mit feuchten, sandigen Böden an den Küsten von ganz Europa.*

> ***blüht rosa, rot oder weiß***
> ***wirkt aus der Ferne graugrün***
> ***verträgt hohen Salzgehalt im Boden***

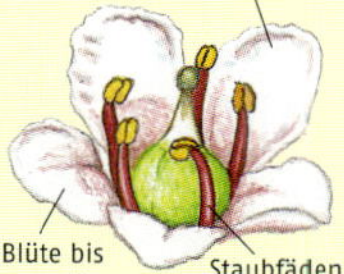

Mehl-Primel

Primula farinosa (Primelgewächse)
H 10–30 cm Mai–Juli Staude

Die Mehl-Primel kann nur an offenen Standorten gedeihen. Ist der Bewuchs dichter, verschwindet sie, da ihre dicht dem Boden anliegende Blattrosette dann nicht mehr genügend Licht bekommt. Der gelbe Ring am Eingang zur Röhre weist den blütenbesuchenden Insekten, besonders Tagfaltern, den Weg zum Nektar.

Vorkommen *Quellige Moore, moorige Wiesen, steinige Rasen. Alpenvorland, Alpen, Nordeuropa, Pyrenäen.*

> ***duftet nur schwach***
> ***kenntlich an den unten weißmehligen Blättern***
> ***braucht viel Feuchtigkeit***

Alpen-Mannsschild

Androsace alpina (Primelgewächse)
H 1–5 cm   Juni–Aug.   Staude

Vorkommen *Felsschutt, Felsspalten und Gletschermoränen oberhalb der Baumgrenze. In den Alpen auf silikathaltigem Gestein.*

> ***erträgt Wind und Kälte***
> ***blüht selten auch weiß***
> ***wird hauptsächlich von Fliegen besucht***

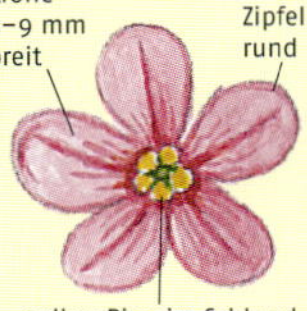

Der Alpen-Mannsschild gehört zu den am höchsten steigenden Blütenpflanzen der Alpen. Er wächst noch in Höhen von etwa 4200 m. An seinen teils windausgesetzten Standorten ist sein Wuchs von großem Vorteil: Die flachen, bis 30 cm großen Polster können im Innern wertvolles Humusmaterial festhalten, das nach Regen dann auch Wasser speichert.

Große Fetthenne

Sedum telephium (Dickblattgewächse)
H 30–80 cm   Juli–Sept.   Staude

Vorkommen *Gebüschränder, Steinschutt, Waldschläge, Wege, Äcker, Felsen. Auf meist steinigen Böden in fast ganz Europa.*

> ***braucht Wärme und Sonne***
> ***schöne Zierpflanze für Gärten***
> ***Wurzelknollen und junge Blätter sind essbar***

Die Blätter und Wurzeln können Wasser speichern, so dass die Pflanze sehr zählebig ist und lange Trockenheit erträgt. Sie musste deshalb früher für manches Orakel herhalten: Wuchsen aufgehängte Pflanzen weiter, so hoffte man daraus die eigene Lebensdauer oder die Heilung eines Kranken zu lesen. Sie waren auch ein gutes Omen für Liebende.

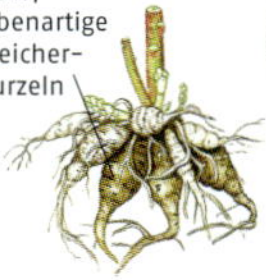

Rostblättrige Alpenrose

Rhododendron ferrugineum (Heidekrautgewächse)

H 70–150 cm Juni–Aug. Strauch ☠

In manchen Gegenden der Alpen heißen die Sträucher „Almrausch". „Rausch" gilt hierbei als allgemeine Bezeichnung für niedriges Gestrüpp und bezieht sich wohl nicht auf ein hörbares Rauschen durch den Wind oder eine berauschende Wirkung. Tee aus Blättern führt zu Übelkeit, Krämpfen und Herzstillstand. Auch die Blüten vieler Rhododendron-Arten sind giftig. Wenn Bienen Nektar daraus sammeln, gelangen die Giftstoffe sogar in den Honig.

Vorkommen *In Baumbeständen an der Waldgrenze, Zwergstrauchheiden auf saurem Boden oberhalb der Waldgrenze. Gebirge in Mittel- und Südeuropa.*

> ***Blätter immergrün, unterseits rostbraun beschuppt***
> ***kann riesige Bestände bilden***
> ***braucht im Winter Schneebedeckung***

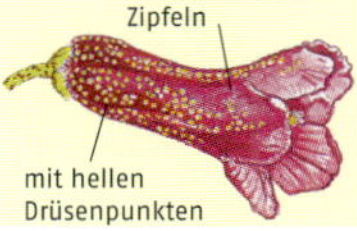

Schon gewusst?

Bei der ähnlichen Bewimperten Alpenrose, die auf kalkhaltigen Böden an ähnlichen Standorten wächst, sind die Blätter auf beiden Seiten grün und am Rand bewimpert. Beide Arten leiden in schneearmen Wintern, weil die schützende Schneedecke fehlt.

Gegenblättriger Steinbrech

Saxifraga oppositifolia (Steinbrechgewächse)
H 1–5 cm   April–Juli   Staude

Vorkommen *Steinschutt, Geröll, steinige Bergrasen. Auf eher feuchten Böden. Von der Baumgrenze bis auf über 3500 m. Nordeuropa, Gebirge Mittel- und Südeuropas.*

> ***auffälligster Steinbrech***
> ***bildet farbenprächtige Polster***
> ***im hohen Norden eine der häufigeren Blütenpflanzen***

Da die Blüten schon im Vorjahr angelegt werden, kann die Art rasch nach der Schneeschmelze blühen, oft zu einer Zeit, zu der noch keine Insekten aktiv sind. Dann bestäuben sich die Blüten selbst. Geöffnete Blüten ertragen bis –15 °C. Junge Blätter dagegen sind empfindlicher, sie treiben deshalb erst später aus. Ausgewachsen halten sie dann bis zu –40 °C aus.

Sumpfblutauge

Potentilla palustris (Rosengewächse)
H 30–100 cm   Juni–Juli   Staude

Vorkommen *Sümpfe, Moore, Gräben. Auf nassen, oft überschwemmten, mäßig sauren Böden. Von der Ebene bis ins Gebirge. Mittel- und Nordeuropa.*

> ***braucht kühles Klima***
> ***vermehrt sich auch durch abgerissene Stängel***
> ***steht oft direkt im Wasser***

Die Früchte des Sumpfblutauges erinnern etwas an eine Erdbeere. In manchen Gegenden haben Kinder sie früher tatsächlich gesammelt und gegessen. Auch Tiere fressen sie beim Weiden. Dabei scheiden sie die unverdauten Kerne wieder aus und sorgen so für die Verbreitung der Pflanze. Außerdem können losgelöste Kerne mit Wasserströmungen davonschwimmen.

Bach-Nelkenwurz

Geum rivale (Rosengewächse)

H 30–70 cm April–Juli Staude

An den Früchten sitzen noch die Griffel, die sich stark verlängert haben. Sie bilden Haken, mit denen die Früchte wie Kletten an Tieren hängen bleiben und so verschleppt werden. In der Volksheilkunde verwendete man die Wurzeln der Bach-Nelkenwurz gegen Durchfall und Entzündungen im Mund-Rachen-Bereich.

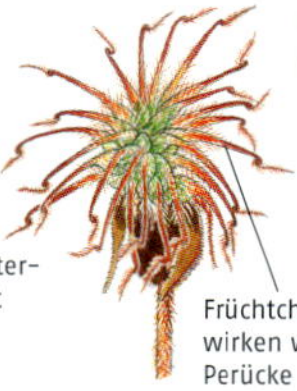

Vorkommen *Nasse Wiesen, Gräben, Bäche, Auenwälder, Moorwiesen. Auf nassen Böden. Ganz Europa, im Süden in den Gebirgen.*

> ***zeigt Nährstoffreichtum an***
> ***braucht kühles, feuchtes Klima***
> ***bildet dichte Büschel***

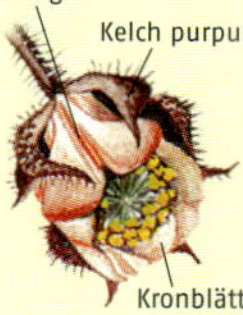

Wein-Rose

Rosa rubiginosa (Rosengewächse)

H 100–300 cm Juni–Juli Strauch

Die Wein-Rose verströmt beim Reiben, im Frühsommer auch ohne Reiben, einen deutlichen Geruch nach frischen Äpfeln. Das geflügelte Wort „Keine Rose ohne Dornen" müsste richtig heißen: „Keine Rose ohne Stacheln": Die wehrhaften Gebilde entstehen im Gegensatz zu Dornen nicht aus umgewandelten Blättern oder Zweigen, sondern nur aus der Hautschicht und lassen sich wegdrücken, ohne den Zweig zu verletzen.

Vorkommen *Gebüsche in mageren Wiesen, Feldhecken, Waldränder, Böschungen, felsige Hänge. Auf mäßig trockenen, meist kalkhaltigen Böden. Ganz Europa.*

> ***am Apfelduft gut zu erkennen***
> ***bevorzugt warme Standorte***
> ***Früchte eignen sich für Tee***

Hunds-Rose

Rosa canina (Rosengewächse)

H 100–300 cm Juni Strauch

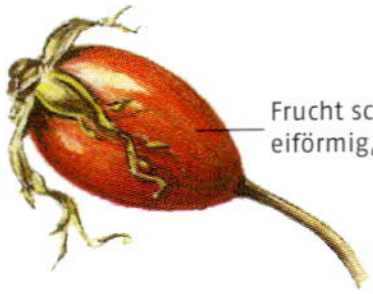

Vorkommen *Hecken, Waldränder, Wegränder, Weidegebüsche, Feldgehölze, Ödflächen. Ganz Europa.*

> ***an Böschungen auch gepflanzt***
> ***Blüten duften***
> ***Stacheln helfen beim Klettern***

Die Früchte, die Hagebutten, liefern aromatischen, angenehm säuerlichen Tee und Vitamin-C-reiches Mus. Ihre altdeutsche Bezeichnung „Butte“ galt früher für „Fass“ und bezeichnet eine kurze, dicke Form. Dieser Name hat sich heute noch in „Büttenreden“ und in „Buddelflasche“ erhalten. Bei den Germanen war die Hunds-Rose der Liebesgöttin Frigg geweiht. Sie stand auch als Symbol für das Weiterleben der Seele nach dem Tod.

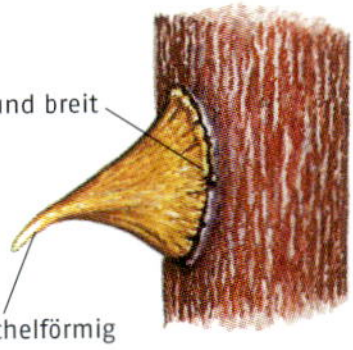

Schon gewusst?

Immer wieder findet man an Hunds-Rosen auffällige Gebilde, die man früher „Rosenäpfel“ oder „Schlafäpfel“ nannte. Es handelt sich dabei um Gallen, in denen die Larven der Rosengallwespe fressen und sich später verpuppen.

Gewöhnlicher Reiherschnabel

Erodium cicutarium (Storchschnabelgewächse)
H 10–60 cm April–Okt. ein- bis zweijährig

Die Früchtchen lassen sich als Feuchtigkeitszeiger verwenden: Trocken ist ihr „Schnabel“ eingerollt, feucht gestreckt. Die Bewegung, die beim Anfeuchten stattfindet, lässt sich mit bloßem Auge beobachten. Findet sie bei einer auf dem Boden liegenden Frucht statt, bohrt sich der Samen in den Boden – die Pflanze sorgt so für einen geeigneten Keimplatz.

Vorkommen *Lockere Unkrautbestände auf Sandflächen, Äckern, Ödflächen, in Weinbergen, an Wegen. Ganz Europa.*

> ***zeigt Sandboden an***
> ***Pionier auf offenen Flächen***
> ***benötigt Wärme im Sommer***

Blutroter Storchschnabel

Geranium sanguineum (Storchschnabelgewächse)
H 15–50 cm Juni–Aug. Staude

Der Name der Pflanze kann verschiedene Ursprünge haben: Blütenfarbe, Herbstfärbung oder die blutrote Farbe des aufgeschnittenen Wurzelstocks. Dieser enthält reichlich Gerbstoffe. Früher diente er zum Blutstillen, neuere Untersuchungen zeigen, dass Auszüge daraus auch die Vermehrung von Grippeviren hemmen.

Vorkommen *Rand von Trockengebüschen und trockenen Wäldern, Felsen, Magerrasen, Böschungen. Besonders Mittel- und Südeuropa.*

> ***wärmeliebend***
> ***lockt Bienen als Bestäuber an***
> ***auch üppig blühende Gartenzierpflanze***

Stink-Storchschnabel

Geranium robertianum (Storchschnabelgewächse)
H 20–40 cm   Mai–Okt.   einjährig

Vorkommen *Wälder, Schluchten, Auen, Mauern, Felsen, Hecken, steinige Plätze, Bahnareale, Ödflächen. Fast ganz Europa.*

> ***wächst häufig auch in Städten***
> ***an sonnigen Standorten oft ganze Pflanze rot***
> ***riecht bei Berührung sehr stark und typisch***

Durch einen Schleudermechanismus können die Samen mehr als 3 m weit und fast 2 m hoch fliegen. Gelegentlich wächst die Pflanze deshalb auch auf moosigen Bäumen oder in Astgabeln. Die wegen des für die meisten Nasen unangenehmen Geruchs auch „Stinkender Storchschnabel" oder „Stinkender Robert" genannte Pflanze verwendete man früher gegen Motten.

Echtes Tausendgüldenkraut

Centaurium erythraea (Enziangewächse)
H 10–50 cm   Juli–Sept.   einjährig

Vorkommen *Sonnige Waldlichtungen, Halbtrockenrasen, trockene Gebüsche. Besonders Mittel- und Südeuropa.*

> ***braucht viel Sonne***
> ***schmeckt bitter***
> ***lockt besonders Schmetterlinge an***

Der Name „Tausendgüldenkraut" soll den fast unbezahlbaren Wert wiedergeben, den man der Heilpflanze früher zusprach. *Centaurium* bedeutet zwar nur „100 Goldstücke", eine große Menge ließ sich volkstümlich jedoch mit 1000 besser beschreiben. Von den vielen Krankheiten, gegen die das Kraut helfen sollte, ist heute nur die verdauungsfördernde Wirkung belegt.

Deutscher Fransenenzian

Gentianella germanica (Enziangewächse)

H 5–40 cm Juni–Okt. zweijährig

Vom Deutschen Fransenenzian gibt es eine Form, die im Frühsommer und eine, die im Herbst blüht. Beide unterscheiden sich so stark, dass man sie für verschiedene Arten halten könnte: Die Pflanzen des Frühsommers sind wenig verzweigt und haben längere Stängelabschnitte zwischen den Blättern. Herbstformen sind stark verzweigt, gestaucht und tragen bis zu 50 Blüten. Trotz der kurzen Zeit bis zum Winter bilden auch sie noch reife Samen aus.

***Vorkommen** Magere Rasen und Weiden über Kalk, vor allem in den Mittelgebirgen. An sonnigen Standorten in Mitteleuropa.*

> ***blüht selten auch weiß***
> ***schmeckt sehr bitter***
> ***Wuchs sehr unterschiedlich***

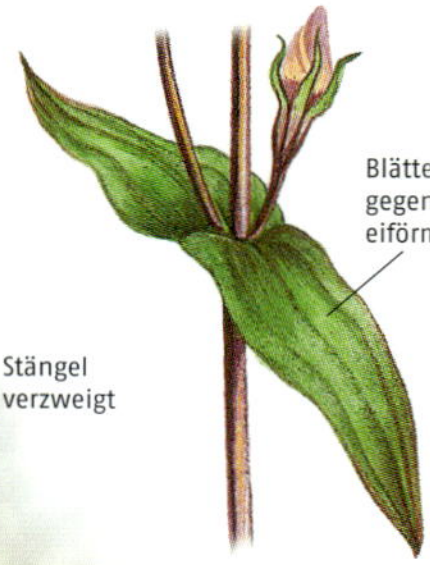

Schon gewusst?

Der Feld-Fransenenzian ähnelt dem Deutschen Fransenenzian, hat aber Blüten mit 4 Kronzipfeln. Er wächst in den Mittelgebirgen und im Gebirge bis 2800 m Höhe.

Gemeiner Oleander

Nerium oleander (Hundsgiftgewächse)

H 100–400 cm Juli–Sept. Strauch ☠

Vorkommen *Im Mittelmeerraum wild an Fluss- und Bachufern, zeitweise ausgetrocknete Bachbetten, oft gepflanzt entlang von Autobahnen.*

> ***Wuchs aufrecht, oft ausladend***
> ***gegen Autoabgase sehr widerstandsfähig***
> ***in Mitteleuropa als Kübelpflanze***

Der Strauch erinnert ohne Blüten etwas an eine Weide. Die Blüten, die bei Züchtungen auch weiß, rosa und gefüllt sein können, duften besonders abends und locken Nachtschmetterlinge wie den Oleanderschwärmer an. Dessen Raupen leben von Blättern des Strauchs. Ihnen machen die stark herzwirksamen Giftstoffe nichts aus. Für den Menschen können sie tödlich sein.

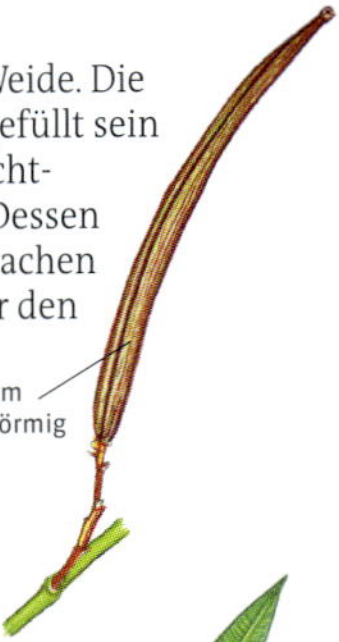

Gewöhnlicher Hasenlattich

Prenanthes purpurea (Korbblütengewächse)

H 50–150 cm Juli–Aug. Staude

Vorkommen *Wälder, Lichtungen, Waldwege. An eher schattigen Standorten. Mittel- und Südeuropa.*

> ***Pflanze wirkt graugrün***
> ***enthält Milchsaft***
> ***braucht ziemlich hohe Luftfeuchtigkeit***

Besonders durch die wenigen Blüten im Körbchen kann man sich bei dieser Art irreführen lassen und das Körbchen für eine Einzelblüte mit wenigen Blütenblättern halten. Der Namensbezug zum Hasen weist darauf hin, dass es sich um eine wildwachsende Futterpflanze handelt, im Gegensatz zu anderen Lattichen, die als Salat angebaut werden.

Gewöhnlicher Beinwell

Symphytum officinale (Raublattgewächse)

H 30–100 cm Mai–Juli Staude ☠

Bereits in der Antike setzte man den Gewöhnlichen Beinwell zur Wundheilung ein, ab dem Mittelalter galt er als heilsam bei Knochenverletzungen und Beinbrüchen. Heute ist belegt, dass die Pflanze bei Prellungen, Zerrungen, Quetschungen, Verstauchungen hilft und die Knochenheilung anregt. Da in der Pflanze allerdings auch leberschädigende und krebsauslösende Stoffe in wechselnden Mengen vorhanden sind, sollte man nur geprüfte Arzneimittel verwenden.

***Vorkommen** Ufer, Wegränder, nasse Wiesen, Gräben, Auenwälder. Auf feuchten bis nassen Böden vor allem in tieferen Lagen. Fast ganz Europa.*

> ***blüht gelblich weiß, purpurn oder rotviolett***
> ***ganze Pflanze stark stachelig-rauhaarig***
> ***heißt auch „Wallwurz"***

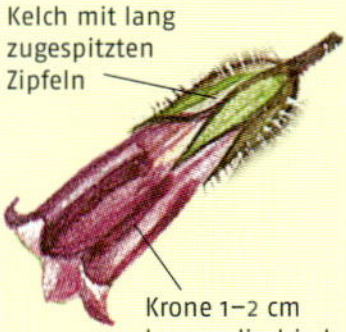

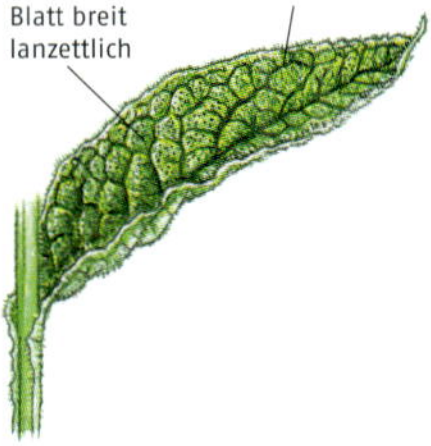

Schon gewusst?

Nur langrüsselige Bienen können ihren Rüssel bis zum Nektar einführen. Kurzrüsselige Hummeln und Bienen beißen oder stechen regelmäßig die Kronröhre seitlich an und begehen von dort aus „Nektardiebstahl", ohne die Blüten zu bestäuben.

Sommer-Adonisröschen

Adonis aestivalis (Hahnenfußgewächse)

H 20–60 cm   Mai–Juli   einjährig ☠

***Vorkommen** Getreideäcker, Wegböschungen. Auf kalkreichen, meist steinigen Böden. Bis in mittlere Gebirgslagen in Mittel- und Südeuropa.*

> ***Blüten bei Sonne geöffnet***
> ***wärmeliebend***
> ***blüht selten auch gelb***

Nach der griechischen Mythologie soll das Sommer-Adonisröschen aus dem Blut des schönen Jünglings Adonis entstanden sein. Aphrodite habe ihren Liebling in diese Blume verwandelt, nachdem er auf der Jagd von einem wilden Eber getötet worden war. Die Pflanze tritt bei uns als Getreideunkraut seit der Mittleren Bronzezeit auf, wird jedoch immer seltener.

Kronen-Anemone

Anemone coronaria (Hahnenfußgewächse)

H 10–45 cm   Febr.–April   Staude ☠

***Vorkommen** Felsige Flächen, Buschland, Kulturland, offene Olivenhaine, Brachflächen. Mittelmeergebiet.*

> ***der Saft reizt die Haut***
> ***benötigt viel Licht***
> ***besitzt im Gegensatz zum ähnlichen Asiatischen Hahnenfuß keine Kelchblätter***

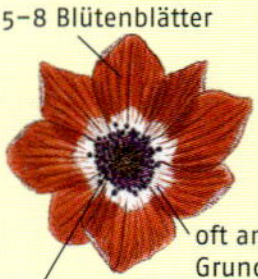

Die Pflanze bildet eine Knolle, mit der sie in ihrer Heimat die trockenen Sommer überdauern kann. Bereits die Römer fanden Gefallen an den schönen Blüten. Außerhalb des Mittelmeergebiets ist die Kronen-Anemone in vielen Sorten als frühblühende Gartenpflanze und im Spätwinter als Schnittblume bekannt.

Echte Pfingstrose

Paeonia officinalis (Pfingstrosengewächse)
H 30–60 cm Mai Staude

In der griechischen Mythologie hat der Heilgott Paeon mit einer Pfingstrose den Gott der Unterwelt von einer Verwundung geheilt. Lange Zeit verwendete man die dicken Wurzeln auch gegen Gicht und nannte die Pflanze „Gichtrose". Ketten aus den Samen hängte man zahnenden Kindern um den Hals – ein Mittel, das sicher keine positive Wirkung entfaltete, sondern durch die Giftigkeit gefährlich war. Der Blütenstaub jeder Blüte besteht aus rund 3,6 Millionen Körnern – ein Rekord im Pflanzenreich.

Vorkommen *Trockene Hänge, trockene Gebüsche auf kalkhaltigen Böden bis in Höhen um 1700 m. Südeuropa, südlicher Alpenraum.*

> **blüht um Pfingsten**
> **in Mitteleuropa teils aus Gärten verwildert**
> **duftende Blüten**

Schon gewusst?

In Gärten wachsen oft Formen der Echten Pfingstrose mit gefüllten Blüten, bei denen Staubblätter in Blütenblätter umgewandelt sind.

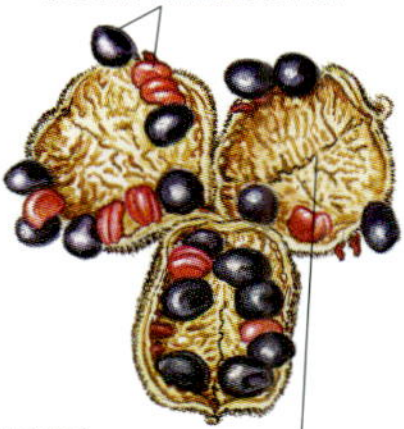

Blut-Weiderich

Lythrum salicaria (Weiderichgewächse)

H 50–100 cm   Juli–Sept.   Staude

__Vorkommen__ Nasse Wiesen, Wiesengräben, Teichufer. Auf feuchten bis nassen, nährstoffreichen Böden. Fast ganz Europa.

> ***Blätter stehen gegenständig oder in 3er-Quirlen***
> ***wächst oft in dichten Büscheln***
> ***für den Gartenteich geeignet***

Beim Blut-Weiderich können Griffel und Staubblätter auf drei verschiedene Arten angeordnet sein: Griffel kurz, Staubblätter mittellang und lang oder Griffel mittellang, Staubblätter kurz und lang oder Griffel lang und Staubblätter kurz und mittellang. Bereits Darwin untersuchte dieses Phänomen und stellte fest, dass sich am meisten Samen bilden, wenn der Blütenstaub von Staubbeuteln der einen Blüte zu einer Blüte mit Griffeln der gleichen Länge kommen.

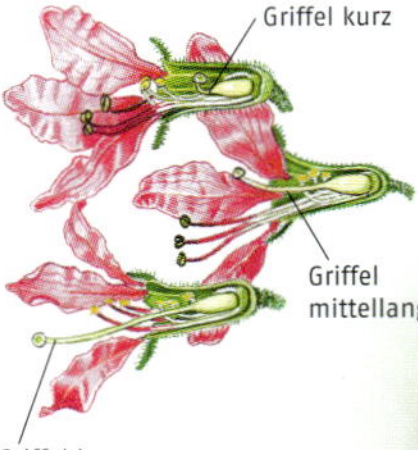

Schon gewusst?

Blut-Weiderich enthält Gerbstoffe, die gegen Durchfall und Darmkatarrh helfen. Diese Wirkung kannten bereits die Heilkundigen der Antike. Im 19. Jahrhundert wurden die Wurzeln während der Cholera-Epidemien in England in großem Maßstab verwendet.

Gewöhnliche Hauswurz

Sempervivum tectorum (Dickblattgewächse)
H 15–50 cm   Juli–Sept.   Staude

Früher hielt man die Gewöhnliche Hauswurz für blitzabwehrend und weihte sie den Göttern Jupiter bzw. Donar. Karl der Große verfügte sogar in einem Erlass, sie auf die Dächer seiner Güter zu pflanzen. Zwar machten sich Gelehrte bereits im 16. Jahrhundert über den angeblichen Zauber lustig, die Pflanze wächst jedoch noch heute auf vielen Dächern – und sei es nur zur Zierde.

Vorkommen *Felsbänder, Mauern, Dächer. Auf warmen, trockenen, sonnigen Standorten bis auf 2800 m. Mittel- und Südeuropa.*

> ***speichert Wasser***
> ***die Hauptrosette bildet Tochterrosetten und stirbt nach der Blüte ab***
> ***alte Zauberpflanze***

Spinnweben-Hauswurz

Sempervivum arachnoideum (Dickblattgewächse)
H 5–15 cm   Juni–Sept.   Staude

Die „Spinnweben", die sich zwischen den Blattspitzen spannen, stammen von der Pflanze selbst: Beieinander liegende, junge Blattspitzen verkleben etwas miteinander, beim Wachsen „ziehen die Klebestellen Fäden". Die glänzenden Haarbildungen wirken als Strahlungsschutz an den trockenen, sonnigen Standorten.

Vorkommen *Felsspalten, offene, magere Bergrasen, Felsköpfe, Mauerkronen. Gebirge Mittel- und Südeuropas bis in Höhen um 3000 m.*

> ***Pflanze an sonnigen Standorten oft rot überlaufen***
> ***abgelöste Blattrosetten bewurzeln sich und sorgen für Vermehrung***
> ***erträgt Trockenheit***

Große Klette

Arctium lappa (Korbblütengewächse)
H 30–150 cm Juli–Aug. zweijährig

Vorkommen *Unkrautbestände an Schuttplätzen, Bahnanlagen, Wegen, Zäunen, Ufer, gestörte Waldstellen. Mittel- und Südeuropa, südliches Skandinavien.*

> ***Klettfrüchte oft noch im Winter an abgestorbenen Pflanzen***
> ***Blätter bis 50 cm lang***
> ***die ähnliche Filzige Klette hat spinnwebartig überzogene Körbchen***

Die Klettfrüchte bleiben an vorbeistreifenden Tieren oder an Kleidung hängen und können weit verschleppt werden. An vielen Standorten hat der Mensch die Pflanze wohl ungewollt selbst ausgesät, wenn er die Kletten aus der Kleidung zupfte und sie wegwarf. Auszüge aus den Wurzeln können bei Hauterkrankungen und schuppigen Haaren hilfreich sein. Japaner kultivieren die Pflanze auch als Gemüse. Die fleischigen Wurzeln lassen sich wie Schwarzwurzeln zubereiten.

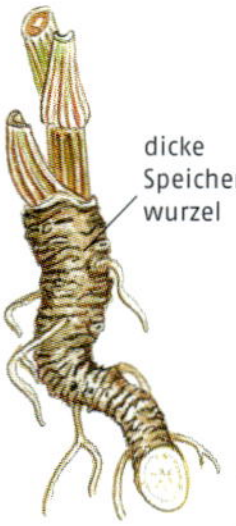

Schon gewusst?

Die Widerhaken der Klettfrüchte waren Vorbild für den Klettverschluss. 1951 ließ der Belgier Mestral diesen Verschluss patentieren. Ein mindestens ins 19. Jahrhundert zurückgehender französischer Name der Klette, „Bouton de Soldat“ (Soldatenknopf), zeigt jedoch, dass die Idee schon älter ist.

Gewöhnlicher Wasserdost

Eupatorium cannabinum (Korbblütengewächse)
H 50–150 cm Juli–Sept. Staude ☠

Die Pflanze heißt auch „Kunigundenkraut", wohl weil sie als Wundkraut der heiligen Kunigunde, der Gemahlin Heinrich II. (11. Jahrhundert), geweiht war. Die Volksheilkunde empfahl sie früher bei Leber- und Galleleiden und zur Wundheilung. Heute verwendet man sie nur noch in homöopathischen Verdünnungen, da größere Mengen die Leber schädigen und Krebs auslösen können.

sehr viele Blütenkörbchen doldenartig beieinander

Blätter gegenständig

Rand gezähnt

Blatt handförmig 3–5-teilig

***Vorkommen** Waldlichtungen und Säume von feuchten Wäldern, Ufer, Gräben, Böschungen. Auf feuchten Böden in ganz Europa.*

> **bildet große Gruppen**
> **lockt viele Bienen und Schmetterlinge an**
> **ähnelt entfernt dem Gewöhnlichen Dost (S. 80)**

Griffel ragen weit heraus

kleine Körbchen mit je 4–6 Röhrenblüten

Grauer Alpendost

Adenostyles alliariae (Korbblütengewächse)
H 50–120 cm Juli–Aug. Staude ☠

Der Graue Alpendost kann an nährstoffreichen Stellen bis 2 m hoch werden. Die Grundblätter erreichen Größen von bis 50 cm. Früher verwendete man sie im Freien als Toilettenpapier – sicher sind sie hierfür auch heute noch bei manchem Bergwanderer im Einsatz. Wenn die Pflanze nicht blüht, ist sie leicht mit der Gewöhnlichen Pestwurz (S. 56) zu verwechseln.

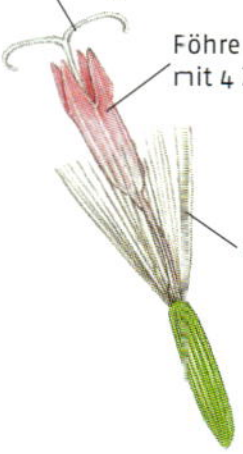

Griffel ragt heraus

Föhre rosa, mit 4 Zipfeln

Haarkranz

Blütenstände ragen weit über die Blätter empor

***Vorkommen** Mischwälder, Staudenbereiche oberhalb der Waldgrenze bis um 2600 m, Bachufer. Auf nassen Böden. Alpen, Gebirge in Mittel- und Südeuropa.*

> **Blätter unterseits graufilzig**
> **untere Blätter erinnern an die der Pestwurz (S. 56)**
> **trotz des Namens nicht mit dem Gewöhnlichen Dost (S. 80) verwandt**

viele kleine Körbchen mit je 3–6 Röhrenblüten

Gewöhnliche Pestwurz

Petasites hybridus (Korbblütengewächse)

H 15–100 cm April–Mai Staude ☠

__Vorkommen__ Bach- und Flussufer, nasse Wiesen, Talauen. Auf sickerfeuchten Böden, Kies und Schotter. Fast ganz Europa, im Süden im Gebirge.

- ***hat riesige, schirmartige Blätter***
- ***benötigt hohe Luftfeuchtigkeit***
- ***blüht bevor die grünen Blätter erscheinen***

Im Mittelalter meinte man, die unangenehm riechende Pflanze könne die Pest austreiben. Heilkundige verabreichten sie deshalb den Kranken als Pulver oder in Wein. Mit dem Schweiß sollte dann das Gift aus dem Körper ausgeschieden werden. Auch „Pestmasken", die man vor dem Gesicht trug, enthielten oft zerstoßene Pestwurz. Heute gibt es Arzneimittel aus der Gewöhnlichen Pestwurz gegen akute Schmerzen in den Harnwegen und zur Vorbeugung von Migräne.

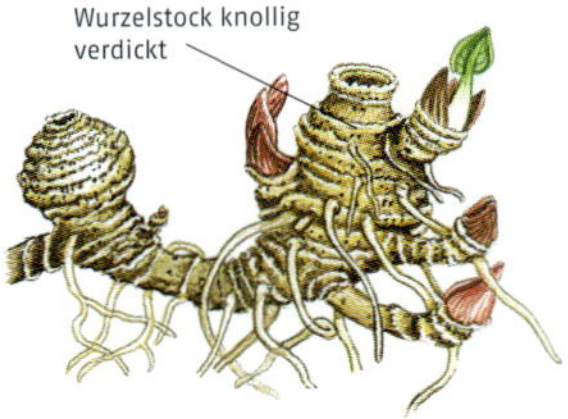

Schon gewusst?

Selbst gesammelte Pestwurz darf man nicht für Heilzwecke verwenden, da erst mit einem besonderen Verfahren schädliche Stoffe entfernt werden müssen.

Nickende Distel

Carduus nutans (Korbblütengewächse)
H 30–100 cm   Juli–Sept.   zweijährig

Die Nickende Distel heißt auch „Bisam-Distel", denn die Blüten duften süßlich, etwas moschusartig. Sie locken zahlreiche Insekten an. Früher aß man die jungen Blütenkörbchen als artischockenähnliches Gemüse und kochte auch junge Sprosse und Blätter.

***Vorkommen** Unkrautbestände an Wegen, Steinbrüchen, Böschungen, auf Schuttplätzen und stark beweideten, mageren Weiden. Fast ganz Europa.*

> ***Früchte tragen einfache Haare***
> ***stachelige Blätter halten Fressfeinde ab***
> ***zeigt Stickstoffreichtum an***

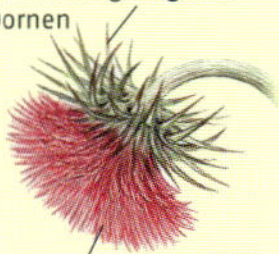

57

Wollköpfige Kratzdistel

Cirsium eriophorum (Korbblütengewächse)
H 80–180 cm   Juli–Sept.   zweijährig

Im ersten Jahr entsteht eine Blattrosette, die an den auffälligen Blättern gut zu erkennen ist. Die im zweiten Jahr austreibenden Sprosse lieferten früher Gemüse, ebenso wie die jungen Blütenköpfe, die man wie Artischocken verwendete. Ein weiterer Name dieser Kratzdistel war „Mönchskrone", da man das Blütenkörbchen mit einem geschorenen Mönchskopf verglich.

***Vorkommen** Unkrautbestände in stark genutzten mageren Weiden, an Wegen, Gebüschrändern, Waldschlägen, bis über 2000 m. Mittel- und Südeuropa.*

> ***Früchte mit langen fedrigen Haaren***
> ***benötigt ausreichend Wärme***
> ***schön für Gestecke***

Acker-Kratzdistel

Cirsium arvense (Korbblütengewächse)
H 60–120 cm   Juli–Sept.   Staude

Vorkommen *Unkrautbestände, Äcker, Wege, Schuttplätze, Waldschläge, Ödflächen. Auf nährstoffreichen Böden. Ganz Europa.*

> **blüht und fruchtet oft gleichzeitig**
> **mit dem Getreideanbau weltweit verschleppt**
> **verträgt Salz**

Die Acker-Kratzdistel gehört zu den problematischen Unkräutern der Landwirtschaft. Sie wurzelt bis etwa 3 m tief. Bodenbearbeitung fördert die Verbreitung ihrer Wurzelstücke. Wissenschaftler suchen seit längerer Zeit nach einem Weg, sie außer mit Unkrautvernichtungsmitteln auch auf biologische Weise mit einem nur auf ihr wachsenden Pilz zu bekämpfen.

Wiesen-Flockenblume

Centaurea jacea (Korbblütengewächse)
H 20–150 cm   Juni–Nov.   Staude

Vorkommen *Wiesen, Weiden, magere Rasen, Wegböschungen. Auf nährstoffreichen Böden an hellen Standorten. Fast ganz Europa.*

> **Stängel zäh**
> **lockt Bienen und Schmetterlinge an**
> **die ähnliche Skabiosen-Flockenblume hat fiederspaltige Blätter**

Die Wiesen-Flockenblume schmeckt dem Weidevieh nicht besonders, da sie viele Gerbstoffe enthält. So bleibt sie auf Weiden manchmal noch stehen, wenn alle anderen Pflanzen bereits abgefressen sind. In einigen katholischen Gegenden bindet man die Pflanze traditionsgemäß in die Kräuterbüschel, die an Mariä Himmelfahrt geweiht werden.

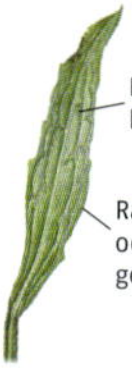

Gewöhnliche Mariendistel

Silybum marianum (Korbblütengewächse)

H 20–150 cm Juni–Sept. ein- bis zweijährig

Schon im Altertum nutzte man die Gewöhnliche Mariendistel als Heil-, aber auch als Gemüsepflanze. Ihre Früchte sollten gegen Muskelzerrungen und Schlangenbisse helfen. Die Blätter ergeben gekocht ein kohlähnliches Gemüse. Die Wurzeln lassen sich wie Schwarzwurzeln, die jungen Blütenkörbchen ähnlich wie Artischocken zubereiten. Die weißen Blattflecken deutete man im Mittelalter als die Milch der Heiligen Maria.

Vorkommen – *Ödflächen und Kulturland. Benötigt reichlich Nährstoffe und Wärme. Mittelmeerraum.*

> ***typisch gefleckte Blätter***
> ***eine der bekanntesten Mittelmeerdisteln***
> ***auf vielen Marienbildern abgebildet***

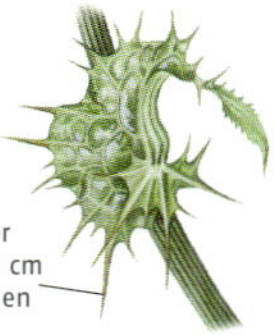

Schon gewusst?

Die Früchte der Pflanze nannte man im Mittelalter „Stechkörner" und empfahl sie gegen Seitenstechen. Heute rühmen Ärzte ihre leberschützende Wirkung. Ein aus ihnen gewonnener Stoff wird sogar bei Vergiftungen durch Knollenblätterpilze angewendet.

Gewöhnliche Eselsdistel

Onopordum acanthium (Korbblütengewächse)

H 30–250 cm Juli–Aug. zweijährig

Vorkommen *Unkrautbestände an Müll- und Schuttplätzen, Steinbrüchen, Böschungen, Wegrändern. Mittel- und Südeuropa.*

- > ***wirkt aus der Ferne silbern***
- > ***eines unserer größten Korbblütengewächse***
- > ***Blütenböden wie Artischocken essbar***

Disteln, insbesondere die auf Englisch „Scotch thistle" genannte Gewöhnliche Eselsdistel, sind die Nationalblumen von Schottland. Der Legende nach sollen sie im Mittelalter maßgeblich zum Ende der Angriffe durch die Wikinger auf Schottland beigetragen haben. Als sich die Wikinger durch Distelbestände an ein schottisches Lager heranschlichen, alarmierten ihre Schmerzensschreie die Bewohner, so dass diese sich verteidigen konnten.

Schon gewusst?

Der wissenschaftliche Name Onopordum *bedeutet übersetzt „Eselsfurz" oder „Eselsblähung" und soll sich darauf beziehen, dass die Pflanze gern von Eseln gefressen wird, wobei sie entweder beim Fressen kracht oder Blähungen verursacht.*

Orangerotes Habichtskraut

Hieracium aurantiacum (Korbblütengewächse)

H 20–50 cm Juni–Aug. Staude

Eine Deutung des Namens geht dahin, dass viele Habichtskräuter auf nur Habichten zugänglichen Felsen wachsen. Nach einem antiken Volksglauben sollen sich Habichte ihre Augen mit dem Pflanzensaft bestreichen, wenn diese an Sehkraft verlieren. Das Orangerote Habichtskraut ist eines der wenigen Habichtskräuter, das sich gut bestimmen lässt. Die meisten anderen Arten blühen gelb.

Vorkommen *Magere Bergrasen und Bergweiden. Verwildert in Parkrasen, an Straßenböschungen, Bahndämmen. Nordeuropa, Gebirge in Mittel- und Südeuropa.*

> ***Stängel hohl***
> ***wächst meist in Gruppen mit vielen Rosetten***
> ***oft als Zierpflanze aus Gärten verwildert***

Gold-Pippau

Crepis aurea (Korbblütengewächse)

H 5–30 cm Juni–Sept. Staude

Bei sonnigem Wetter sorgt der Gold-Pippau für auffällig leuchtende Farbtupfer auf den blumenreichen Rasen der Gebirge und lockt vor allem Schmetterlinge, aber auch Käfer, Fliegen und Hummeln als Bestäuber an. Bei trübem Wetter bleiben die Körbchen dagegen geschlossen. Früher färbte man mit den Blüten Butter und Käse gelb.

Vorkommen *Bergwiesen und Weiden, steinige Gebirgsrasen von der Baumgrenze bis auf 2900 m. Gebirge Mittel- und Südeuropas.*

> ***Blätter erinnern an die des Wiesen-Löwenzahns (S. 257)***
> ***Pflanze enthält Milchsaft***
> ***schöne Pflanze für Steingärten***

Haferwurz

Tragopogon porrifolius (Korbblütengewächse)
H 20–120 cm April–Juli ein- bis zweijährig

In Mitteleuropa pflanzte man die Haferwurz bis Ende des 16. Jahrhunderts als Wurzelgemüse. Später wurde sie von der Schwarzwurzel verdrängt, deren Wurzel auch bei blühenden Pflanzen noch schmackhaft ist. Bei der Haferwurz muss die bis 30 cm lange Pfahlwurzel vor der Blüte geerntet werden.

Vorkommen *Brachflächen, Schutt, Wegränder, grasige Standorte. Wild in Südeuropa. In Mitteleuropa aus früheren Kulturen verwildert.*

> ***Blütenkörbchen nur morgens geöffnet***
> ***heißt auch „Roter Bocksbart"***
> ***Pflanze enthält Milchsaft***

Schwanenblume

Butomus umbellatus (Schwanenblumengewächse)
H 50–150 cm Juni–Aug. Staude

Der Name „Schwanenblume" bezieht sich auf den langen, dünnen, biegsamen Blütenstiel, den man mit einem Schwanenhals verglich. Wächst die Pflanze in tieferem Wasser, blüht sie nicht und bildet bandförmige Blätter. Früher stellte man aus diesen Körbe und Matten her. Als Zierpflanze für Gartenteiche bieten Gärtnereien Pflanzen aus Kulturen an.

Vorkommen *Ufer oder Ufernähe von flachen, stehenden oder langsam fließenden, nährstoffreichen Gewässern und Gräben. Fast ganz Europa.*

> ***Blätter grasartig, bis über 1 m lang***
> ***wärmeliebend***
> ***an Teichen auch angepflanzt***

Türkenbund-Lilie

Lilium martagon (Liliengewächse)
H 40–100 cm Juni–Juli Staude

Die Blüten locken Schwärmer an, die beim Saugen des Nektars vor den Blüten schweben. Andere Schmetterlinge können sich auf den ölig überzogenen Blütenblättern kaum festhalten. Wichtig war früher die goldfarbene Zwiebel: Die Alchemisten des 16. Jahrhunderts setzten sie bei ihren Experimenten zur Goldherstellung ein. Sie sollte auch als Amulett um den Hals von zahnenden Kindern helfen sowie gegen „goldene Adern", eine alter Name von Hämorrhoiden, wirken.

Vorkommen *Wälder mit krautigem Unterwuchs, Gebüsche, Bergwiesen bis etwa 2400 m. Auf Kalkböden im Halbschatten. Gebirge Europas.*

> ***Knospen oft von Rehen abgefressen***
> ***frühere Zauberpflanze***
> ***turbanähnliche, abends duftende Blüten***

Schon gewusst?

Die Pflanzen sind oft hässlich zerfressen: Rehe knabbern die Blütenknospen ab und ein roter, 6–8 mm großer Käfer, das Lilienhähnchen, frisst an den Blättern. Diese Käfer können leise zirpen, für uns nur hörbar, wenn man sie ans Ohr hält.

Gewöhnliche Schachblume

Fritillaria meleagris (Liliengewächse)

H 15–30 cm April–Mai Staude ☠

Vorkommen *Ungedüngte Überschwemmungs- oder Nasswiesen, die nicht vor Anfang Juni gemäht werden. Mittel- und Südeuropa.*

> ***Blätter grasartig***
> ***heißt auch „Kiebitzei"***
> ***blüht selten weiß mit gelblichen Nerven***

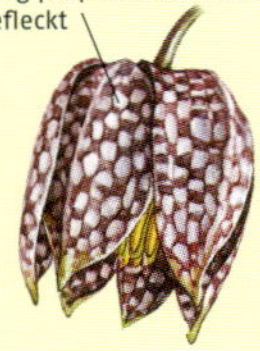

Die deutschen Namen beziehen sich auf die ungewöhnliche Musterung der Blüten. Jedes Blütenblatt besitzt auf der Innenseite eine lange Längsfurche mit reichlich Nektar, der Bienen und Hummeln anlockt. Die Gewöhnliche Schachblume ist bei uns äußerst gefährdet, da es heute kaum noch für sie geeignete Standorte an Flüssen gibt.

Schnitt-Lauch

Allium schoenoprasum (Lauchgewächse)

H 10–40 cm Juni–Aug. Staude

Vorkommen *Wild auf feuchtem Steinschutt der Gebirge. Verwildert an Sandbänken und Schotter entlang von Flüssen. Ganz Europa.*

> ***bildet dichte Büschel mit grundständigen Blättern***
> ***auch als Gewürz angepflanzt und verwildert***
> ***typischer Lauchgeruch***

Schnitt-Lauch wächst wild auch in Asien und Nordamerika, bis hinauf in die Arktis. In Mitteleuropa pflanzt man ihn seit dem späten Mittelalter als Gewürz. Er enthält aromatische Lauch- und Senföle sowie reichlich Vitamin C. Im Garten schneidet man die Büschel etwa dreimal jährlich. Ausgegrabene Zwiebeln lassen sich im Winter in Töpfen auf dem Fensterbrett antreiben.

Herbst-Zeitlose

Colchicum autumnale (Zeitlosengewächse)

H 5–40 cm   Aug.–Nov.   Staude   ☠

Die ganze Pflanze enthält den hochgiftigen Stoff Colchicin und wird von Weidetieren verschmäht. Vergiftungen führen zu Krämpfen, Lähmung und Tod. In der Medizin waren genau dosierte Mengen Colchicin lange Zeit das Standardmittel bei akuter Gicht. Heute stehen jedoch andere Medikamente zur Verfügung. Bei Pflanzen wirkt der Stoff auf die Verteilung des Erbguts und eignet sich deshalb zur Züchtung von Hochleistungssorten, etwa bei Äpfeln, Bananen und Zitrusfrüchten.

Vorkommen *Riedwiesen, feuchte Wiesen, Magerwiesen, Obstwiesen, Auenwälder. Auf nährstoffreichen Böden. Mittel- und Südeuropa.*

- ***erinnert an einen Krokus***
- ***im Herbst treiben nur die Blüten***
- ***Blätter und Früchte erscheinen im Frühjahr***

Schon gewusst?

Die Region Kolchis liegt an der Ostküste des Schwarzen Meeres. Nach der griechischen Mythologie lebte dort die Giftmischerin Medea. Der Sage nach fielen ihr einige Tropfen eines Gifttrankes auf die Erde und wuchsen zu Colchicum, der Herbst-Zeitlosen.

Hohler Lerchensporn

Corydalis cava (Erdrauchgewächse)

H 10–35 cm März–Mai Staude ☠

Vorkommen *Lichte Laub- und Schluchtwälder, Auenwälder, Obstgärten, Gebüsche. Besonders Mitteleuropa.*

> ***ältere Knollen werden innen hohl***
> ***zeigt nährstoffreiche Böden an***
> ***blüht oft auch weiß***

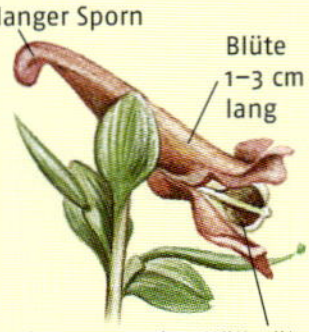

Die weißen Anhängsel der Samen sind sehr nährstoffreich und locken Ameisen an. Diese schleppen die Samen in ihre Nester, trennen das Anhängsel ab und tragen die Samen wieder aus ihrem Nest. So können diese viele Meter von der Mutterpflanze weggelangen. Die Blüten enthalten im Sporn süßen Nektar.

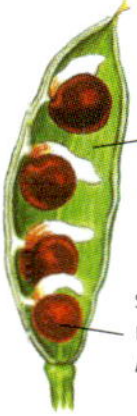

Gewöhnlicher Erdrauch

Fumaria officinalis (Erdrauchgewächse)

H 15–30 cm Mai–Okt. einjährig (☠)

Vorkommen *Unkrautbestände auf Äckern, in Gärten, Weinbergen, offene Standorte auf Baustellen und anderen Ödflächen. Ganz Europa.*

> ***die Blüten bestäuben sich meist selbst***
> ***zeigt Nährstoffreichtum an***
> ***wächst oft in großen Gruppen***

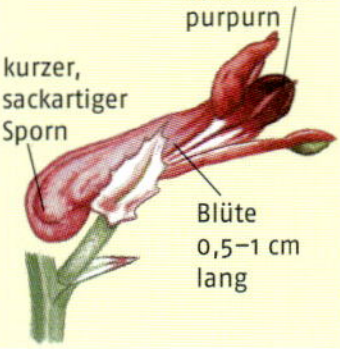

Der Name „Erdrauch" hängt vielleicht damit zusammen, dass große Gruppen der Pflanze aus der Ferne grau wirken – als ob es aus der Erde rauchen würde. Zerkleinerte Pflanzen geben außerdem schwache Säuredämpfe ab, die wie Rauch in den Augen brennen. Arzneimittel mit Gewöhnlichem Erdrauch wirken krampflösend bei Gallen- und Magen-Darm-Beschwerden.

Dornige Hauhechel

Ononis spinosa (Schmetterlingsblütengewächse)

H 30–60 cm Juni–Juli Staude, Strauch

Im Volksmund hieß die Pflanze früher „Weiberkrieg“, da sich die Röcke der Frauen bei der Arbeit auf den Weiden in den Dornen verfingen und sie deshalb mit der Pflanze auf Kriegsfuß standen. „Hauhechel“ leitet sich von „Heuhechel“ ab; man verglich die dornigen Äste mit einem Rechen, an dem Halme hängen bleiben.

Vorkommen *Magere Rasen und Weiden, Wegränder, Waldränder, Böschungen, Dämme. Auf warmen, kalkhaltigen Böden. Mittel- und Südeuropa.*

> ***bildet eine lange Pfahlwurzel***
> ***zeigt magere Standorte an***
> ***bleibt wegen der Dornen auf Weiden oft stehen***

Schon gewusst?

Die Wurzeln der Dornigen Hauhechel wirken harntreibend und helfen bei Entzündungen der Harnwege. In klein geschnittener Form sind sie deshalb in vielen Nieren- und Blasentees enthalten.

Gewöhnliche Geißraute

Galega officinalis (Schmetterlingsblütengewächse)
H 60–120 cm Juni–Aug. Staude

***Vorkommen** Brachflächen, Raine, Bahnhöfe, Steinbrüche, Straßenränder, Gräben. Auf feuchten, nährstoffreichen Böden. Süd- und Mitteleuropa.*

> ***etwas frostempfindlich***
> ***Blätter erinnern ganz entfernt an die der Wein-Raute (S. 215)***
> ***auch als Zierpflanze***

Haustiere, die Gewöhnliche Geißraute gefressen haben, sollen mehr Milch geben. Möglicherweise geht der deutsche Name auf diese Verwendung zurück, vielleicht wollte man mit der Bezeichnung „Geiß-“ aber auch nur eine Abgrenzung zur Wein-Raute (S. 215) schaffen. In der Volksmedizin gilt die Pflanze als Blutzucker senkend. Wissenschaftliche Belege für diese Wirkung fehlen jedoch.

Alpen-Süßklee

Hedysarum hedysaroides (Schmetterlingsblütengewächse)
H 10–30 cm Juli–Aug. Staude

***Vorkommen** Bergwiesen, steinige Bergrasen, Zwergstrauchheiden von 1500 bis auf über 2800 m.*

> ***Gebirge Mittel- und Südeuropas***
> ***sehr lange Pfahlwurzel***
> ***schmeckt trotz des Namens etwas bitter***

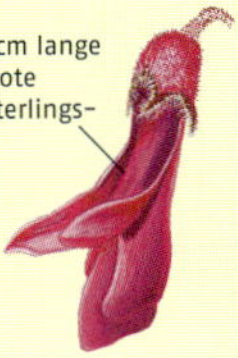

Der Alpen-Süßklee gehört zu den wertvollsten Futterpflanzen der Gebirge. Er enthält reichlich Eiweiß und wird sowohl vom Weidevieh als auch vom Wild in den Bergen gerne gefressen. Bei zu starker Beweidung leidet er jedoch, deshalb gewinnen die Bergbauern mancherorts lieber Heu von seinen Standorten.

Wiesen-Klee

Trifolium pratense (Schmetterlingsblütengewächse)
H 15–40 cm   Juni–Sept.   Staude

Anstatt einen Acker brachliegen zu lassen, säen Bauern schon seit dem 18. Jahrhundert häufig Wiesen-Klee aus. Dieser liefert nicht nur viel und wertvolles Futter für das Vieh, sondern verbessert gleichzeitig den Boden (s. Kasten). Neuerdings hat auch die Pflanzenheilkunde den Wiesen-Klee entdeckt: Auszüge sollen bei Beschwerden der Wechseljahre helfen.

***Vorkommen** Wiesen, Weiden, Wegränder, in verschiedenen Kulturformen auf Äckern angepflanzt. Ganz Europa.*

- ***sehr häufiger Klee***
- ***zeigt Nährstoffreichtum an***
- ***lockt Hummeln an***

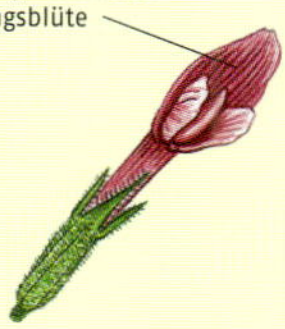

Schon gewusst?

Die bis 2 m tief hinabreichenden Wurzeln tragen kleine Knöllchen, in denen Bakterien leben. Diese binden Stickstoff aus der Luft und machen diesen wichtigen Nährstoff der Pflanze verfügbar. Gleichzeitig düngen sie den Boden damit.

Inkarnat-Klee

Trifolium incarnatum (Schmetterlingsblütengewächse)
H 20–40 cm Juni–Aug. einjährig

Vorkommen *Schuttplätze, Brachäcker, Straßenböschungen, Äcker. In Gegenden mit milden Wintern.*

> ***stammt aus dem westlichen Mittelmeerraum***
> ***Klee mit auffälliger Blütenfarbe***
> ***in Wildblumenmischungen enthalten***

Seit dem 19. Jahrhundert kultivieren Bauern den Inkarnat-Klee auch bei uns auf Äckern. Er sorgt für nährstoffreiche Böden und liefert gutes Grünfutter für das Vieh. Seit einiger Zeit geht sein Anbau jedoch wieder zurück, dafür sät man diese kräftig rot leuchtende Kleeart gelegentlich an Straßenböschungen neu aus. In den USA wurde er erst 1955 eingeführt.

Alpen-Klee

Trifolium alpinum (Schmetterlingsblütengewächse)
H 5–20 cm Juni–Aug. Staude

Vorkommen *Magere Bergrasen, Bergweiden, zwischen Zwergsträuchern von der Baumgrenze bis um 2700 m.*

> ***Gebirge Mittel- und Südeuropas***
> ***Blüten duften besonders bei Besonnung***
> ***ein großblütiger Klee***

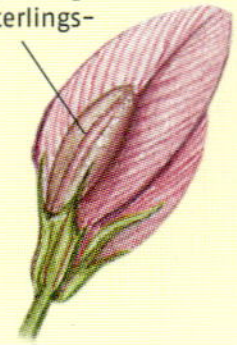

Die Pfahlwurzel des Alpen-Klees wächst bis über 1 m tief in den Boden. Sie versorgt die Pflanze nicht nur mit Nährstoffen, sondern verhindert gleichzeitig, dass Wildtiere die kleine Pflanze aus dem oft steinigen Boden reißen. Gämsen und Murmeltiere weiden sehr gern an dem zart duftenden Alpen-Klee.

Bunte Kronwicke

Securigera varia (Schmetterlingsblütengewächse)
H 30–60 cm Juni–Aug. Staude ☠

Die Fiederblättchen besitzen ein Gelenk an ihrer Basis und bewegen sich nachts aufwärts in eine „Schlafstellung". Die Pflanze enthält herzwirksame Stoffe, sie wird jedoch heute in der Heilkunde nicht mehr verwendet. Bei einer Vergiftung kommt es zu starker Übelkeit und Krämpfen, im Extremfall kann sie sogar zum Tod führen.

Vorkommen *Weg- und Straßenböschungen, Bahndämme, Steinbrüche, Halbtrockenrasen, lichte Gebüsche, Waldränder. Mittel- und Südeuropa.*

> ***blüht manchmal auch fast weiß***
> ***Wuchs meist breit mit liegenden Stängeln***
> ***lockt Bienen an***

Futter-Esparsette

Onobrychis viciifolia (Schmetterlingsblütengewächse)
H 30–60 cm Mai–Juli Staude

Die Futter-Esparsette stammt aus Südosteuropa. Seit dem 16. Jahrhundert wurde sie in Mitteleuropa als eiweißreiche Futterpflanze kultiviert und verwilderte oft. Sie erträgt zwar keine direkte Beweidung, liefert aber wertvolles Heu. Heute spielt sie in der Landwirtschaft kaum mehr eine Rolle. Die Bauern pflanzen sehr viel häufiger Mais, Luzerne (S. 187) oder Wiesen-Klee (S. 69).

Vorkommen *Halbtrockenrasen, Wege, Böschungen. Auf warmen, mäßig trockenen Kalkböden an sonnigen Standorten. Fast ganz Europa.*

> ***Wurzeln reichen bis 4 m tief***
> ***verbessert den Boden***
> ***Früchte bleiben an Tieren hängen***

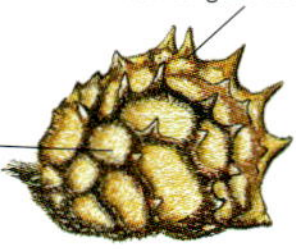

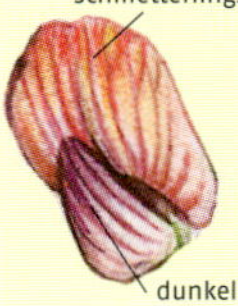

Frühlings-Platterbse

Lathyrus vernus (Schmetterlingsblütengewächse)

H 20–40 cm April–Mai Staude (☠)

***Vorkommen** Wälder, besonders Buchenwälder mit reichlich krautigem Unterwuchs. Auf meist kalkhaltigen Böden. Fast ganz Europa.*

- > ***paarig gefiederte Blätter ohne Ranke***
- > ***fällt durch die frühe Blütezeit auf***
- > ***schön im Wildpflanzengarten***

Die Farbe der Blüten hängt von deren Säuregehalt ab und ändert sich mit dem Alter der Blüte sehr auffällig. In der Knospe ist der Zellsaft sauer und der Farbstoff deshalb rot, in der offenen Blüte ist er neutral, was eine rotviolette und blaue Farbe zur Folge hat. Beim Abblühen schließlich ist die Blüte basisch wie Seife und ihre Färbung wechselt zu Türkis.

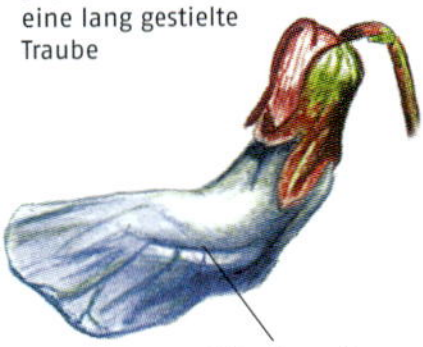

Schopfiges Kreuzblümchen

Polygala comosa (Kreuzblumengewächse)

H 15–25 cm Mai–Juni Staude

***Vorkommen** Sonnige, magere Rasen und Weiden, Wegraine. Auf mäßig trockenen, im Sommer warmen, meist kalkreichen Böden. Mittel- und Südeuropa.*

- > ***Blüten erinnern an Schmetterlingsblüten***
- > ***das ähnliche Gewöhnliche Kreuzblümchen blüht meist blau***
- > ***zeigt magere Böden an***

Der Name „Kreuzblümchen" bezieht sich auf die Blütezeit in der Kreuzwoche (Bittwoche), 2 Wochen vor Pfingsten. Das typische, fransige Anhängsel an der Spitze der Blüte dient als Landeplatz für Insekten und soll wohl auch Staubblätter und damit Nahrung vortäuschen. Als Belohnung für ihren Besuch erhalten die Bestäuber jedoch süßen Nektar.

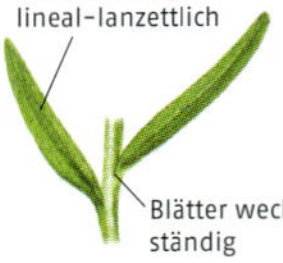

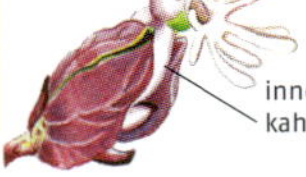

Diptam

Dictamnus albus (Rautengewächse)
H 60–120 cm Mai–Juni Staude ☠

An heißen Tagen verdunstet die Pflanze besonders viel duftendes ätherisches Öl aus den Drüsenhaaren und aus Ölbehältern der Blätter. Bei Windstille bildet dieses eine Wolke um die Pflanze und kann dann sogar angezündet werden oder es entzündet sich von selbst. Die Pflanze wird deshalb auch als „Brennender Busch" bezeichnet. Sie kommt dabei jedoch – ähnlich wie flambierte Speisen – nicht zu Schaden.

***Vorkommen** Sonnige, felsige, buschige Hänge, lichte, trockene Wälder, Waldränder. Auf trockenen, mageren, meist kalkreichen Böden in Mittel- und Südeuropa.*

> ***duftet intensiv nach Zitrone und Zimt***
> ***Saft kann auf der Haut zu Blasen führen***
> ***braucht viel Wärme***

Schon gewusst?

Der „Brennende Busch" der Bibel war kein Diptam, sondern wohl ein mit den Schmetterlingsblütengewächsen verwandter Sennabusch. Seine gelben Blütentrauben erinnern entfernt an Flammen.

Drüsiges Springkraut

Impatiens glandulifera (Balsaminengewächse)
H 50–250 cm Juli–Aug. einjährig (☠)

***Vorkommen** Auenwälder, feuchte Wälder, Ufer. Bevorzugt eher schattige Standorte mit hoher Luftfeuchtigkeit. Fast ganz Europa.*

- > ***Blüten duften intensiv***
- > ***reife Früchte platzen bei Berührung auf***
- > ***wächst sehr rasch***

Das Drüsige Springkraut stammt aus dem Himalaya. Als hübsche Zierpflanze säte man es 1837 erstmals in Dresden, später in ganz Europa in vielen Gärten. Von dort verwilderte es rasch. Heute bildet die Pflanze an Ufern und in Auenwäldern teils dichte Gruppen und verdrängt immer mehr die heimischen Pflanzen von diesen Standorten. Naturschützer bekämpfen sie deshalb vielerorts. Gartenbesitzer sollten sie nicht noch durch zusätzliche Kultur fördern.

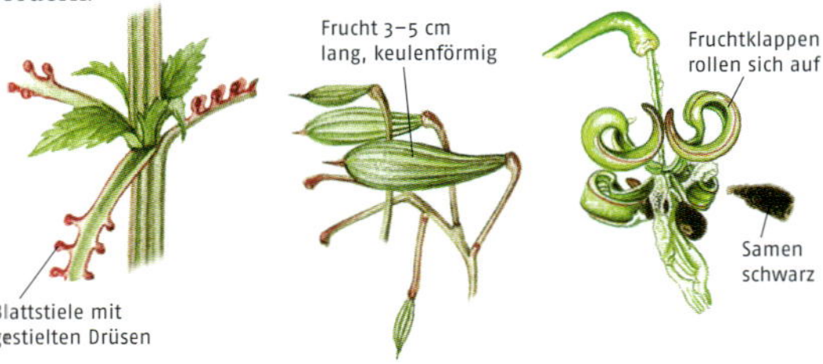

Schon gewusst?

Das Drüsige Springkraut sorgt mit einem Schleudermechanismus für die Ausbreitung seiner Samen. In den Früchten bauen sich große Spannungen auf, durch die sie bei Berührung oder von selbst plötzlich explodieren. Die Samen fliegen dann bis zu 7 m weit.

Purpurrote Taubnessel

Lamium purpureum (Lippenblütengewächse)

H 15–45 cm März–Okt. einjährig, Staude

Die Purpurrote Taubnessel wächst sehr rasch und kann pro Jahr bis zu 4 Generationen hervorbringen. Bei günstigen Bedingungen blühen die Pflanzen sogar im Winter. Die Früchtchen tragen einen nahrhaften Ölkörper und locken so Ameisen an, die für die Verbreitung sorgen.

Vorkommen *Lückige Unkrautbestände auf Äckern, in Gärten, Weinbergen, an Wegen, Schuttplätzen, Ödflächen. Ganz Europa.*

- > ***Blätter an sonnigen Standorten oft rot gefärbt***
- > ***zeigt stickstoffreiche Böden an***
- > ***wächst oft in Gruppen***

Gefleckte Taubnessel

Lamium maculatum (Lippenblütengewächse)

H 15–60 cm April–Sept. Staude

Tief im Grund verborgen enthalten die Blüten reichlich Nektar. Dieser besteht zu rund 40 Prozent aus Zucker – kein Wunder, dass langrüsselige Hummeln die Blüten so gerne besuchen. Kleinere Hummeln, deren Rüssel zu kurz ist, beißen die Röhre von der Seite an. Durch diese Löcher können dann auch Honigbienen ihren Rüssel bis in den Nektar strecken.

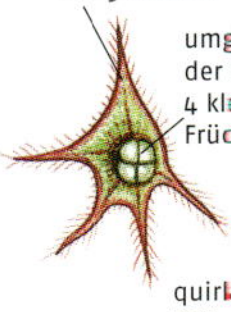

Vorkommen *Unkrautbestände, Auenwälder, Waldränder, Gräben, Hecken, Wegränder, Zäune. An halbschattigen Standorten. Mittel- und Südeuropa.*

- > ***erinnert ohne Blüten etwas an eine Brennnessel (S. 289)***
- > ***zeigt nährstoffreiche Böden an***
- > ***schön für Wildpflanzengärten***

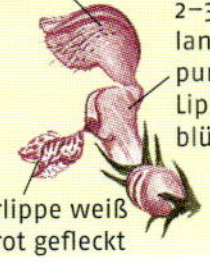

Gewöhnlicher Hohlzahn

Galeopsis tetrahit (Lippenblütengewächse)

H 10–70 cm Juni–Okt. einjährig

Vorkommen *Unkrautbestände auf Äckern, Schuttplätzen, Waldlichtungen, an Wegen, Zäunen, Ödflächen. Von der Ebene bis ins Gebirge. Ganz Europa.*

> ***typisch sind die Zähne in der Blüte***
> ***zeigt Stickstoff an***
> ***heißt wegen der stacheligen Kelche auch „Stechender Hohlzahn"***

Der deutsche Name „Hohlzahn" leitet sich von den Zähnen in der Blüte ab, die den anfliegenden Insekten als „Leitplanken" dienen. Wenn zur Fruchtzeit Tiere an den harten, stacheligen Kelchen vorbeistreifen, verhaken sich diese an ihnen. Die elastischen Stängel biegen sich, federn anschließend zurück und schleudern dabei die Früchte aus den Kelchen.

Schon gewusst?

Im Schotter zwischen Bahngleisen, aber auch in Steinbrüchen findet man recht häufig den Schmalblättrigen Hohlzahn, dessen Blätter nur 2–5 mm breit werden. Seine Blüten ähneln denen des Gewöhnlichen Hohlzahns.

Schwarznessel

Ballota nigra (Lippenblütengewächse)

H 30–100 cm Juni–Sept. Staude

Früher hieß die Schwarznessel wegen des widerwärtigen Geruchs „Gottvergess". Den heutigen deutschen Namen erhielt sie, weil ihre Blätter denen der Brennnessel sehr ähnlich sehen (S. 289). Die Volksmedizin empfiehlt die Pflanze bei Magenbeschwerden, Wechseljahrsproblemen, Unruhe und Keuchhusten.

Vorkommen *In Unkrautbeständen an Wegen, Zäunen, auf Schuttplätzen, besonders in Dörfern. Auf warmen Böden. Besonders in Mittel- und Südeuropa.*

- ***Pflanze dunkelgrün, oft fast schwärzlich***
- ***stinkt zerrieben unangenehm***
- ***zeigt Stickstoff an***

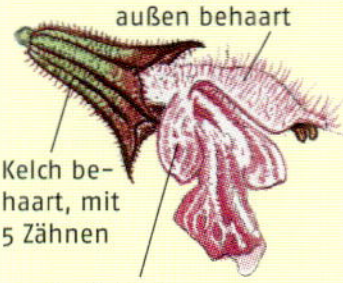

Edel-Gamander

Teucrium chamaedrys (Lippenblütengewächse)

H 15–30 cm Juli–Aug. Strauch ☠

Früher empfahlen Heilkundige das duftende Kraut bei Verdauungsschwäche, Gicht und Fieber. Gemäß der Volksheilkunde soll es auch Schlankheitskuren unterstützen. Seit allerdings Vergiftungen mit Leberschäden und Gelbsucht bekannt wurden, ist von einer Verwendung als Heilpflanze abzuraten

Vorkommen *Felsen, sonnige Hänge, trockene Rasen und Wälder. Auf warmen, trockenen, nährstoffarmen, meist kalkhaltigen Böden. Mittel- und Südeuropa.*

- ***Pflanze duftet zerrieben angenehm aromatisch***
- ***braucht viel Wärme***
- ***wächst meist in Gruppen***

Immenblatt

Melittis melissophyllum (Lippenblütengewächse)

H 20–50 cm Mai–Juni Staude

Vorkommen *Lichte Wälder, Waldränder, sonnige Gebüsche. Auf oft steinigen Böden an halbschattigen, warmen Standorten. Mittel- und Südeuropa.*

> ***braucht Wärme***
> ***riecht getrocknet etwas nach Waldmeister (S. 98)***
> ***auffallend große Lippenblüten***

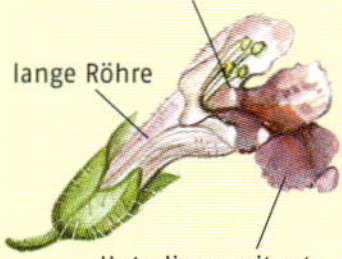

Der Name der Pflanze leitet sich von „Biene" ab, ist aber nicht ganz passend: Die Blüten enthalten zwar süßen Nektar, dieser Zuckersaft ist allerdings so tief in der langen Röhre verborgen, dass die Honigbiene mit ihrem recht kurzen Rüssel nicht darangelangen kann. Nur langrüsselige Hummeln und Schmetterlinge können ihn heraussaugen.

Heil-Ziest

Betonica officinalis (Lippenblütengewächse)

H 30–100 cm Juli–Aug. Staude

Vorkommen *Moorwiesen, magere Bergwiesen, Heiden. Auf feuchten Böden an etwas wärmeren Standorten. Besonders Mittel- und Südeuropa.*

> ***Blattpaare stehen in großem Abstand zueinander***
> ***zeigt magere Böden an***
> ***blüht lange und lockt viele Insekten an***

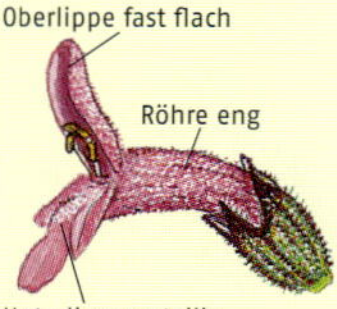

Der Heil-Ziest enthält Gerbstoffe und wirkt deshalb bei Durchfall leicht stopfend. Im Altertum war er eine hochgeschätzte Arzneipflanze, von der man glaubte, dass sie vor Epidemien und bösem Zauber schütze. Im 16. und 17. Jahrhundert glaubte man, dass kaum eine Krankheit nicht mit dem Kraut behandelt werden könne.

Wald-Ziest

Stachys sylvatica (Lippenblütengewächse)
H 30–100 cm Juni–Sept. Staude

Als Eselsbrücke zu dem Namen und Standort dieser typischen Waldpflanze mag folgender Spruch dienen: „Wenn du in den Wald ziehst, siehst du den Wald-Ziest“: Die Art gehört zu den wenigen Blütenpflanzen, die auch im schattigen Wald noch blühen. Bleiben blütenbesuchende Insekten aus, bestäuben sich die Blüten selbst.

***Vorkommen** Wälder, Gebüsche, Waldquellen, Waldwege. Auf feuchten bis nassen, nährstoffreichen Böden. Fast ganz Europa, im Süden in den Gebirgen.*

> **Blüten auffallend dunkel**
> **Blätter erinnern an Nesseln**
> **riecht beim Zerreiben unangenehm**

Echtes Herzgespann

Leonurus cardiaca (Lippenblütengewächse)
H 30–100 cm Juni–Sept. Staude

Wie der Name vermuten lässt, soll das Kraut bei Herzbeschwerden helfen. Diese Heilwirkung kennt man seit dem 15. Jahrhundert. Die Volksmedizin verwendet das Echte Herzgespann noch heute bei nervösen Herzbeschwerden. In letzter Zeit wird die Pflanze gelegentlich auch angepflanzt, weil sie gerne von Bienen besucht wird und diesen reichlich Nahrung liefert.

***Vorkommen** In Unkrautbeständen an Wegen, Mauern, Hecken, Gärten, Zäunen, vor allem in Dörfern. Auf nährstoffreichen Böden. Fast ganz Europa.*

> **bildet mehrere aufrechte, unverzweigte Stängel**
> **benötigt Wärme**
> **heißt auch „Löwenschwanz“**

Gewöhnlicher Dost

Origanum vulgare (Lippenblütengewächse)

H 20–60 cm   Juli–Sept.   Staude

Vorkommen *Gebüschränder, Trockenrasen, lichte warme Gehölze und Kahlschläge, Böschungen. Fast ganz Europa.*

- > ***riecht zerrieben nach Pizzagewürz***
- > ***Blüten locken zahlreiche Insekten an***
- > ***braucht Wärme im Sommer***

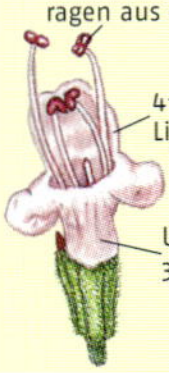

Auch bei uns wachsender Dost lässt sich als Gewürz verwenden. Was sich unter der Bezeichnung „Oregano“ im Handel befindet, enthält jedoch meist Blätter und Blüten von im Mittelmeerraum heimischen Rassen des Gewöhnlichen Dosts mit kräftigem Aroma sowie von verwandten Arten. Im Volksglauben gehörte Dost zu den Pflanzen, mit dem man böse Geister und den Teufel abwehrte.

Schon gewusst?

Der nah verwandte Majoran aus dem Mittelmeerraum liefert ebenfalls ein aromatisches Gewürz, das besonders für Wurst verwendet wird. Er ist kälteempfindlich und bei uns seltener angepflanzt.

Arznei-Thymian

Thymus pulegioides (Lippenblütengewächse)
H 5–40 cm Juni–Okt. Strauch

Die Pflanzen besiedeln häufig Ameisenhaufen, da die Früchtchen von Ameisen in ihre Bauten geschleppt werden. Der Arznei-Thymian lindert mit seinen ätherischen Ölen Katarrhe der Atemwege. Auch wenn es sein deutscher Name anders vermuten lassen würde, wird er hierfür jedoch viel seltener verwendet als der Gewürz-Thymian (s. unten).

***Vorkommen** Magere Rasen und Weiden, Böschungen, Felsen, Ameisenhaufen. Pionierpflanze in ganz Europa, im Gebirge bis auf über 2000 m.*

- **duftet würzig aromatisch, manchmal auch nach Zitrone**
- **Blätter immergrün**
- **braucht Wärme und Sonne**

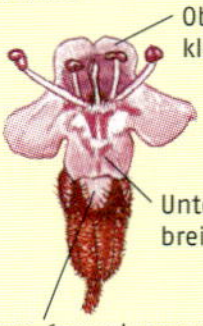

Gewürz-Thymian

Thymus vulgaris (Lippenblütengewächse)
H 10–30 cm April–Juli Strauch

In der Antike verbrannten die Griechen Thymian ähnlich wie Weihrauch in Opferfeuern. Hieraus leitet sich der Name ab (griechisch thyein = „rauchen, räuchern"). Thymian galt früher auch als ein Symbol des Todes, da man glaubte, die Seelen der Verstorbenen würden sich in die Blüten wohlriechender Blumen zurückziehen. Heute verwendet man die Pflanze als Hustenmedizin und Gewürz.

***Vorkommen** Sonniges Buschland und trockene Standorte auf Kalkgestein. Wild im westlichen Mittelmeergebiet bis Italien, sonst gepflanzt.*

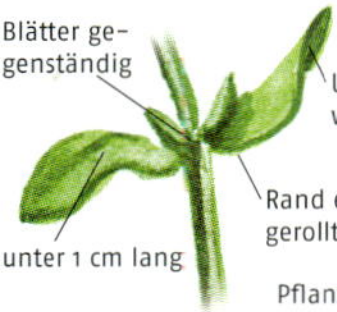

- **meist viele Pflanzen beieinander**
- **oft als Heil- und Gewürzpflanze kultiviert**
- **duftet typisch aromatisch**

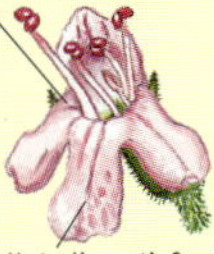

Roter Fingerhut

Digitalis purpurea (Braunwurzgewächse)

H 40–150 cm Juni–Aug. zweijährig, Staude ☠

***Vorkommen** Waldwege, Waldlichtungen, Bergwälder, Kahlschläge. Auf kalkarmen Böden an sonnigen bis halbschattigen Standorten. Besonders in Westeuropa.*

- ***wächst oft in Gruppen***
- ***tödlich giftig***
- ***Farbflecken in der Blüte täuschen Staubbeutel vor und locken Hummeln an***

Die Mythologie des Nordens berichtet, dass Elfen die Blüten von Fingerhüten aufsetzen, wenn sie im Mondschein tanzen. Als hochwirksame Heilpflanze kann der Fingerhut, von Ärzten genau dosiert, bestimmte Herzleiden lindern. Diese Wirkung auf das Herz erkannte erst im 18. Jahrhundert der englische Arzt William Withering, bis dahin verwendete man die Pflanze nur gegen Abszesse und Geschwüre.

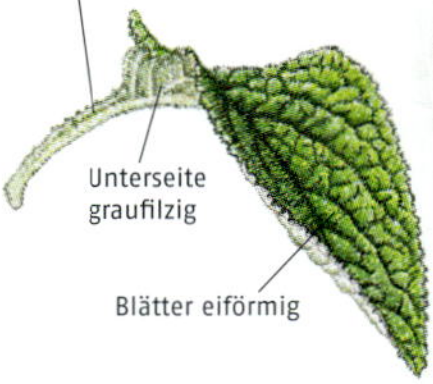

Schon gewusst?

Der Blütenstand endet manchmal mit einer ungewöhnlichen Blüte. Bei dieser so genannten „Pelorie“ sind die Blütenteile so verändert, dass eine mehr oder weniger große Schüssel entsteht.

Acker-Wachtelweizen

Melampyrum arvense (Braunwurzgewächse)
H 15–50 cm Juni–Sept. einjährig (☠)

Die Früchte enthalten weizenkornähnlich geformte, etwa ebenso große, schwarze Samen. Gelangten sie früher ins Mehl oder Brot, färbte sich dieses bläulich. Der wissenschaftliche Name *Melampyrum* leitet sich vom griechischen melas = „schwarz" und pyros = „Weizen" ab.

Vorkommen *Getreideäcker, Gebüschränder, sonnige Hecken, Wege. Auf eher trockenen, nährstoffreichen Böden in fast ganz Europa.*

> ***fällt von Weitem auf***
> ***Samen werden von Ameisen verschleppt***
> ***gelegentlich in Wildblumenmischungen enthalten***

Roter Zahntrost

Odontites vulgaris (Braunwurzgewächse)
H 10–45 cm Mai–Okt. einjährig

Der Rote Zahntrost gehört wie viele Braunwurzgewächse zu den schmarotzenden Pflanzen. Er besitzt aber auch Blattgrün, so dass er selbst Kohlenhydrate bilden kann. Um an Wasser und Nährstoffe zu gelangen, senkt er jedoch besondere Saugwurzeln in die Wurzeln von Gräsern. Diesen entzieht er die gewünschten Stoffe, wozu er eine hohe Saugkraft aufbringen muss. Gepflückte Pflanzen welken deshalb bereits nach wenigen Minuten.

Vorkommen *Wegränder, Waldwege, Weiden. An im Sommer warmen Standorten, auch an trittbelasteten Stellen. Ganz Europa.*

> ***Halbschmarotzer***
> ***verträgt Salz im Boden***
> ***wächst meist in kleineren Gruppen***

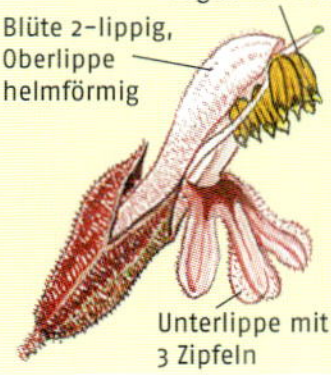

Schuppenwurz

Lathraea squamaria (Braunwurzgewächse)

H 10–30 cm März–Mai Staude

***Vorkommen** Auenwälder, Schluchtwälder. Meist in kleinen Gruppen von der Ebene bis in mittlere Gebirgslagen in fast ganz Europa.*

- ***Pflanze fleischig, ohne Blattgrün***
- ***wächst im Schatten oder Halbschatten***
- ***braucht feuchten bis nassen Boden***

Die Schuppenwurz lebt als Vollschmarotzer auf ausdauernden Pflanzen, hauptsächlich Erle, Hasel und Pappel. Sie senkt Saugwurzeln in deren Wurzeln und entnimmt ihnen alles, was sie zum Wachsen und Gedeihen benötigt: Wasser, Nährsalze und organische Substanzen. So braucht die Schuppenwurz kein Licht und kann an sehr dunklen Stellen im Wald wachsen.

Quirlblättriges Läusekraut

Pedicularis verticillata (Braunwurzgewächse)

H 5–20 cm Juni–Aug. Staude

***Vorkommen** Nasse Gebirgsrasen, niedrige, steinige Wiesen und Weiden in den Alpen von 1000 bis auf 2800 m.*

- ***Blätter stehen am Stängel in Quirlen zu 3–4***
- ***braucht feuchten Boden***
- ***lockt besonders Hummeln an***

Früher verwendete man Absude aus Läusekräutern gegen Läuse und anderes Ungeziefer an Mensch und Vieh. Weltweit gibt es um 600, in den Alpen über 20 verschiedene Läusekräuter. Alle sind Halbschmarotzer. Sie haben Blattgrün, um Kohlenhydrate zu produzieren, entnehmen Wasser und Mineralsalze jedoch den Wirtspflanzen, auf deren Wurzeln sie sitzen.

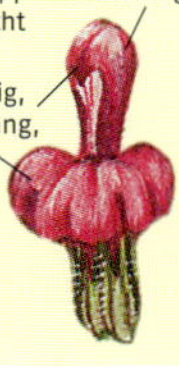

Sommerwurz

Orobanche sp. (Sommerwurzgewächse)

H 20–50 cm   Juni–Juli   ein- bis mehrjährig

Die Sommerwurz lebt als Schmarotzer. Jede Art zapft die Wurzeln einer bestimmten Wirtspflanzengruppe an. Aus diesen entzieht die Pflanze mittels kräftigen Saugwurzeln Wasser sowie alle Nährstoffe. Einige Sommerwurz-Arten sind im Mittelmeerraum gefürchtete Kulturschädlinge.

Vorkommen *Pflanzen sitzen den Wurzeln verschiedener Kultur- und Wildpflanzen auf. Fast ganz Europa.*

> ***Pflanze vollständig ohne Blattgrün***
> ***das Aussehen erinnert etwas an eine Orchidee***
> ***stirbt nach der Blüte ab***

Rote Spornblume

Centranthus ruber (Baldriangewächse)

H 30–80 cm   Mai–Juli   Staude

Nur Schmetterlinge haben einen Rüssel, der lang und dünn genug ist, um durch die Röhre der Krone an den Nektar im Sporn zu gelangen. Die Rote Spornblume ist eine dankbare Gartenstaude für sonnige Standorte. Ihre Wurzel wurde früher gelegentlich ähnlich wie Baldrianwurzel (S. 128) gegen Schlafstörungen verwendet.

Vorkommen *An sonnigen Mauern, Felsen und auf Schutt in Südeuropa. In Mitteleuropa als Zierpflanze kultiviert und an warmen Stellen verwildert.*

> ***Blätter etwas blaugrün***
> ***kann auch weiß blühen***
> ***braucht ausreichend Wärme***

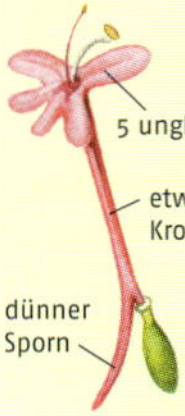

Weicher Akanthus

Acanthus mollis (Akanthusgewächse)

H 40–90 cm   April–Aug.   Staude

Vorkommen *Gebüsche, Brachland und Ödflächen im westlichen und zentralen Mittelmeergebiet, aus Gärten verwildert.*

- ***Blätter können bis 1 m lang sein***
- ***wächst in Büscheln***
- ***der verwandte Dornige Akanthus ist distelähnlich dornig***

Die Blüten sind so gebaut, dass nur kräftige Hummeln und Hummelverwandte an den Nektar an ihrer Basis gelangen können. Sie müssen sich hierzu zwischen das feste, durch den oberen Kelchlappen gebildete Dach und die Blütenlippe hineinzwängen. Gelegentlich bieten Gärtnereien die stattlichen, starkwüchsigen Pflanzen auch in Mitteleuropa als Park- und Gartenstaude an.

Schon gewusst?

Akanthus-Blätter dienten schon in der Antike als Vorlage für den Schmuck von Säulenabschlüssen. Auch heute ist das Akanthus-Blatt noch an vielen Bauwerken zu finden.

Sumpf-Siegwurz

Gladiolus palustris (Schwertliliengewächse)

H 30–50 cm   Mai–Juni   Staude

Sowohl der deutsche Name „Siegwurz“ als auch die wissenschaftliche Bezeichnung *Gladiolus* (lateinisch für „kleines Schwert“) beziehen sich auf die typische Blattform der Knollenpflanze. Die als Schnittblumen und in Gärten kultivierten großblütigen Gladiolen sind Kreuzungen verschiedener, meist afrikanischer Arten.

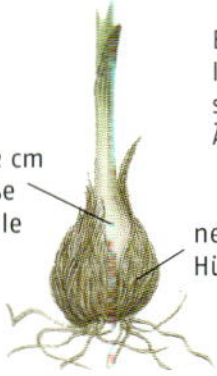

Vorkommen *Sumpf- und Moorwiesen, nasse Wiesenbereiche an Hängen. Auf feuchtem oder gelegentlich überschwemmtem Boden. Mittel- und Südosteuropa.*

> ***erträgt keine Düngung***
> ***wird wild immer seltener***
> ***die ähnliche Saat-Siegwurz wächst auf Äckern im Mittelmeerraum***

87

Mücken-Händelwurz

Gymnadenia conopsea (Orchideengewächse)

H 25–60 cm   Mai–Aug.   Staude

Der lange, dünne Blütensporn weist auf die Bestäuber dieser Orchidee hin: Tag- und Nachtfalter, die ihren dünnen Rüssel gut durch den weniger als 1 mm breiten Eingang in die Röhre einführen und den reichlichen, im Gegenlicht gut sichtbaren Nektar aufsaugen können. An manchen Standorten duften die Pflanzen besonders intensiv in der Abenddämmerung.

Vorkommen *Moorige Wiesen, Magerrasen, lichte Wälder. Sowohl auf trockenen wie auch feuchten, meist kalkhaltigen Böden. Fast ganz Europa.*

> ***Blüten duften stark***
> ***blüht selten auch weiß***
> ***wie alle Orchideen geschützt***

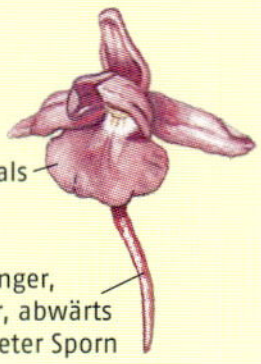

Stattliches Knabenkraut

Orchis mascula (Orchideengewächse)

H 15–50 cm Mai–Juni Staude

Vorkommen *Magere Gebirgswiesen, Halbtrockenrasen, lichte Wälder, Auenwälder, Steinbrüche. Ganz Europa.*

> ***Blätter auch ungefleckt***
> ***typisch ist der aufgerichtete Sporn***
> ***heißt auch „Manns-Knabenkraut"***

Die immer paarweise stehenden Knollen erinnern an Hoden. Im 1. Jahrhundert n. Chr. beschrieb der griechische Gelehrte Dioskurides, dass man durch den Genuss dieser Knollen das Geschlecht eines Kindes beeinflussen könne (orchis = „Hoden"). Noch bis zu Beginn des 19. Jahrhunderts meinte man, die Knollen würden den Geschlechtstrieb fördern.

Helm-Knabenkraut

Orchis militaris (Orchideengewächse)

H 25–45 cm Mai–Juni Staude

Vorkommen *Magerrasen, Böschungen, moorige Wiesen, Flussauen, lichte Gebüsche. Auf kalkreichen, humushaltigen Böden an etwas wärmeren Standorten. Fast ganz Europa.*

> ***wächst oft in Gruppen***
> ***wird vom Vieh nicht gefressen***
> ***fällt von Weitem auf***

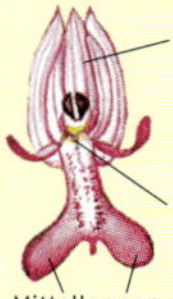

Das Helm-Knabenkraut gehört zu den etwas häufigeren Orchideen. Es kann auch neu geschaffene Standorte wie Straßenböschungen oder Dämme besiedeln und erscheint dort oft lange vor anderen Orchideenarten.

Geflecktes Knabenkraut

Dactylorhiza maculata (Orchideengewächse)

H 10–60 cm   Mai–Aug.   Staude

Wie die anderen Orchideen bildet auch das Gefleckte Knabenkraut staubfeine, mit einer losen Hülle versehene Samen aus. Diese sind so hervorragend an eine Verbreitung durch den Wind angepasst, dass sie bis 10 km weit fliegen können. Allerdings enthalten sie praktisch keine Reservestoffe und nur einen winzigen Keimling. Für das Wachstum des Keimes ist deshalb die Lebensgemeinschaft mit einem Pilz erforderlich.

Vorkommen *Feuchte Magerrasen, Heidemoore, Heiden. Auf nassen oder feuchten, modrigen oder humusreichen Böden. Fast ganz Europa.*

- **sehr variabel in der Blüte und im Wuchs**
- **duftet nicht**
- **bietet den Bestäubern keinen Nektar als Belohnung**

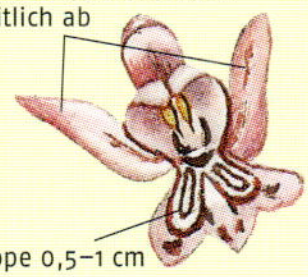

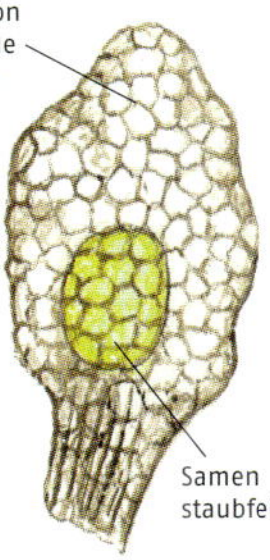

Schon gewusst?

Die Knollen sind fingerartig geformt. Im Volksglauben verglich man die dunkle Knolle des Vorjahres mit einer Teufelshand, die helle neue Knolle mit einer Marienhand. Diese helle Hand sollte am 24. Juni, dem Johannistag, gegen Krankheiten wirken.

Gewöhnliche Knoblauchsrauke

Alliaria petiolata (Kreuzblütengewächse)

H 20–100 cm April–Juni einjährig

Vorkommen *Schattige Unkrautbestände an Waldrändern, Hecken, in Gärten, Parks. Von der Ebene bis in mittlere Gebirgslagen. Fast ganz Europa.*

> ***treibt früh im Jahr aus***
> ***zeigt Stickstoffreichtum an***
> ***nach dem Zerreiben am Geruch zu erkennen***

Wer Knoblauch mag, kann die jungen Blätter der Knoblauchsrauke zerkleinern und zum Würzen, etwa von Quark oder Salaten, verwenden. Sie schmecken und riechen knoblauchähnlich. Außerdem enthalten sie reichlich Vitamin A und C. Die Blätter lassen sich auch auf Vorrat einfrieren. Beim Trocknen dagegen verlieren sie ihr Aroma.

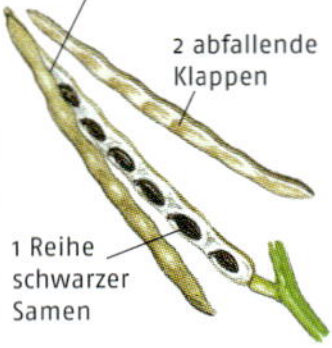

Küsten-Meerkohl

Crambe maritima (Kreuzblütengewächse)

H 30–75 cm Mai–Juni Staude

Vorkommen *Dünen in Meeresnähe, Strände mit Geröll. Gern an stickstoffhaltigen Standorten. Meeresküsten fast ganz Europas.*

> ***riecht typisch kohlartig***
> ***Früchte werden vom Meer verbreitet***
> ***wild selten, Wildvorkommen nicht abernten***

Meerkohl lässt sich als Gemüse verwenden und wird zu diesem Zweck auch in Frankreich und England kultiviert. Sein wissenschaftlicher Name leitet sich vom griechischen krambos ab, was so viel wie „eingeschrumpft" bedeutet. Vielleicht verglich man die Blätter mit denen der üblichen Speise-Kohlsorten.

Gewöhnlicher Meerrettich

Armoracia rusticana (Kreuzblütengewächse)
H 60–120 cm Mai–Juli Staude

Der Meerrettich stammt aus Südosteuropa, wird seit alters gepflanzt und ist häufig verwildert. Der Name soll an den Wuchsort der wilden Pflanzen in Meeresnähe erinnern. Die geriebenen Wurzeln eignen sich als Gewürz für Salate, Soßen und Fleisch, sind allerdings nicht jedermanns Geschmack. Frisch gerieben schmecken sie am besten. Medizinisch nützt man die bakterienabtötende, krampflösende und durchblutungsfördernde Wirkung der Inhaltsstoffe.

Vorkommen *Unkrautbestände, Wege, Schuttplätze, Straßenränder, Ödflächen, Ufer. Auf nährstoffreichen Böden. Fast ganz Europa.*

> ***heißt auch „Kren"***
> ***Wurzeln riechen und schmecken scharf, würzig***
> ***wächst besonders in der Nähe von Dörfern***

Schon gewusst?

Bei uns gehörte Meerrettich im Mittelalter neben Senf zu den einzigen scharfen Gewürzen, die für die Bevölkerung erschwinglich waren. Pfeffer dagegen, der auf dem Landweg von Indien nach Europa kam, war ein unerschwingliches Luxusgut.

Echte Brunnenkresse

Nasturtium officinale (Kreuzblütengewächse)

H 20–80 cm Mai–Okt. Staude

Vorkommen *In Bächen, Gräben und Quellen mit klarem, kühlem, fließendem Wasser. Von der Ebene bis ins Gebirge in ganz Europa.*

- ***kann auch im Wasser untergetaucht leben***
- ***Staubbeutel immer gelb***
- ***Stängel hohl, lässt sich zusammendrücken***

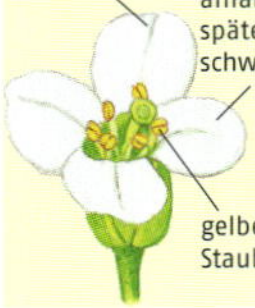

Brunnenkresse enthält Senföle, Vitamin A und C sowie reichlich Mineralstoffe. Sie liefert herb-pikanten und gesunden Salat oder Gemüse, muss allerdings gut geputzt werden, da oft Wasserschnecken und andere Wassertiere an ihr sitzen. Ab dem Mittelalter kultivierte man die Brunnenkresse in Westeuropa, ab dem 16. Jahrhundert auch in Thüringen in besonderen Wasserbeeten (Kressegärten), um sie in den vitaminarmen Wintermonaten ernten zu können.

Schon gewusst?

Das Bittere Schaumkraut kann man leicht mit der Brunnenkresse verwechseln. Es hat jedoch violette Staubbeutel und keine hohlen Stängel. Früher hat man es auch geerntet, es schmeckt aber nicht so angenehm wie die Brunnenkresse, sondern bitter.

Hungerblümchen

Erophila verna (Kreuzblütengewächse)
H 3–15 cm März–Mai einjährig

Die Pflanze besiedelt nährstoffarme Böden, auf denen sich Kulturpflanzen nicht optimal entwickeln. Das Hungerblümchen ist also ein Anzeiger für „Hungerböden". Früher glaubte man, dass eine Missernte bevorsteht, wenn im Frühjahr sehr viele Hungerblümchen blühen.

Vorkommen *Äcker, Wege, Mauern, Gleisanlagen, Flachdächer, lückige Magerrasen, Sandrasen, Kies- und Ödflächen. Ganz Europa.*

- ***kurzlebige Pflanze***
- ***Blätter welken noch vor der Fruchtreife***
- ***sehr variabel in der Größe***

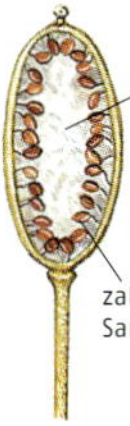

Gewöhnliches Hirtentäschel

Capsella bursa-pastoris (Kreuzblütengewächse)
H 2–70 cm Jan.–Dez. ein- bis zweijährig

Das Gewöhnliche Hirtentäschel erhielt seinen Namen von der Ähnlichkeit der herzförmigen Früchte mit den Umhängetaschen mittelalterlicher Hirten. In China nutzt man das Kraut als Gemüsepflanze, in Europa als Heilpflanze bei unregelmäßigen Regelblutungen und bei Nasenbluten.

Vorkommen *Unkrautbestände auf Äckern, Schuttplätzen, Ödflächen, in Gärten, an Wegen. Von der Ebene bis ins Gebirge. Ganz Europa.*

- ***zeigt Stickstoffreichtum an***
- ***benötigt viel Licht***
- ***blüht und fruchtet auch im Schnee***

Acker-Hellerkraut

Thlaspi arvense (Kreuzblütengewächse)

H 10–50 cm   April–Aug.   einjährig

***Vorkommen** Unkrautbestände in Äckern, Weinbergen, auf Schuttplätzen, Ödland. Auf nährstoffreichen Böden. Ganz Europa.*

- ***Pflanze riecht zerrieben etwas nach Lauch***
- ***an den typischen Früchten gut zu erkennen***
- ***sehr häufig***

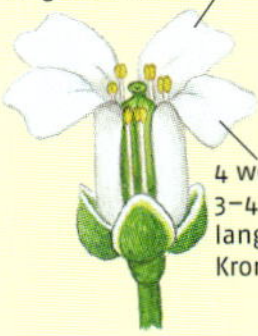

Die münzenähnlichen Früchte geben dem Hellerkraut den Namen. An ihrem breiten Rand kann sich der Wind verfangen. Er reißt die reifen Früchte auf und sorgt dafür, dass die Samen verbreitet werden. Aus den Samen presste man früher Brenn- und Speiseöl, die rettich- bis senfähnlich schmeckenden Blätter verwendete man für Salat und Suppen.

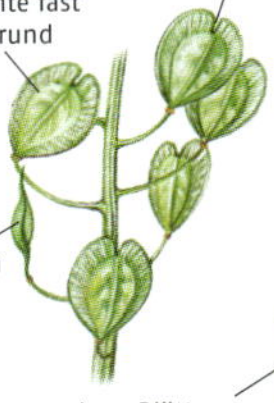

94

Herbst-Seidelbast

Daphne gnidium (Seidelbastgewächse)

H 50–200 cm   Juni–Okt.   Strauch   ☠

***Vorkommen** Küstennahe Trockengebüsche, Wälder. Mittelmeerraum.*

- ***trägt häufig Blüten und Früchte gleichzeitig***
- ***Blätter leben 1 Jahr***
- ***nicht abreißen, der Saft führt zu Hautschäden***

Der wissenschaftliche Name Daphne bedeutet übersetzt „Lorbeerbaum". Er bezieht sich darauf, dass einige Seidelbast-Arten lorbeerähnliche, immergrüne Blätter tragen. In der griechischen Mythologie war Daphne eine Baumnymphe. Apollo verliebte sich in sie, weshalb Zeus sie in einen Strauch verwandelte.

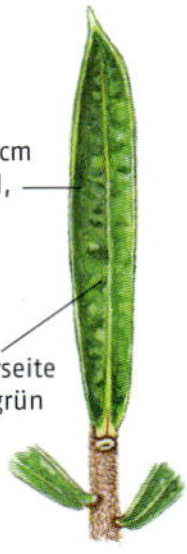

Dorniger Kapernstrauch

Capparis spinosa (Kaperngewächse)

H 30–150 cm April–Okt. Strauch

In der Antike kannte man Kapern als Mittel gegen Ischias und Krämpfe sowie als Gewürz. Sowohl die geschlossenen Blütenknospen als auch die Kapernfrüchte können in Salz, Essig oder Öl eingelegt werden. Beide haben ein würzig-pikantes, etwas eigenartiges Aroma. Die eingelegten Früchte, auch Kapernäpfel genannt, schmecken intensiver. Zu unseren bekanntesten Gerichten mit Kapern gehören Königsberger Klopse.

***Vorkommen** Felsen, Mauern, Ödland, Brachäcker, Straßenränder. Mittelmeerraum.*

> ***besonders in Frankreich und Spanien kultiviert***
> ***Blüten nur wenige Stunden geöffnet***
> ***kann etwas klettern***

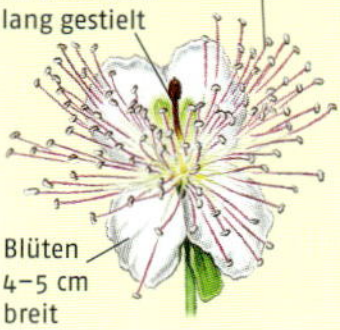

Schon gewusst?

Die kurzlebigen Blüten spielen sogar in der Bibel eine Rolle. Im Buch der Sprüche beschreibt Salomo eine aufbrechende Kaper als Bild von der Vergänglichkeit und vom Altwerden.

Gewöhnliches Hexenkraut

Circaea lutetiana (Nachtkerzengewächse)

H 20–70 cm   Juni–Aug.   Staude

***Vorkommen** Wälder, Waldwege, Gebüsche, Auen. Auf feuchten Böden. Fast ganz Europa.*

- > **zeigt nährstoffreiche Böden an**
- > **blüht auch im Schatten**
- > **Blüten locken besonders Schwebfliegen an**

Das Hexenkraut hat keulenförmige Früchte. Mit ihren Häkchen bleiben sie sehr leicht an Tieren und auch an den Kleidern des Menschen hängen. So können sie über große Strecken verbreitet werden. Vielleicht trug das etwas unheimliche, unbemerkte Anhängen der Früchte an die Kleidung zum Namen „Hexenkraut" und *Circaea* bei. Circe war in der griechischen Mythologie eine Zauberin oder Hexe.

Schwedischer Hartriegel

Cornus suecica (Hartriegelgewächse)

H 5–25 cm   Mai   Staude

***Vorkommen** Moore, Heiden mit niedrigen Sträuchern. Auf torfigen Böden. Nordeuropa, Norddeutschland*

- > **Blätter im Herbst rot gefärbt**
- > **unterirdischer, kriechender Wurzelstock**
- > **braucht kühle Sommer**

Die wenigen Vorkommen, an denen der Schwedische Hartriegel auch heute noch in Mitteleuropa zu finden ist, gelten als Eiszeitrelikte. Während der letzten Eiszeit war er weiter verbreitet. Die nächsten Verwandten dieser hübschen Staude wachsen strauch- oder baumförmig.

Mittlerer Wegerich

Plantago media (Wegerichgewächse)

H 10–45 cm Mai–Sept. Staude

Plantago leitet sich vom lateinischen planta = Fußsohle ab. Die dicht an den Boden gedrückten Blätter erinnern etwas an Fußabdrücke, außerdem erträgt es die Pflanze, dass man auf ihr herumläuft. Reißt man die Blätter oder Blattstiele auseinander, so bleiben dünne Fäden stehen. Es handelt sich dabei um Gefäßbündel, die für den Wasser- und Stofftransport zuständig sind. Sie lassen sich bei dieser Art leicht herausziehen.

***Vorkommen** Halbtrockenrasen, magere Wiesen, Weiden, Rasenflächen, Wege, Straßenränder. An meist sonnigen Standorten. Fast ganz Europa.*

> ***meistens auf betretenen Standorten***
> ***Blüten wohlriechend***
> ***im Rasen lästig, das Gras stirbt unter der Rosette***

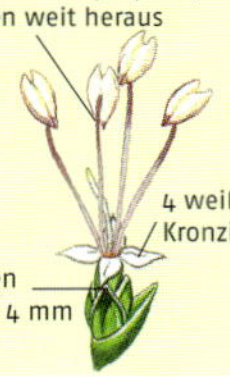

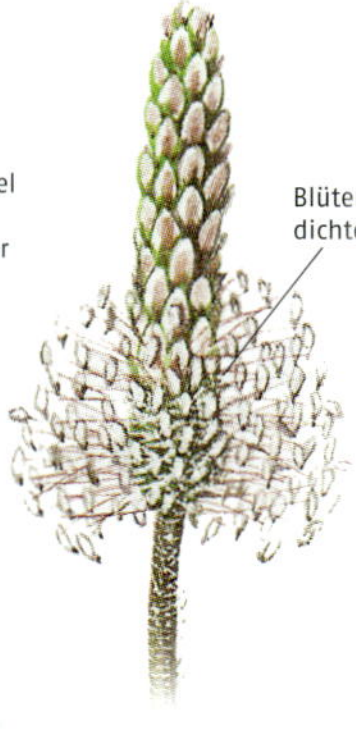

Schon gewusst?

Wegericharten haben Samen, die bei Nässe klebrig werden und dann gut an Schuhsohlen haften bleiben. Der Große Wegerich gelangte so bis Nordamerika. Die Indianer nannten ihn „Fußtritt des weißen Mannes", da er überall dort wuchs, wohin die Weißen kamen.

Waldmeister

Galium odoratum (Rötegewächse)

H 15–30 cm   Mai–Juni   Staude   (☠)

***Vorkommen** Laub- und Mischwälder mit krautreichem Unterwuchs. An schattigen Standorten. Fast ganz Europa.*

- ***eine der häufigen, auffälligen Laubwaldpflanzen***
- ***schöner Bodendecker***
- ***eignet sich auch für Duftsäckchen***

Der typische Waldmeisterduft, der auch der Maibowle ihr Aroma gibt, entwickelt sich erst, wenn man die Pflanze pflückt und anwelken oder trocknen lässt. Dabei entsteht der Aromastoff Cumarin. Besonders viel Aroma liefern kurz vor der Blüte stehende Pflanzen. Der Genuss von großen Waldmeistermengen führt zu Kopfschmerzen und Benommenheit.

Wiesen-Labkraut

Galium mollugo (Rötegewächse)

H 25–100 cm   Mai–Sept.   Staude

***Vorkommen** Wiesen, Wald- und Gebüschränder, Wegraine. Meist auf nährstoffreichen Böden. Ganz Europa.*

- ***formenreiche Art***
- ***fällt durch den Blütenreichtum auf***
- ***stützt sich an anderen Pflanzen ab***

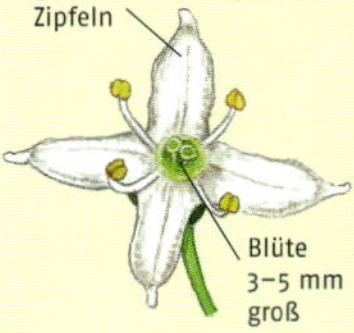

In manchen Gegenden nannte man das Wiesen-Labkraut früher auch „Wilde Röte“. Seine Wurzeln enthalten einen roten Farbstoff. Mit dem Salz Alaun vorbehandelte Wolle lässt sich damit lichtecht in roten Farbtönen färben. Auch Ostereier färbte man früher mit Labkrautwurzeln.

Gewöhnliches Kletten-Labkraut

Galium aparine (Rötegewächse)

H 60–200 cm Juni–Okt. einjährig

Die dünnen Stängel der Pflanze sind zu schwach, als dass sie ohne Halt in die Höhe wachsen könnten. Mit ihren besonders ausgebildeten Haaren bleiben sie jedoch fast überall haften. So können sie problemlos an anderen Pflanzen hinaufklettern und niedere Vegetation oder Zäune überwuchern, um ans Licht zu gelangen. Abgerissene Teile werden auch von Tieren und Menschen unabsichtlich verschleppt und können an anderen Stellen wieder Fuß fassen.

***Vorkommen** Unkrautbestände an Heckenrändern, Waldrändern, Ufern, auf Äckern und Schuttstellen, auch in Orten. Ganz Europa.*

- ***zeigt stickstoffreiche Standorte an***
- ***Früchte und ganze Triebe bleiben an den Kleidern „kleben"***
- ***heißt auch „Kleb-Labkraut"***

99

Schon gewusst?

Fast jeder hat schon einmal versehentlich die ebenfalls mit Widerhaken versehenen Früchte an Socken oder Schnürsenkeln nach Hause getragen oder sie unterwegs aus dem Fell seines Hundes geklaubt – moderne Transportmittel der unscheinbaren Pflanze.

Gewöhnlicher Froschlöffel

Alisma plantago-aquatica (Froschlöffelgewächse)
H 30–100 cm Juli–Aug. Staude (☠)

***Vorkommen** Flach überschwemmte Ufer von Seen, Teichen, langsam fließenden Gewässern, Gräben, im Röhricht. Ganz Europa.*

- ***Pflanze ragt meist aus dem Wasser***
- ***auch für Gartenteiche geeignet***
- ***blühende Stängel ohne Blätter***

Die Pflanze und besonders ihr brennend scharfer Saft reizen die Haut, es können sich Blasen bilden. Die Blüten öffnen sich nur nachmittags, die des ähnlichen Lanzettblättrigen Froschlöffels *(Alisma lanceolatum)* dagegen vormittags. Sie werden besonders von Schwebfliegen besucht.

Europäischer Froschbiss

Hydrocharis morsus-ranae (Froschbissgewächse)
H 15–30 cm Juni–Aug. Staude

***Vorkommen** Meist schwimmend zwischen Pflanzen in stehenden bis langsam fließenden Gewässern, Seen. Ganz Europa.*

- ***benötigt im Sommer ausreichend Wärme***
- ***braucht nährstoffreiches Wasser***
- ***erinnert von den Blättern her an eine kleine Seerose***

Die am Grund eingebuchteten Blätter erscheinen wie ausgebissen. Da sich häufig Frösche zwischen den Pflanzen aufhalten, meinte man früher, dass diese die Pflanzen anfressen und gab der Pflanze den Namen „Froschbiss". Frösche schnappen aber höchstens auf den Blättern sitzende Kleintiere weg.

Krebsschere

Stratiotes aloides (Froschbissgewächse)
H 15–45 cm   Mai–Aug.   Staude

Die Blätter unter den Blüten ähneln den Scheren eines Krebses und gaben der Pflanze ihren Namen. Ein weiterer ist „Wasseraloe". Er bezieht sich auf die Ähnlichkeit der Pflanze mit den zum Teil als Heilpflanzen eingesetzten Aloe-Arten. Stratiotes bedeutet „Schwertträger" und leitet sich von der Blattform ab. Die Pflanzen sinken im Spätherbst auf den Boden der Gewässer und überwintern dort.

Vorkommen *In meist stehendem, nährstoffreichem Wasser von Tümpeln und Altwässern, in geschützten Uferbuchten. Fast ganz Europa.*

> ***kann Massenbestände ausbilden***
> ***heißt auch „Wasseraloe"***
> ***es gibt männliche und weibliche Pflanzen***

Schon gewusst?

Die Grüne Mosaikjungfer, eine große Libelle, legt ihre Eier ausschließlich in diese Pflanze. Sie ist auf ausreichend große Vorkommen von Krebsscheren angewiesen.

Schlangenwurz

Calla palustris (Aronstabgewächse)

H 15–30 cm Mai–Sept. Staude ☠

Vorkommen *Ufer von Teichen, Waldtümpeln, Weihern, Mooren. An eher schattigen Standorten. Nord- und Mitteleuropa.*

> ***auch in Teiche ausgepflanzt***
> ***wächst oft in dichten Gruppen***
> ***Blüten riechen unangenehm, locken Aasfliegen und kleine Käfer an***

Calla leitet sich von griechisch kallos = Schönheit ab und bezieht sich auf das auffällige, weiße Hochblatt, das direkt unter dem Blütenkolben sitzt. Der schlangenförmige Wurzelstock, der für den deutschen Namen der Pflanze verantwortlich ist, enthält Stärke. Früher verfütterte man ihn an Schweine. In Russland mischte man sein Mehl auch in Brotteig. Die Pflanze enthält hautreizende, brennend scharfe Substanzen.

Schon gewusst?

Der Blumenhandel bietet unter der Bezeichnung „Kalla“ oder „Zimmerkalla“ Züchtungen an, die von afrikanischen Verwandten der Schlangenwurz abstammen. In Südeuropa, auf den Kanarischen Inseln und auf Madeira wachsen diese auch im Freien.

Gewöhnliches Pfeilkraut

Sagittaria sagittifolia (Froschlöffelgewächse)
H 30–100 cm Juni–Aug. Staude

Die Pflanze überwintert mit den Knollen, die im Herbst entstehen. Sie sind sehr nahrhaft und schmecken gekocht etwas nussartig. In China baut man Pfeilkraut deshalb als Nahrungspflanze an. Auch bei uns hat man es früher gegessen. In der Volksmedizin galten die Knollen als wundheilend, außerdem sollten sie gegen Wasserscheu wirken.

Vorkommen *In meist langsam fließenden, nährstoffreichen Flüssen und Gräben, an Teichufern. Fast ganz Europa.*

- > ***Sumpf- und Wasserpflanze***
- > ***kann auch ganz untergetaucht leben***
- > ***nach der Blattform benannt***

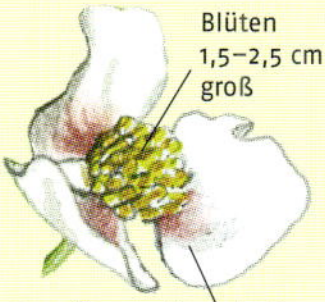

Zweiblättriges Schattenblümchen

Maianthemum bifolium (Maiglöckchengewächse)
H 5–20 cm Mai–Juni Staude ☠

Die süßlich schmeckenden Beeren sind für den Menschen giftig. Vögel können sie jedoch ohne Probleme fressen und so die Samen verbreiten. Die Pflanze steht nur in Tieflagen im Schatten, im Gebirge erträgt das Schattenblümchen mehr Licht und wächst auch auf Wiesen. „Zweiblättrig" ist erst die blühende Pflanze. Nicht blühende Stängel bilden nur 1 Blatt.

Vorkommen *Artenarme Laub- und Nadelwälder, Moore, Bergwiesen. An schattigen Standorten. Besonders Mittel- und Nordeuropa.*

- > ***winzige, aber wohlriechende Blüten***
- > ***typische Blattform***
- > ***nicht blühende Pflanzen nur mit 1 Blatt***

Eisenhutblättriger Hahnenfuß

Ranunculus aconitifolius (Hahnenfußgewächse)
H 20–50 cm Mai–Juli Staude ☠

Vorkommen *Bachufer, Quellen, gedüngte Feuchtwiesen, lichte feuchte Wälder. Im Bergland, bis in Höhen über 2000 m. Gebirge in Mittel- und Südeuropa.*

> ***meist auf Silikatböden (Sand, verwitterter Granit)***
> ***der ähnliche Platanenblättrige Hahnenfuß wächst auf Kalkböden***

Der Eisenhutblättrige Hahnenfuß wird vom Weidevieh gemieden. Da er gleichzeitig mit dessen Kot besonders gut wächst, kann er sich an so gedüngten Standorten stark ausbreiten und bildet in der Nähe von Almhütten oft große Bestände. Fliegen, für die das Weiß der Blüten besonders attraktiv ist, finden süßen Nektar an der Basis der Blütenblätter.

104

Flutender Wasserhahnenfuß

Ranunculus fluitans (Hahnenfußgewächse)
H 50–600 cm Juni–Aug. Staude ☠

Vorkommen *In strömenden bis schnell fließenden Bächen und Flüssen mit sauerstoffreichem Wasser. Besonders Mitteleuropa.*

> ***zaubert weiße Blütenteppiche auf Flüsse***
> ***braucht kühles Wasser***
> ***nur untergetauchte Blätter vorhanden***

Die ausgedehnten Bestände des Flutenden Wasserhahnenfuß werden von Fischen gerne als Laichplätze genutzt. Die Pflanze ist mit ihren fein zerteilten, schlaffen Blättern ideal an fließendes Wasser angepasst. Die Blätter setzen der Strömung nur wenig Widerstand entgegen und werden so kaum zerstört, sondern umspült. Gleichzeitig nimmt die Pflanze so über die Oberfläche Nährsalze und Gase auf.

Christrose

Helleborus niger (Hahnenfußgewächse)

H 5–25 cm   Dez.–März   Staude   ☠

Früher trocknete man die schwarzbraunen Wurzelstöcke, pulverisierte sie und stellte daraus Niespulver her. Auch gegen Geisteskrankheiten und Schwermut sowie als Abführmittel sollten sie helfen. Allerdings wussten die Kräuterkundigen des 16. und 17. Jahrhunderts von der Giftigkeit der Pflanze und rieten, sie nur sehr vorsichtig zu verwenden. Später nahm man die Pflanze als Herzmittel und zur Förderung des Harns. Heute wird sie wegen des Vergiftungsrisikos kaum mehr verwendet.

Vorkommen *Laubwälder, Kiefernwälder, Gebüsche. Auf kalkhaltigen Böden. Oft auch Zierpflanze in Gärten. Alpen, Gebirge in Südosteuropa.*

> ***heißt auch „Schwarze Nieswurz"***
> ***in Gärten auch ähnliche Arten und Kreuzungen***
> ***Blütenblätter bleiben nach der Blüte erhalten***

Schon gewusst?

Im Jahre 600 v. Chr. spielte eine Helleborus-Art die entscheidende Rolle im Belagerungskrieg der griechischen Stadt Kirrha: Der Belagerer Solon ließ die Wurzeln in den Fluss werfen, der die Stadt mit Trinkwasser versorgte. Die Bewohner wurden durch starke Durchfälle kampfunfähig.

Amerikanische Kermesbeere

Phytolacca americana (Kermesbeerengewächse)

H 100–350 cm   Juli–Okt.   Staude oder Strauch ☠

Vorkommen – *Ödflächen, ehemalige Kulturflächen. An nährstoffreichen, warmen, hellen Standorten. Mittelmeerraum.*

> ***stammt aus Amerika***
> ***in Mitteleuropa gelegentlich Gartenpflanze***
> ***frische Beeren wirken abführend***

Die schwarzroten Früchte enthalten einen intensiv roten, unschädlichen Farbstoff, der allerdings im Licht bald ausbleicht. Man verwendete ihn insbesondere zum Färben von zu hellen Rotweinen, weshalb man die Pflanze besonders in Weinbaugebieten kultivierte. Diese Verfälschung war allerdings schon früher nicht gerne gesehen. Der französische Sonnenkönig Ludwig XIV soll sie sogar mit dem Tode bestraft haben.

Schon gewusst?

In den letzten Jahren hat eine Kermesbeeren-Art eine neue Bedeutung in Afrika erlangt. Mit ihr kann man preiswert gegen Bilharziose vorbeugen, eine gefährliche tropische Krankheit, die durch Wasserschnecken auf den Menschen übertragen wird. Ins Wasser gegeben, tötet die Kermesbeere die Schnecken ab.

Einblütiges Hornkraut

Cerastium uniflorum (Nelkengewächse)
H 2–6 cm Juli–Aug. Staude

Hornkräuter erhielten ihren Namen wegen der oft hornförmig gebogenen Fruchtkapsel. Von den in Europa vorkommenden Arten steigt das Einblütige Hornkraut im Gebirge am höchsten hinauf: Es wächst bis in Höhen um 3500 m.

***Vorkommen** Felsschutt, Silikatgestein. Meist oberhalb der Waldgrenze. Gebirge von den Alpen bis zu den Karpaten.*

> **wächst über Schutt und festigt ihn**
> **lockt Insekten an**
> **Polster fallen von weitem auf**

Große Sternmiere

Stellaria holostea (Nelkengewächse)
H 15–30 cm April–Mai Staude

Die steifen, oft nach rückwärts gebogenen Blätter finden untereinander oder an anderen Pflanzen Halt, so dass die Große Sternmiere trotz den recht dünnen Stängeln in die Höhe wachsen kann. Der schöne Frühjahrsblüher mit den vielen weißen Blüten eignet sich auch für Gebüschränder in Wildstaudengärten.

***Vorkommen** Lichte Wälder mit reichlich krautigen Pflanzen auf dem Waldboden, Hecken, Waldränder, Waldwege. Fast ganz Europa.*

> **wächst oft in größeren Gruppen**
> **benötigt ausreichend Licht**
> **Stängel zerbrechlich**

Gewöhnliche Vogelmiere

Stellaria media (Nelkengewächse)

H 3–40 cm   Jan.–Dez.   einjährig

Vorkommen *Unkrautbestände in Gärten, auf Äckern, Ödflächen, an Wegen, Ufern, in Blumentöpfen. Ganz Europa.*

- > ***weltweit verbreitetes Unkraut***
- > ***zeigt Stickstoffreichtum an***
- > ***gutes Grünfutter für Stubenvögel***

Aus jeder Blüte entsteht auch dann eine Frucht, wenn sie nicht von Insekten besucht wurde. Eine Pflanze kann so im Idealfall bis zu 15 000 Samen bilden. An ausgerissenen Pflanzen reifen die Samen auch noch auf dem Kompost nach. Die Vogelmiere ist jedoch nicht nur ein Unkraut, sie eignet sich auch für Gemüse oder Salat und wird gerne von Vögeln gefressen.

Taubenkropf-Leimkraut

Silene vulgaris (Nelkengewächse)

H 15–50 cm   Mai–Sept.   Staude

Vorkommen *Steinschutthalden, Steinbrüche, Wegränder, Böschungen, Bahnschotter, trockene Wiesen. Ganz Europa.*

- > ***heißt auch „Aufgeblasenes Leimkraut"***
- > ***Pionierpflanze***
- > ***Blüten meist in eine Richtung ausgerichtet***

Namensgebend für diese Art ist der auffällige Kelch. Dieser bleibt auch noch nach der Blüte erhalten. Der Wind kann sich dann in ihm verfangen und die Samen aus den Kapseln schütteln. Aus den Blättern und jungen Sprossen kann man Wildgemüse kochen.

Japanischer Flügelknöterich

Fallopia japonica (Knöterichgewächse)

H 100–200 cm Juli–Sept. Staude

Der Japanische Flügelknöterich kam um 1825 erstmals als dekorative Blattpflanze in europäische Parks. 1847 erhielt er in den Niederlanden sogar eine Goldmedaille als „interessante neue Pflanze". Auch als Viehfutter und zur Festigung von Abhängen wurde er kultiviert. Die Art verwilderte jedoch bald und wurde zu einem lästigen Unkraut. Sie wächst sehr rasch und duldet kaum andere Pflanzen in ihrer Nähe. So kann sie einheimische Pflanzen großflächig von Fluss- und Bachufern verdrängen.

Vorkommen – *Gepflanzt, verwildert oder eingebürgert an Ufern und in Uferwäldern. Auf nassen, nährstoffreichen Böden. Fast ganz Europa.*

> ***stammt aus Ostasien***
> ***kann ausgedehnte, dichte Gruppen bilden***
> ***verdrängt heimische Pflanzen***

Schon gewusst?

Bruchstücke des Wurzelstocks können im Winter leicht weggespült und so verbreitet werden. Da bei der Staude im Winter nur die Wurzelstöcke vorhanden sind, sind die vom Japanischen Flügelknöterich bewachsenen Ufer sehr erosionsgefährdet.

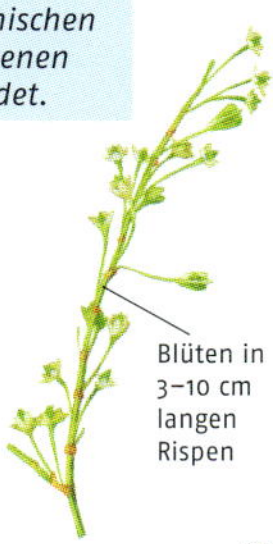

Rundblättriger Sonnentau

Drosera rotundifolia (Sonnentaugewächse)

H 5–20 cm Juli–Aug. Staude

***Vorkommen** Hochmoore, saure Niedermoore, feuchte Heiden. Auf nassen, sehr nährstoffarmen, kalkfreien, sauren Torfböden. Fast ganz Europa.*

- ***durch Zerstörung der Moore bedroht***
- ***insektenfangende Pflanze***
- ***Blätter klebrig***

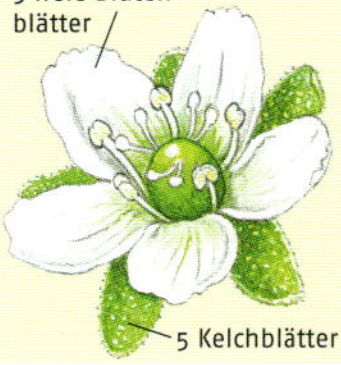

Die zahlreichen Tröpfchen auf den Tentakeln glitzern wie Morgentau und inspirierten zu dem schönen Namen. Es handelt sich um einen klebrigen Schleim mit Verdauungsenzymen. Landet ein kleines Insekt auf den Blättern, bleibt es kleben. Die Bewegung des Tieres reizen die Tentakeln, die sich nach ein bis zwei Minuten über dem Insekt zusammenbiegen.

Die Beute wird durch abgegebene Enzyme verdaut und von den Tentakeln aufgenommen. So erhält die Pflanze lebensnotwendigen Stickstoff.

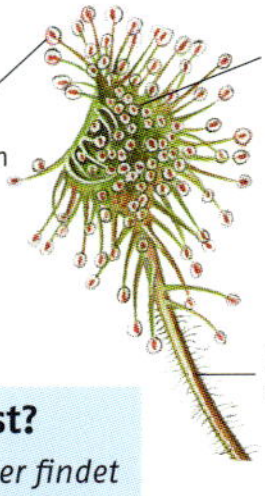

Schon gewusst?

Wesentlich seltener findet man den Langblättrigen Sonnentau mit aufrecht stehenden, längeren Blättern. Die auffälligeren Arten, die der Blumenhandel anbietet, stammen z. B. aus Afrika oder Asien.

Moosauge

Moneses uniflora (Wintergrüngewächse)
H 5–10 cm Mai–Juli Staude (☠)

In Tirol nennt man das Moosauge wegen seiner einzelnen, in Richtung Boden geneigten Blüte auch „Gschamigs Maderle". Wenn die Art bei uns gelegentlich auch außerhalb der Gebirge wächst, so verdankt sie dies der verbreiteten Aufforstung mit Fichten.

Vorkommen *Nadelwälder. Im Schatten auf moosigen Böden. Besonders Nordeuropa und Gebirge Mitteleuropas.*

> ***ist auf Nadelholzvorkommen angewiesen***
> ***wächst meist in lockeren Gruppen***
> ***Blätter immergrün***

Weiße Fetthenne

Sedum album (Dickblattgewächse)
H 8–20 cm Juni–Sept. Staude

Die Weiße Fetthenne ist an ihre Standorte gut angepasst. Ihre fleischigen Blätter speichern Wasser und tragen als Schutz vor Verdunstung eine dicke Wachsschicht. Brechen sie ab oder werden Sprossstücke losgetreten, so können sie sich leicht bewurzeln und zu neuen Pflanzen auswachsen.

Vorkommen *Pionier auf Felsen, Mauern, Kiesdächern, Trockenrasen, steinigen Ödflächen. Fast ganz Europa.*

> ***benötigt viel Sonne***
> ***anspruchslose Pflanze***
> ***heißt auch „Weißer Mauerpfeffer", schmeckt aber nicht scharf***

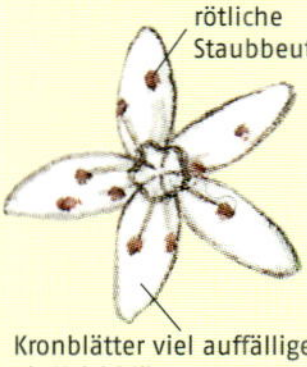

Knöllchen-Steinbrech

Saxifraga granulata (Steinbrechgewächse)

H 15–30 cm Mai–Juni Staude

Vorkommen *Wiesen, Magerrasen, grasige Böschungen, Kiesdächer. Auf kalkarmen Böden. Fast ganz Europa.*

> ***ein Steinbrech, der meist nicht auf Steinen wächst***
> ***Blätter auch im Winter grün***
> ***heißt auch „Körner-Steinbrech"***

Im Mittelalter dachte man, die braunen, steinchenähnlich aussehenden Zwiebelchen seien ein Zeichen, dass die Pflanze bei Blasen- und Nierensteinen den „Stein brechen" könne. Nach einer anderen Deutung geht der Name „Steinbrech" auf den Standort der meisten Arten (z. B. auch der unten stehenden) in Felsspalten zurück.

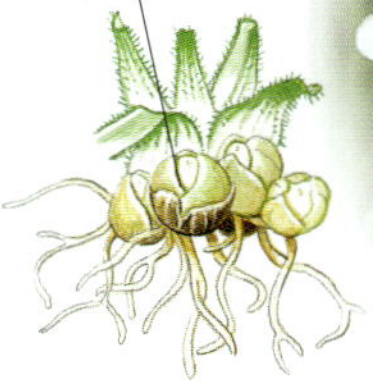

Rispen-Steinbrech

Saxifraga paniculata (Steinbrechgewächse)

H 10–40 cm Mai–Juli Staude

Vorkommen *Felsspalten, Felsköpfe und Felsrasen der Gebirge Europas. Auf trockenen, meist kalkreichen Steinböden.*

> ***bildet oft große Gruppen***
> ***wächst in der Sonne oder im Halbschatten***
> ***Blattrosetten immergrün***

Zwischen den Blattzähnen sitzen kleine Grübchen, die aktiv Wasser abscheiden. Da der Rispen-Steinbrech auf Kalkböden wächst, enthält dieses Wasser reichlich Kalk, den er ausscheiden möchte. Ähnlich wie auf Wasserhähnen im Haushalt bleibt auch auf der Pflanze nach Verdunstung des Wassers der Kalk zurück. Dieser bildet kleine Schüppchen, die der nächste Regen wieder abwaschen kann.

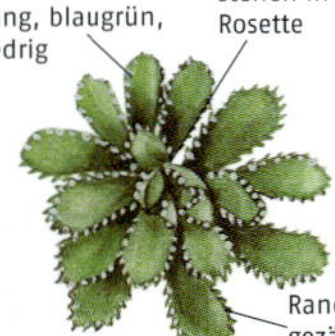

Sumpf-Herzblatt

Parnassia palustris (Herzblattgewächse)
H 10–25 cm Juli–Sept. Staude

Die gelblichen Köpfchen in den Blüten glänzen, als ob sie von Nektar feucht wären und damit Insekten einen zuckerreichen Saft bieten könnten. In Wirklichkeit sind sie jedoch trocken. Die schalenförmigen Blüten wirken aber nicht nur wegen des vermeintlichen Nahrungsangebots attraktiv auf Fliegen: Wie in einem Parabolspiegel werden die Sonnenstrahlen in der Blüte gebündelt. So entsteht ein geheizter Rastplatz.

Vorkommen *Niedermoore, Quellmoore, Moorwiesen, nasse Magerrasen und Schutthänge. Bis auf über 2500 m. Fast ganz Europa, im Süden nur im Gebirge.*

> ***Blüten überragen oft die umgebenden Pflanzen***
> ***wächst meist in Gruppen***
> ***braucht Feuchtigkeit***

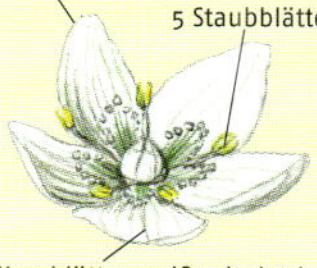

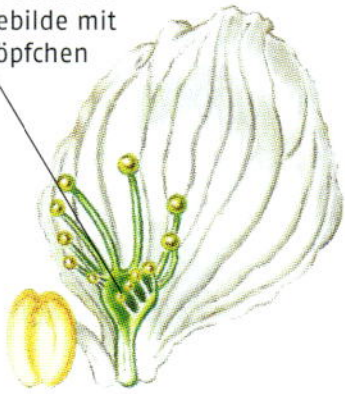

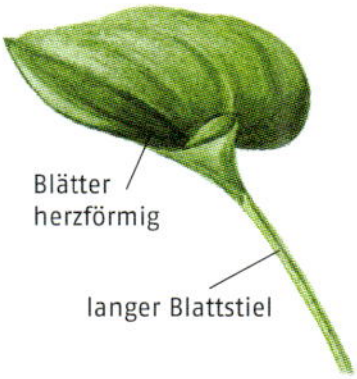

Schon gewusst?

In manchen Gegenden heißt die Pflanze auch „Studentenröschen", wohl weil sie dann blüht, wenn die Sommersemesterferien der Studenten zu Ende gehen.

Rotfrüchtige Zaunrübe

Bryonia dioica (Kürbisgewächse)

H 200–400 cm   Juni–Sept.   Staude, Kletterpflanze ☠

Vorkommen *Hecken, Zäune, Schuttplätze, Wege. Auf nährstoffreichen Böden an wärmeren Standorten. Mittel- und Südeuropa.*

- > ***Pflanzen männlich oder weiblich***
- > ***Wurzel riecht unangenehm***
- > ***die ähnliche Weiße Zaunrübe hat schwarze Früchte***

Zaunrüben enthalten Stoffe, die Haut und Schleimhäute stark reizen. Bei Vergiftungen kommt es zu Schwindel, Erbrechen, Koliken, Durchfall, Nierenschäden und Krämpfen. Früher verwendete man die Wurzeln als nicht ungefährliches Abführmittel. Auch gegen Fieber, Gicht und Schlaganfall sollten die „Gichtrüben" helfen. Eine geschnittene Wurzel, anstelle eines Pflasters aufgelegt, sollte Splitter und Dornen aus Wunden ziehen.

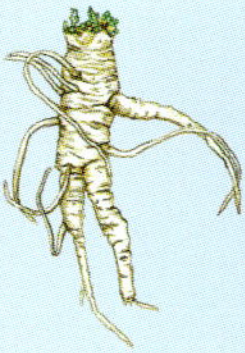

Schon gewusst?

Im Mittelalter schnitzten Quacksalber die oft seltsam geformten Wurzeln zu menschenähnlichen Figuren und verkauften sie als wertvolle, glücksbringende Alraunenwurzeln (S. 165). Dieser Betrug konnte jedoch mit dem Tod bestraft werden.

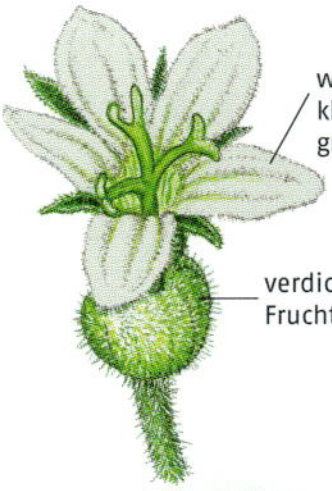

Geißbart

Aruncus dioicus (Rosengewächse)
H 80–150 cm   Juni–Juli   Staude

Aus den jungen Trieben kann man Gemüse kochen. Die Samen des Geißbarts sind extrem leicht. So können sie an dem oft windarmen Standort der Pflanze bereits von kleinsten Luftbewegungen verweht werden. Als Zierpflanze eignet sich die Art für eher schattige Rabatten und Gehölzgärten und als Schnittblume.

Vorkommen *Schluchtwälder, schattige, feuchte Gebirgswälder, vor allem Bachtäler. Von der Ebene bis ins Gebirge. Gebirge Mitteleuropas.*

> ***es gibt männliche und weibliche Pflanzen***
> ***Zierpflanze in Gärten und Parks***
> ***Wildpflanzen in Deutschland geschützt***

Wald-Erdbeere

Fragaria vesca (Rosengewächse)
H 5–20 cm   Mai–Juni   Staude

Wald-Erdbeeren schmecken wesentlich intensiver als die meisten der großfrüchtigen Kultur-Erdbeeren. Bereits wenige davon schmeckt man aus einer Mischmarmelade heraus. Die für Gärten angebotenen, über einen längeren Zeitraum fruchtenden Monatserdbeeren stammen von dieser Wildart ab.

Vorkommen *Waldschläge, lichte Wälder, Waldwege, Waldränder, Böschungen bis ins Hochgebirge. Ganz Europa.*

> ***bedeckt oft große Flächen***
> ***zeigt stickstoffreiche Böden an***
> ***Früchte enthalten bis 10 Prozent Zucker***

Echtes Mädesüß

Filipendula ulmaria (Rosengewächse)

H 50–150 cm Juni–Aug. Staude (☠)

Vorkommen *Grabenränder, nasse Wiesen, Gräben, Bäche, Quellen, Ufergebüsche, Auen und Auenwälder. Ganz Europa.*

- ***Blüten duften stark mandelartig***
- ***eignet sich für Duftsträuße***
- ***wächst oft in großen Gruppen***

Früher verwendete man Mädesüß zum Süßen von Met (Honigwein). Die Blüten lindern Fieber bei Erkältungskrankheiten. In der ersten Hälfte des 19. Jahrhunderts gewann man zum ersten Mal die dafür verantwortliche Substanz Salicin aus der Pflanze. Diese hatte man kurz vorher auch aus Weiden isoliert. Noch heute gehören die davon abgeleitete Salicylsäure und ähnliche, künstlich im Labor hergestellte Wirkstoffe zu den wichtigsten schmerz-, entzündungs- und fieberlindernden Arzneimitteln.

Schon gewusst?

Der Handelsname des Schmerzmedikaments „Aspirin" leitet sich von Spiraea ulmaria, dem alten wissenschaftlichen Namen des Mädesüß ab.

Wald-Sauerklee

Oxalis acetosella (Sauerkleegewächse)

H 5–12 cm   April–Mai   Staude   (☠)

Der saure Geschmack der Sauerklee-Arten entsteht durch Oxalsäure (alte Bezeichnung Kleesäure) und deren Kaliumsalze (Kleesalz). Größere Mengen dieser Stoffe reizen den Magen und können zu Nierensteinen führen. Kleesalz wurde früher zum Bleichen und als Fleckensalz gegen Blut- und Rostflecken verwendet. Der Wald-Sauerklee kann noch an Standorten mit nur 1 Prozent des Tageslichts wachsen. So findet man ihn öfters im dunklen Wald und in Höhleneingängen.

Vorkommen *Wälder. Auf frischen bis feuchten, modrigen Böden. Im Gebirge bis in Höhen über 2000 m. Ganz Europa, im Süden nur in den Gebirgen.*

> ***unsere schattenverträglichste Blütenpflanze***
> ***bildet oft große Gruppen***
> ***schmeckt sauer***

Schon gewusst?

Die 3 Teilblätter sind mit dem Blattstiel über Gelenke verbunden und führen Bewegungen aus: Nachts sowie bei Besonnung neigen sie sich nach unten in eine „Schlafstellung", in diffusem Licht stehen sie waagerecht.

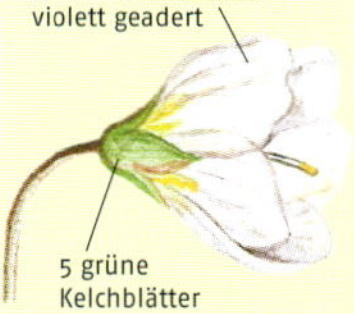

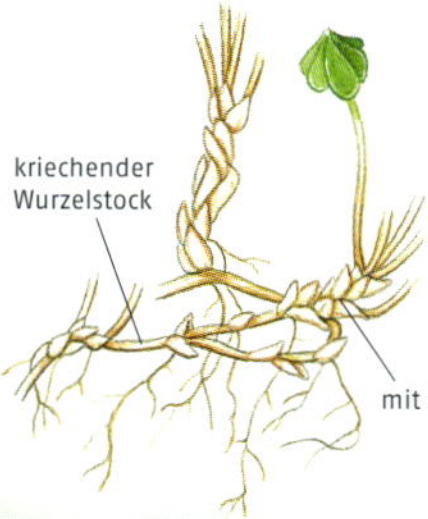

Große Sterndolde

Astrantia major (Doldengewächse)
H 30–90 cm Juni–Aug. Staude

Vorkommen *Gebüsche, Bergwiesen, Auen- und Schluchtwälder, Waldränder. Gebirge in Mittel- und Südeuropa, in den Alpen bis auf über 2000 m.*

> ***braucht kühles, feuchtes Klima***
> ***wächst einzeln oder in lockeren Gruppen***
> ***auch aparte Zierpflanze***

Typisch für die Sterndolde ist der sternförmige Blütenstand. Sowohl der deutsche wie auch der wissenschaftliche Name leiten sich davon ab (aster = Stern). Für schattige, feuchte Gärten gibt es auch Sorten mit noch attraktiveren Dolden und auffälligeren Blättern.

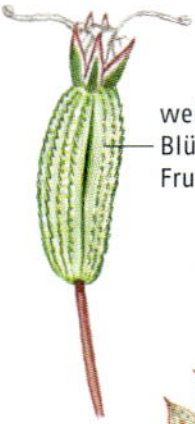

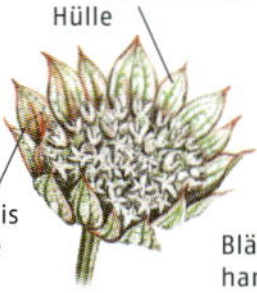

Wiesen-Kerbel

Anthriscus sylvestris (Doldengewächse)
H 60–150 cm Mai–Aug. Staude

Vorkommen *Gedüngte Wiesen, Wegränder, grasige Haine. Von der Ebene bis ins Gebirge. Ganz Europa.*

> ***zeigt gedüngten Boden an***
> ***blüht früher als ähnliche Arten mit weißen Dolden***
> ***lockt viele Insekten an***

Stark gedüngte Wiesen verwandelt der Wiesen-Kerbel oft gemeinsam mit dem Scharfen Hahnenfuß (S. 218) im Frühjahr in weißgelbe Blütenmeere. Im Gegensatz zum Garten-Kerbel riecht die Pflanze zerrieben nicht besonders gut und eignet sich nicht als Gewürz. In Verbindung mit Sonnenlicht kann der Saft sonnenbrandähnliche Hautreaktionen auslösen.

Gefleckter Schierling

Conium maculatum (Doldengewächse)
H 80–180 cm   Juni–Sept.   zweijährig ☠

Vergiftungen mit der etwas nach Mäuseharn riechenden Pflanze führen zu Brennen im Mund, Sehstörungen und Lähmungen. Der Tod tritt durch Atemlähmung, meist bei vollem Bewusstsein, ein. Im Altertum verabreichte man zum Tode Verurteilten einen Schierlingsbecher. Berühmtestes Opfer einer solchen Hinrichtung war der griechische Philosoph Sokrates.

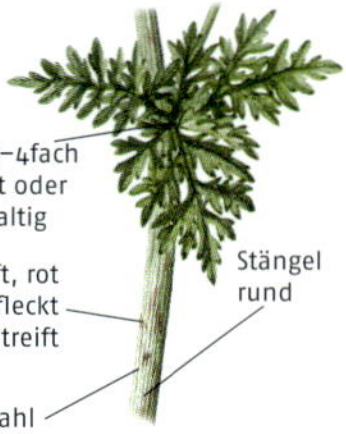

Vorkommen *Unkrautbestände an Gräben, Schuttplätzen, Wegrändern in Dörfern. An im Sommer warmen Standorten. Fast ganz Europa.*

> ***wächst oft in Gruppen***
> ***zeigt stickstoffreiche Böden an***
> ***typischer gefleckter Stängel***

Wiesen-Kümmel

Carum carvi (Doldengewächse)
H 30–80 cm   Mai–Juli   zweijährig

Bereits in vorgeschichtlichen Pfahlbausiedlungen fand man Kümmelkörner und schloss daraus, dass sie schon damals als Gewürz verwendet wurden. Außer dem aromatischen Geschmack schätzt man jedoch auch ihre verdauungsfördernde Wirkung. Kümmel wirkt krampflösend und lindert Blähungen, Magen-Darm-Krämpfe und Völlegefühl.

Vorkommen *Wiesen und Weiden besonders der Mittelgebirge und Gebirge, Wegränder. Auf mäßig nährstoffreichen Böden. Fast ganz Europa.*

> ***bevorzugt kühleres Klima***
> ***auch unreife zerriebene Früchte riechen typisch***
> ***blüht oft nochmals im August/September***

Giftiger Wasserschierling

Cicuta virosa (Doldengewächse)

H 60–120 cm Juli–Sept. Staude ☠

Vorkommen *Ufer von Tümpeln, verlandende Seen, Gräben. Steht im flachen Wasser oder auf nassen Böden. Besonders Nord- und Mitteleuropa.*

> ***steht oft im flachen Wasser***
> ***typischer Wurzelstock***
> ***duftet zerrieben angenehm würzig***

Der Geruch der Pflanze führte früher immer wieder zu Vergiftungen, da man sie mit Sellerie, Pastinak oder Petersilie verwechselte. In Preußen erließ man deshalb ein Gesetz, nach dem die Pflanze ausgerottet werden sollte. Das Gift des Wasserschierlings führt zu Krämpfen, Bewusstlosigkeit und Tod.

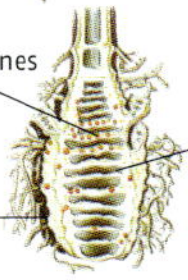

Gewöhnlicher Giersch

Aegopodium podagraria (Doldengewächse)

H 50–90 cm Juni–Juli Staude

Vorkommen *Feuchte Wälder, Waldränder, Ufer, Gärten, Parks. Im Halbschatten. Von der Ebene bis ins Gebirge. Fast ganz Europa.*

> ***heißt auch „Geißfuß"***
> ***bildet oft Massenbestände***
> ***zeigt nährstoffreiche Böden an***

Die deutsche Bezeichnung „Geißfuß" soll sich auf die Form der Teilblättchen beziehen, die oft dem Tritt einer Ziege ähneln. Volksmedizinisch trinkt man den „Zipperleintee" gegen Rheuma und Gicht. Äußerlich bereitet man aus dem zerquetschten Kraut Umschläge gegen Hämorrhoiden. Junge Stängel und Blätter eignen sich auch für Suppen und Gemüse.

Wilde Möhre

Daucus carota (Doldengewächse)
H 30–100 cm   Juni–Sept.   zweijährig

Bereits die alten Germanen kannten die Möhre als Kulturpflanze. Während die Wurzel der Wildform dünn und wenig ergiebig ist, bilden die daraus gezüchteten Kulturformen kräftige Wurzeln. Doch auch Gartenmöhren muss man im ersten Jahr ernten, denn im zweiten Jahr werden die Wurzeln hart und holzig. Sie enthalten reichlich Karotin, aus dem im Körper Vitamin A entsteht, außerdem die Vitamine B und C sowie Zucker.

Schon gewusst?

Die schwarzen „Mohrenblüten" im Zentrum der Dolde helfen bei der Bestäubung: Die Dolden werden von Fliegen besucht. Diese landen am liebsten dort, wo schon andere Fliegen sitzen. Die dunklen Blüten wirken deshalb als Fliegenattrappen.

Vorkommen *Wiesen, Ödflächen, Wegränder, Steinbrüche, Bahnhofsareale. Auf eher trockenen, meist kalkreichen Böden. Fast ganz Europa.*

> ***benötigt helle, sonnige Standorte***
> ***vertrocknete Fruchtstände bleiben über den Winter stehen***
> ***schön auch in Wildpflanzengärten***

Wald-Engelwurz

Angelica sylvestris (Doldengewächse)
H 80–150 cm   Juli–Sept.   mehrjährig

Vorkommen *Auenwälder, feuchte Wälder, Ufer, nasse Wiesen, Wegränder. Von der Ebene bis ins Gebirge. Ganz Europa.*

> ***schmeckt und riecht nur schwach würzig***
> ***benötigt Halbschatten***
> ***abgestorbene Stängel oft den ganzen Winter sichtbar***

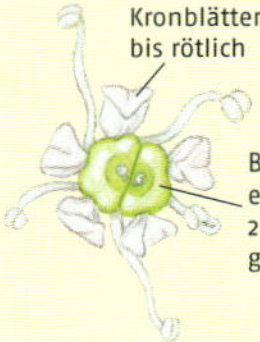

Der Namensbezug zu „Engeln" leitet sich von den hochgelobten Heilkräften der verwandten Echten Engelwurz ab. Früher verwendete man die Wald-Engelwurz als Gemüse und stellte gelegentlich auch kandierte Stängel her. Als Heilpflanze diente sie gegen Husten und Magenleiden. Heute wird die Art nicht mehr verwendet.

Wiesen-Bärenklau

Heracleum sphondylium (Doldengewächse)
H 50–150 cm   Juni–Sept.   Staude   (☠)

Vorkommen *Wiesen, Ödflächen, Gräben, Waldränder. Auf frischen, nährstoffreichen Böden. Ganz Europa.*

> ***wächst auf gedüngten Wiesen oft massenhaft***
> ***Blattform vielgestaltig***
> ***Früchte werden vom Wind verbreitet***

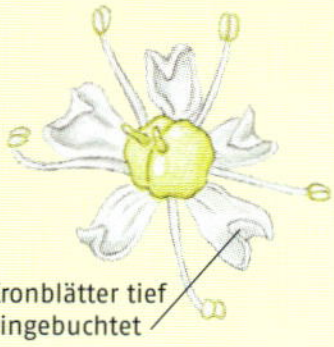

Die vergrößerten Kronblätter der Randblüten erhöhen den Schaueffekt der Dolden, so dass sie besonders attraktiv auf Insekten wirken. Nach Kontakt mit dem Wiesen-Bärenklau können ähnliche Hautreaktionen wie beim Riesen-Bärenklau auftreten (S. 123). Diese sind jedoch in der Regel nicht so heftig.

Riesen-Bärenklau

Heracleum mantegazzianum (Doldengewächse)

H 200–350 cm Juli–Sept. Staude ☠

Ursprünglich stammt der Riesen-Bärenklau aus dem Kaukasus, von wo er um 1900 als Gartenpflanze nach Mitteleuropa kam. Man säte die beeindruckende Art gerne als Schmuck in Anlagen und Parks. Imker schätzten ihn auch als Futterpflanze für Bienen. Heute ist der Riesen-Bärenklau vielerorts zu einem lästigen Unkraut geworden. Durch seine Größe verdrängt er heimische Pflanzen, seine Giftigkeit macht den Umgang mit ihm zum Problem.

Vorkommen *An Ufern, Straßen, Waldschlägen. Oft als Einzelpflanze. Eingebürgert in fast ganz Europa.*

> ***heißt auch „Herkulesstaude"***
> ***stattlichstes Doldengewächs Mitteleuropas***

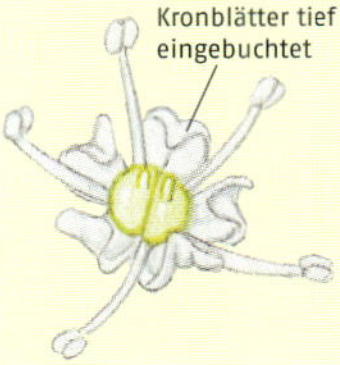

Kronblätter tief eingebuchtet

bis 50 cm große Dolden

Stängel bis 10 cm dick

Blätter tief 3–5-teilig

Blätter bis 1 m lang

abgestorbene Stängel und Dolden oft noch lange erhalten

Schon gewusst?

Kommt bei Sonnenschein Pflanzensaft auf die Haut, entzündet sie sich, wird rot und bildet Blasen wie bei Verbrennungen. Diese heilen nur langsam ab. Zurück bleibt dann oft eine langanhaltende braune Pigmentierung.

Weiße Schwalbenwurz

Vincetoxicum hirundinaria (Schwalbenwurzgewächse)

H 30–120 cm Mai–Aug. Staude ☠

Vorkommen *Waldränder, lichte Kiefernwälder, Steinschutthalden, Felsrasen. Meist auf kalkhaltigen Böden. Fast ganz Europa.*

> ***bildet dunkelgrüne Büschel***
> ***benötigt im Sommer viel Wärme und Sonne***
> ***kann Wasser noch tief im Boden erreichen***

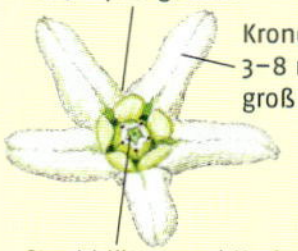

Auf lockeren Schutthalden wirkt die Weiße Schwalbenwurz als Bodenfestiger, da sie sehr tief und stark wurzelt. Früher gewann man aus den Stängeln ziemlich lange, feste Fasern. Die Pflanze enthält Giftstoffe, die zu Krämpfen und Lähmungen führen können.

Gewöhnliche Thymian-Seide

Cuscuta epithymum (Seidengewächse)

H 20–60 cm Juli–Sept. einjährig

Vorkommen *Überzieht mit ihren Stängeln andere Pflanzen, vor allem Thymian, Besenheide und Ginsterarten. Fast ganz Europa.*

> ***Schmarotzerpflanze ohne Blattgrün***
> ***hat keine Laubblätter und keine Wurzeln***
> ***mehrere ähnliche Arten***

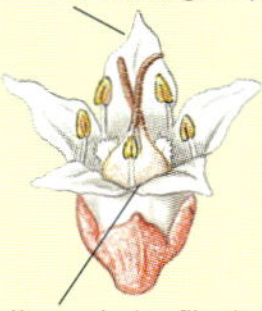

Die fast gespinstartig wachsenden, sich an anderen Pflanzen festklammernden Seiden brachte man früher mit Hexen- und Teufelszauber in Verbindung und nannte sie deshalb auch Teufelszwirn oder Hexengarn. Die Thymian-Seide zapft andere Pflanzen an und entzieht diesen Wasser und Kohlenhydrate.

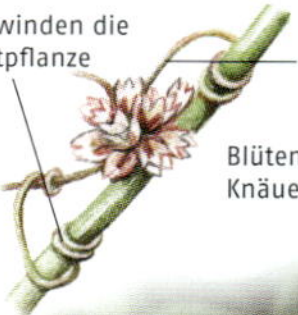

Gewöhnlicher Stechapfel

Datura stramonium (Nachtschattengewächse)

H 30–120 cm Juni–Okt. einjährig ☠

Bereits die Indianer kannten die Wirkung des Stechapfel-Giftes: Je nach Dosis führt es zu Sinnestäuschung, starkem Rausch, Benommenheit oder Tod durch Atemlähmung. So verwendeten sie die Pflanze zu Ritualen, aber auch für Racheakte. Öfters angewandt, kann Stechapfel zu Langzeitschäden führen.

Vorkommen *Unkrautbestände auf Schutt, Müllplätzen, an Wegen. Zeigt Stickstoff an und erträgt Salz. Besonders in Südeuropa.*

- ***stammt ursprünglich aus Mittelamerika***
- ***Blüten öffnen sich abends, blühen etwa 1 Tag***
- ***Blüten riechen unangenehm***

Gewöhnliche Zaunwinde

Calystegia sepium (Windengewächse)

H 100–300 cm Juni–Sept. Staude (☠)

Die Triebspitzen führen gegen den Uhrzeigersinn kreisende Bewegungen aus, um Pflanzen, Zaunlatten u. Ä. zu umwinden. In etwa 2 Stunden findet eine Umdrehung statt. Mit der Pflanze lassen sich Gartenzäune oder Gitter begrünen. Sie kann sich jedoch stark ausbreiten, so dass sich für Gärten die als Zierpflanzen angebotenen bunten Prunkwinden meist besser eignen.

Vorkommen *Ufer, Auenwälder, Hecken, Zäune, Wegränder. Auf feuchten, nährstoffreichen Böden. Ganz Europa.*

- ***Blüten auch nachts geöffnet, nur bei schlechtem Wetter geschlossen***
- ***lockt besonders Nachtfalter an***

Acker-Winde

Convolvulus arvensis (Windengewächse)
H 20–80 cm   Juni–Sept.   Staude

***Vorkommen** Äcker, Weinberge, Gärten, Schuttplätze, Wegränder, Ödflächen. Ganz Europa.*

> ***Blüten nur 1 Tag von etwa 7–14 Uhr geöffnet***
> ***Wurzeln und Ausläufer reichen bis über 2 m tief***
> ***braucht viel Licht***

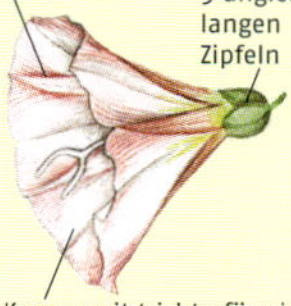

Die Acker-Winde gilt als lästiges Unkraut. Sie umschlingt andere Pflanzen und kann diese ersticken. Selbst Unkrautvertilgungsmittel können sie nicht vollständig vernichten. Nach Unkrautjäten wächst sie fast immer wieder nach, da man ihre unterirdischen Teile praktisch nie vollständig entfernt. Kleinste Bruchstücke entwickeln sich wieder zu neuen Pflanzen.

Fieberklee

Menyanthes trifoliata (Fieberkleegewächse)
H 15–30 cm   Mai–Juli   Staude   (☠)

***Vorkommen** Verlandende Teiche, kleine Seen, Flachmoore, Torfstiche, nasse Wiesen. Nord- und Mitteleuropa, in Südeuropa im Gebirge.*

> ***schmeckt sehr bitter***
> ***kleeartige Blätter, aber nicht mit Klee verwandt***
> ***meist auf kalkarmen Standorten***

Wie viele andere bitter schmeckende Pflanzen verordnete man früher Fieberklee bei Fieber. Er enthält jedoch keine fiebersenkenden Wirkstoffe. Ein Tee aus der Pflanze regt den Appetit an und fördert die Verdauung. Wildvorkommen der Pflanze sind geschützt. Besonders durch Entwässerungsmaßnahmen sind viele Standorte gefährdet.

Ährige Teufelskralle

Phyteuma spicatum (Glockenblumengewächse)
H 30–80 cm Mai–Juli Staude

Blätter und Wurzeln nutzte man früher für Salat und Gemüse. In der Volksmedizin empfiehlt man einen Tee gegen Gallensteine. Bei der in vielen medizinischen Präparaten gegen Rheuma verwendeten Teufelskralle handelt es sich dagegen nicht um ein heimisches Glockenblumengewächs, sondern um eine mit dem Sesam verwandte Pflanze aus dem südlichen Afrika.

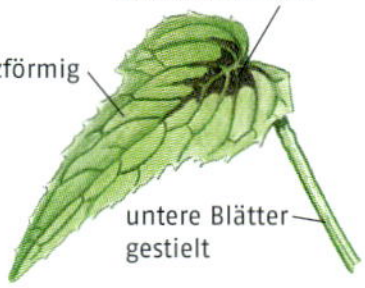

***Vorkommen** Wälder mit krautreichem Unterwuchs, Bergwiesen. Auf nährstoffreichen Böden von der Ebene bis auf über 2000 m. Fast ganz Europa.*

> ***blüht öfters auch blau***
> ***in schattigeren Wäldern oft ohne Blüten***
> ***Blätter am schwarzen Fleck zu erkennen***

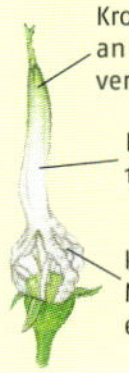

Zwerg-Holunder

Sambucus ebulus (Geißblattgewächse)
H 60–150 cm Juni–Juli Staude ☠

Wer Wildbeeren sammelt, darf den Zwerg-Holunder nicht mit dem essbaren Schwarzen Holunder verwechseln. Die Früchte des Zwerg-Holunders sind auch gekocht giftig und können zu Übelkeit, Erbrechen, Durchfall, Schwindel, und Herz-Beschwerden führen. Der Schwarze Holunder hat verholzte Stämme und Zweige, die des Zwerg-Holunders sind dagegen nie verholzt.

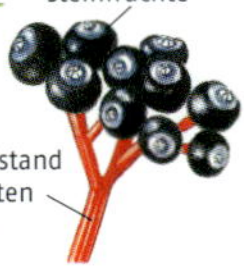

***Vorkommen** Zwischen anderen Stauden auf Waldschlägen, an Waldwegen, Bahndämmen und Böschungen, in Auen. Fast ganz Europa.*

> ***riecht unangenehm***
> ***zeigt stickstoffreiche Böden an***
> ***bildet oft große Gruppen***

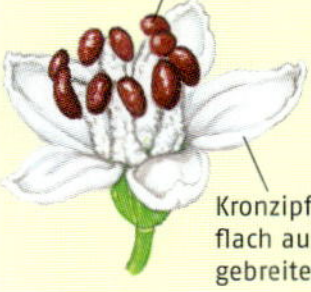

Echter Arznei-Baldrian

Valeriana officinalis (Baldriangewächse)

H 40–100 cm Mai–Aug. Staude

***Vorkommen** Feuchte Wiesen, Ufer, Gräben, feuchte Wälder. Auf feuchten bis nassen Böden. Fast ganz Europa.*

- ***sehr vielgestaltige Art***
- ***Blüten duften anders als getrocknete Wurzeln***
- ***frische Pflanzen locken keine Katzen an***

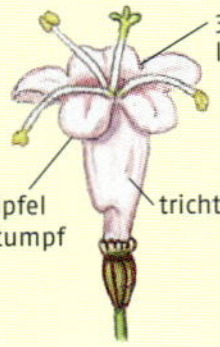

Im Mittelalter galt Baldrian als Mittel gegen die Pest. Die Wurzeln sollten mit ihrem Geruch böse Geister und Hexen vertreiben und dienten außerdem auch als Mottenmittel. Erst Mitte des 18. Jahrhunderts führte sie ein englischer Arzt als Beruhigungsmittel in die Medizin ein. Seither haben sie sich bei Nervosität und Einschlafstörungen bewährt. Pflegeprodukte wie Speik-Seife enthalten Auszüge aus den aromatischen Wurzeln des verwandten, in den Alpen wachsenden Echten Speik (Keltischer Baldrian, *Valeriana celtica*).

Schon gewusst?

Die Wurzel enthält mehrere heilkräftige Substanzen. Der penetrante, schweißfußähnliche Geruch entsteht jedoch erst beim Trocknen. Kater werden durch diesen Duft erregt, er erinnert sie an rollige Katzen.

Weiße Seerose

Nymphaea alba (Seerosengewächse)
H 50–250 cm Juni–Aug. Staude ☠

Die Weiße Seerose gehört in der heimischen Flora zu den Rekordhaltern für die längsten Blatt- und Blütenstiele (bis 3 m) und die größten Blüten. Lufthaltiges Gewebe in den Stielen sorgt für ausreichend Auftrieb der Blätter und Blüten im Wasser. Die Seerose trägt ihren Namen *Nymphaea* nach den Wassernymphen, Naturgöttinnen der griechischen Mythologie.

Vorkommen *Teiche, Altwässer, ruhige Seen. In stehendem oder sehr langsam fließendem Wasser mit 1–3 m Wassertiefe. Fast ganz Europa.*

> ***auch in Gärten***
> ***Blüten nur tags offen***
> ***wasserabstoßende Wachsschicht auf der Blattoberseite***

Europäischer Siebenstern

Trientalis europaea (Primelgewächse)
H 5–20 cm Mai–Juli Staude

Der Siebenstern war in kälteren Klimazeiten weiter verbreitet. Seine heutigen Vorkommen sind Relikte der Eiszeit. Der Name nimmt auf die Siebenzahl der Blütenblätter Bezug, eine Anzahl, die bei den Blütenpflanzen selten vorkommt. In manchen Gegenden nennt man die Pflanze auch „Sternblümchen“ oder „Sternkraut“.

Vorkommen *Moosige Fichtenwälder, Birkenmoore, nasse Weiden. Auf nährstoffarmen, sauren Böden. Nord- und Mitteleuropa.*

> ***braucht Halbschatten***
> ***nicht blühende Pflanzen ähneln dem Wald-Bingelkraut (S. 294)***
> ***bildet lockere Gruppen***

Busch-Windröschen

Anemone nemorosa (Hahnenfußgewächse)

H 10–25 cm März–Mai Staude ☠

Vorkommen *Laub- und Nadelwälder, Gebüsche, Bergwiesen. Auf frischen bis feuchten Böden. Fast ganz Europa.*

- > **zeigt Nährstoffreichtum an**
- > **kann im Frühjahr große Flächen bedecken**
- > **abgepflückte Pflanzen welken rasch**

Das Busch-Windröschen nützt als Frühlingspflanze die guten Lichtverhältnisse im Wald, bevor das Laub der Bäume austreibt und einen Schatten wirft. Bereits im Mai oder Juni, nach der Fruchtreife, zieht es seine oberirdischen Teile zurück und überdauert unterirdisch bis zum nächsten Jahr. Außer über Samen vermehrt es sich auch über unterirdische Verzweigungen. So kann es sein, dass eine Gruppe mit 100 blühenden Stängeln zu einer einzigen Pflanze gehört.

Schon gewusst?

Nachts und bei trüber Witterung schließen sich die Blüten und neigen sich nach unten. Sobald es hell wird, öffnen sie sich wieder. Dabei wachsen die Blütenblätter, so dass die Blüten immer größer werden.

Großes Windröschen

Anemone sylvestris (Hahnenfußgewächse)

H 15–35 cm April–Juni Staude ☠

Das Weiß der Blüten entsteht nicht durch einen Farbstoff, sondern durch luftgefüllte Zwischenräume, die das Licht reflektieren. Drückt man die Blüten kräftig, wird die Luft verdrängt und das Gewebe wirkt glasig. Der Blütenstaub der Windröschen ist für Insekten einfach zu erreichen und wird von Bienen, Fliegen und Käfern gesammelt. Die langhaarigen Früchtchen stehen auf aufrechten Stängeln, so dass sie gut vom Wind erreicht und von diesem verblasen werden können.

Vorkommen *Lichte Kiefern- und Laubwälder, Waldränder, Böschungen, Halbtrockenrasen. Meist auf kalkhaltigem Boden. Mitteleuropa.*

- ***benötigt viel Wärme und Licht***
- ***ganze Pflanze behaart***
- ***sollte nicht abgepflückt werden***

Schon gewusst?

In den Gebirgen Mittel- und Südeuropas wächst eine weitere weiße Anemonen-Art, das Berghähnlein. Es hat etwas kleinere Blüten, die immer zu 3–8 beieinander stehen.

Weiße Silberwurz

Dryas octopetala (Rosengewächse)
H 5–15 cm   Mai–Aug.   Strauch

Vorkommen *Felsschutt, steinige Flächen, lichte Kiefernwälder. Nordeuropa, Gebirge in Mittel- und Südeuropa bis in Höhen um 2500 m.*

- > ***am Boden liegender Zwergstrauch***
- > ***kann bis 100 Jahre alt werden***
- > ***auch in Steingärten***

Am Ende der letzten Eiszeit war die Pflanze in ganz Deutschland verbreitet. Ihre Reste blieben massenhaft in den Ablagerungen dieser Zeit – der Dryas-Zeit – erhalten. Die Blüten richten sich zur Sonne aus und wirken wie Parabolspiegel: Ihr Zentrum erwärmt sich um einige Grad über die Außentemperatur. Insekten finden so einen Platz zum Wärmen.

Eiskraut

Mesembryanthemum crystallinum (Eiskrautgewächse)
H 20–80 cm   Febr.–Juli   ein- bis zweijährig

Vorkommen *Salzige Ödflächen in Küstennähe, Salzsümpfe. An sonnigen Standorten. Aus Südafrika im 18. Jahrhundert eingeführt. Mittelmeerraum.*

- > ***Blüten öffnen sich nur in der starken Mittagssonne***
- > ***heißt auch „Kristall-Mittagsblume"***
- > ***kann gut Wasser speichern***

Früher kultivierte man die Pflanze zur Gewinnung von Sodasalz. Sie eignete sich hierfür, da sie aus salzigen Böden nicht nur Wasser, sondern auch Salze aufnimmt und in ihrem schleimreichen Gewebe einlagert. Feinkostläden bieten Eiskraut manchmal für Salat oder Gemüse an. Neuerdings enthalten auch manche Hautpflegeprodukte Auszüge aus der Pflanze.

Gänseblümchen

Bellis perennis (Korbblütengewächse)

H 5–15 cm Jan.–Nov. Staude

Vorkommen *Rasen in Hausgärten und Parks, Wiesen, Weiden. Auf nährstoffreichen Böden an hellen Standorten. Fast ganz Europa.*

> ***bildet oft große Gruppen***
> ***blüht auch im Winter***
> ***eine der bekanntesten Wildpflanzen***

Nachts und bei kühlem Wetter sind die Blütenkörbchen geschlossen. Hierzu wachsen die Hüllblätter an der Außenseite und drücken so die Zungenblüten zusammen. Die kleinen Früchte werden vom Wind verblasen, vom Regen aus dem Körbchen gespült oder können bei Nässe an Tieren haften bleiben. Außerdem werden sie von Regenwürmern gefressen und unversehrt wieder abgegeben. Die Blütenköpfchen verschönern Salat und liefern, in Essig eingelegt, einen heimischen Ersatz für Kapern (S. 95).

Schon gewusst?

Gärtnereien verkaufen besonders im Frühjahr verschiedene Kulturformen des Gänseblümchens mit größeren, gefüllten Blütenkörbchen. Bei diesen ist die Zahl der Zungenblüten vermehrt und von weiß bis rot gefärbt.

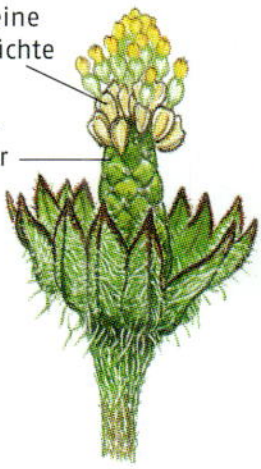

Wiesen-Margerite

Leucanthemum vulgare (Korbblütengewächse)
H 20–70 cm Juni–Okt. Staude

Vorkommen *Wiesen, Weiden, Halbtrockenrasen, Äcker, Ödflächen, Felsen. Von der Ebene bis ins Hochgebirge. Fast ganz Europa.*

- ***heißt auch „Gewöhnliche Wucherblume"***
- ***kann große Flächen bedecken***
- ***gehört in Wiesenblumensträuße***

Noch heute zupft man von der „Orakelblume" die weißen Zungenblüten, um die Zukunft zu erfahren. Schon Gretchen in Goethes „Faust" befragte die Blume mit „Er liebt mich – er liebt mich nicht ...". Margerite stammt vom französischen marguerite und bedeutet „Perle". Auf den Kleidern der Gemahlin von Heinrich VI, die sich als „Perle unter Perlen" fühlte, prangten deshalb drei gestickte Margeriten.

Geruchlose Kamille

Tripleurospermum perforatum (Korbblütengewächse)
H 10–45 cm Juni–Okt. ein- bis zweijährig

Vorkommen *Unkrautbestände auf Schuttplätzen, an Weg- und Straßenrändern, Mittelstreifen von Autobahnen, Äcker. Ganz Europa.*

- ***bildet oft große Bestände***
- ***auch zerrieben ohne Duft***
- ***heißt auch „Falsche Kamille"***

Echte und Geruchlose Kamille wachsen oft am gleichen Standort. Die beiden Arten werden öfters miteinander verwechselt. Anhand des fehlenden Duftes und des gefüllten Blütenkörbchens lässt sich die meist kräftigere Geruchlose jedoch gut von der Echten Kamille unterscheiden. Sie hat keine Heilwirkung, eignet sich aber für Wildblumensträuße.

Echte Kamille

Matricaria recutita (Korbblütengewächse)

H 15–40 cm Mai–Aug. einjährig

Im 16. Jahrhundert galt die Echte Kamille bei uns als eine der wichtigsten Heilpflanzen. Sie wurde gegen vielerlei Krankheiten, besonders auch gegen Frauenleiden, eingesetzt. Noch heute gehören die Blütenköpfchen zu den bewährten Heilmitteln. Dank ihrer Inhaltsstoffe lindern sie Entzündungen und Krämpfe. Früher sammelte man die Pflanze zu Heilzwecken wild, heute wird sie auf großen Flächen kultiviert, besonders in Osteuropa und Ägypten.

Vorkommen *Getreidefelder, Wege, Schuttplätze, Straßenränder. Auf nährstoffreichen Böden. Ganz Europa.*

> ***duftet stark aromatisch***
> ***an den hohlen Blütenkörbchen gut zu erkennen***
> ***oft zu vielen beieinander***

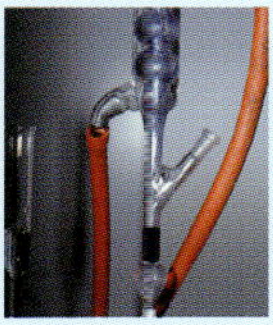

Schon gewusst?

Wenn man das duftende ätherische Öl aus den Blütenköpfchen gewinnt, ist man von dessen Färbung überrascht: Es ist intensiv blau.

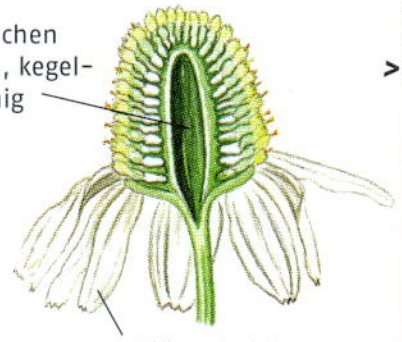

Mutterkraut

Tanacetum parthenium (Korbblütengewächse)
H 30–60 cm   Juni–Aug.   Staude   (☠)

Vorkommen *Ödflächen, Wegränder, Zäune, Schuttplätze. An wärmeren Standorten. Fast ganz Europa.*

> ***duftet zerrieben aromatisch, kampferähnlich***
> ***sehr vielgestaltig***
> ***auch schöne Zierpflanze***

Das Mutterkraut stammt aus Südosteuropa. Es wurde als Bauerngartenpflanze verbreitet und ist heute vielerorts eingebürgert. Früher verwendete man es gegen Frauenkrankheiten und missbräuchlich als Abtreibungsmittel (griechisch parthenos = Jungfrau). Heute spielt es als Migränemittel eine Rolle. Pulverisiertes Kraut eignet sich auch zur Bekämpfung von Insekten. Auf diese wirken die Inhaltsstoffe als Kontaktgift. Beim Menschen kann der Hautkontakt Allergien auslösen.

Schon gewusst?

Vom Mutterkraut gibt es zahlreiche Zuchtformen in den Gärten. Gefüllte Sorten haben mehr oder ausschließlich weiße Zungenblüten im Blütenkörbchen. Sorten, die keine Zungen haben, tragen meist die Bezeichnung „Knopfkamille".

Kleinblütiges Knopfkraut

Galinsoga parviflora (Korbblütengewächse)
H 10–60 cm Mai–Okt. einjährig

Die Pflanze kam ursprünglich aus Südamerika zu uns. Alle europäischen Pflanzen sollen von Exemplaren abstammen, die man 1794 im Botanischen Garten in Paris aussäte. Der Name „Franzosenkraut" bezieht sich darauf, dass sich die Pflanze Anfang des 19. Jahrhunderts, etwa zur gleichen Zeit wie der Vormarsch der französischen Armee, nach Osten ausbreitete.

Vorkommen *Unkrautbestände auf Äckern, Schuttplätzen, in Gärten, Weinbergen. Wächst in fast ganz Europa bis in Höhen von 700 m.*

> ***heißt auch „Franzosenkraut"***
> ***weltweit eines der wichtigsten Unkräuter***
> ***stark frostempfindlich, überdauert mit Samen***

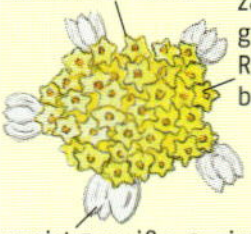

Schaf-Garbe

Achillea millefolium (Korbblütengewächse)
H 20–120 cm Juni–Okt. Staude

Schon Achilles, der Held von Troja in der griechischen Mythologie, soll die Heilkraft der Pflanze angewandt haben. Sie enthält ähnliche ätherische Öle wie die Echte Kamille (S. 135) und hilft Wunden zu heilen und Verdauungsbeschwerden zu lindern. Schafe fressen gerne die Blätter der Pflanze, lassen aber die Blütenstände stehen.

Vorkommen *Wiesen, Weiden, Äcker, Ödland, Rasenflächen. Auf nährstoffreichen Böden von der Ebene bis ins Hochgebirge. Ganz Europa.*

> ***riecht zerrieben aromatisch***
> ***Blätter meist auch im Winter grün***
> ***Stängel zäh, schwer abzureißen***

Silberdistel

Carlina acaulis (Korbblütengewächse)

H 2–60 cm Juli–Sept. Staude

***Vorkommen** Magere Wiesen und Weiden, steinige Hänge, Trockenrasen. Gebirge Mittel- und Südeuropas, bis ins Hochgebirge.*

> ***benötigt im Sommer viel Sonne***
> ***Blütenkörbchen nur bei trockenem Wetter offen***
> ***heißt auch „Wetterdistel"***

Die Pflanze ziert viele Wappen sowie Embleme von Wandervereinen. Sie ist auch für Trockengestecke beliebt und wird hierfür angebaut, da sie geschützt ist. Früher verwendete man die Pflanze gegen Schweinekrankheiten und nannte sie deshalb auch „Eberwurz". Nach einer Legende hat Karl der Große während einer Pestepidemie die Distel im Traum gesehen. Auch wenn sie nicht gegen Pest hilft, soll sie den wissenschaftlichen Namen *Carlina* ihm zu Ehren tragen.

Schon gewusst?

Bei Feuchtigkeit neigen sich die glänzenden Hüllblätter zusammen und schließen die Blütenkörbchen. Auch getrocknete Pflanzen zeigen noch dieses Verhalten. Die Pflanze ist jedoch kein Wetterprophet, sondern zeigt die aktuelle Luftfeuchtigkeit an.

Alpen-Edelweiß

Leontopodium alpinum (Korbblütengewächse)
H 5–20 cm Juli–Aug. Staude

Der wissenschaftliche Name Leontopodium bedeutet „Löwenfüßchen", man verglich die wollig-filzigen Blütenstände mit kleinen Löwenpranken. Die Behaarung dient der Pflanze im Hochgebirge als Schutz vor zu hoher UV-Strahlung und vor Verdunstung. Im Tiefland kultiviert ist das Alpen-Edelweiß weniger dicht behaart und wirkt deshalb dreckig-grünlich.

***Vorkommen** Felsabsätze, Felsköpfe, steinige Rasen in Höhen von 1700 bis 3400 m. Gebirge Mittel- und Südeuropas.*

> ***bekannteste Hochgebirgspflanze***
> ***nicht abpflücken***
> ***im Steingarten ähnliche Arten aus dem Himalaja***

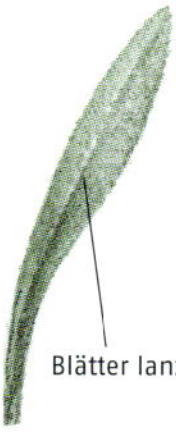

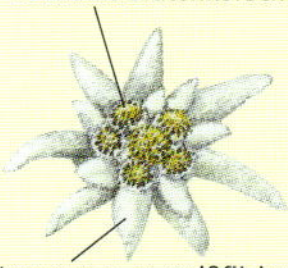

Gewöhnliches Maiglöckchen

Convallaria majalis (Maiglöckchengewächse)
H 10–20 cm Mai–Juni Staude ☠

Maiglöckchen spielen sowohl in der Symbolik des Christentums wie auch in der Medizin eine Rolle. Die Pflanze enthält Substanzen, die bei genauer Dosierung bei altersbedingter Herzschwäche wirksam sind. Überdosierungen können jedoch tödlich sein. Die Blüten waren früher ein niesreizerregender Bestandteil des Schneeberger Schnupftabaks.

***Vorkommen** Laubwälder, Gebüsch, Bergwiesen, Felsschutt. Fast ganz Europa, im Süden nur im Gebirge bis in Höhen um 2200 m.*

> ***kann große Gruppen bilden***
> ***starker, auch in Parfüms verwendeter Duft***
> ***wächst auch im Garten***

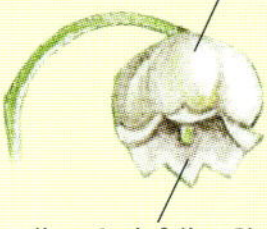

Wohlriechende Weißwurz

Polygonatum odoratum (Maiglöckchengewächse)

H 15–45 cm   Mai–Juni   Staude ☠

Vorkommen *Lichte Wälder, Felsen in Waldnähe, Waldränder. An hellen bis halbschattigen Standorten in ganz Europa.*

> ***wächst oft in Gruppen***
> ***Blüten duftend***
> ***blauschwarze, giftige Beeren***

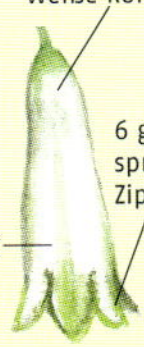

Die auffälligen Narben, die die Stängel nach dem Abwelken am Wurzelstock hinterlassen, ähneln kleinen Siegeln. So benannte man die Pflanze nach dem Siegelring des König Salomos, der im Morgenland ein Talisman für Weisheit und Zauberei war. Man hielt die Pflanze auch für die sagenhafte Springwurz, mit der man verschlossene Türen öffnen kann. Aus der Form der Narben schloss man im Mittelalter außerdem, dass die Pflanze gegen Hühneraugen helfen müsse.

Schon gewusst?

Bei der ähnlichen Vielblütigen Weißwurz stehen jeweils 2–5 nicht duftende Blüten beieinander, die Stängel sind rund. Diese Art wächst in eher feuchten Wäldern.

Ästige Graslilie

Anthericum ramosum (Grasliliengewächse)

H 30–80 cm Juni–Aug. Staude

Ohne Blüten kann man die Pflanzen leicht mit Gräsern verwechseln. Oft stehen sie auch noch zwischen Gräsern und sind dann nur schwer zu erkennen. Die Blüten locken verschiedene Insekten an, die leicht an den an der Spitze des Fruchtknotens abgegebenen Nektar gelangen können. In einigen Gegenden heißen Graslilien „Sternblumen“ oder „Himmelsstern“.

Rispe mit über 30 Blüten

Blatt grasartig, bis 50 cm lang

Vorkommen *Waldränder, lichte Wälder, Böschungen, Halbtrockenrasen. Auf trockenen Böden. Fast ganz Europa.*

> ***braucht warme Standorte***
> ***wächst oft in größeren Gruppen***
> ***eignet sich auch als Gartenblume***

6 lange Staubblätter

6 weiße, 10–14 mm lange Blütenblätter

Weißer Affodill

Asphodelus albus (Affodillgewächse)

H 50–120 cm April–Juni Staude (☠)

Nach der griechischen Mythologie bildet Affodill in der Unterwelt ausgedehnte Wiesen, auf denen das Gericht über die Toten tagt. Früher pflanzte man die Staude auf Gräber, damit die Toten die stärkereichen Wurzeln als Wegzehrung hatten. Auch den Lebenden dienten die Wurzeln, geröstet oder zu Mehl vermahlen, in Notzeiten als Nahrung.

Blütenstand aufrecht, ohne Blätter

Vorkommen *Wiesen, übernutzte Weiden, lichte Wälder, Straßenränder. Mittelmeerraum, besonders in Küstennähe.*

> ***rübenförmige Speicherwurzeln***
> ***wächst oft in großen Gruppen***
> ***wird vom Vieh verschmäht***

6 Blütenblätter, 1,5–2 cm lang

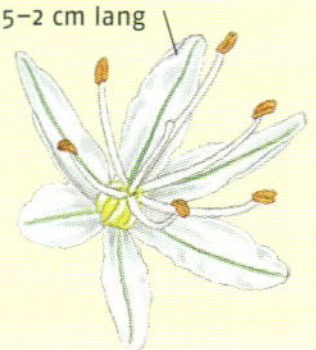

Trichterlilie

Paradisea liliastrum (Affodillgewächse)
H 20–50 cm Juni–Aug. Staude

Vorkommen *Bergwiesen, Weiden, lichte Kastanienhaine. Auf trockenen Böden von 800 bis 2000 m. Alpen, Gebirge Westeuropas.*

> ***fällt durch die großen Blüten auf***
> ***Blüten duften***
> ***an den Wildstandorten geschützt***

Der wissenschaftliche Name der Pflanze hat nichts mit dem Garten Eden zu tun. Er leitet sich vielmehr von Giovanni Paradisi, einem italienischen Gartenfreund des späten 18. Jahrhunderts ab. Trotzdem heißt die Pflanze im Deutschen manchmal „Paradieslilie". Sie fällt nicht nur an ihren Wildstandorten auf, sondern eignet sich auch für Gärten und als Schnittblume.

Allermannsharnisch

Allium victorialis (Lauchgewächse)
H 30–70 cm Juli–Aug. Staude

Vorkommen *Bergwiesen, Felsfluren, Bergweiden, Rasen oberhalb der Baumgrenze. Gebirge Mittel- und Südeuropas von 1000 bis über 3000 m.*

> ***bildet oft Gruppen***
> ***riecht zerrieben nach Zwiebeln***
> ***heißt auch „Siegwurz"***

Wer die Zwiebel dieser alten Zauberpflanze als Amulett bei sich trägt, der soll im Kampf gegen Verletzungen geschützt sein und den Sieg davontragen. Diese Wirkung leitete man vom Aussehen der Zwiebel ab, die von fasrigen Hüllen wie von einem Kettenhemd umgeben ist. Auch vor Hexen und bösen Geistern soll die Pflanze schützen.

Bär-Lauch

Allium ursinum (Lauchgewächse)

H 20–50 cm Mai–Juni Staude

Bär-Lauch wirkt ähnlich wie Knoblauch gegen Appetitlosigkeit, Bluthochdruck und Arterienverkalkung. Die geschnittenen Blätter eignen sich auch für Frühlingsquark und Pesto. Die in der Pflanze vorhandenen Inhaltsstoffe gehen erst beim Zerkleinern und beim Abwelken der Pflanze in die stark riechenden Lauchöle über. So kann man einen bärlauchreichen Wald im späten Frühjahr besonders bei warmem Wetter weithin riechen.

Vorkommen *Feuchte Laubwälder mit krautigem Unterwuchs, Auwälder. Meist an schattigen Standorten. Fast ganz Europa.*

> ***auch leicht im Garten zu kultivieren***
> ***kann große Flächen bedecken***
> ***riecht wie Knoblauch***

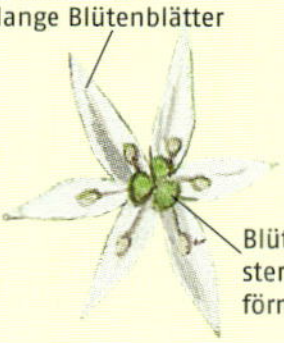

Schon gewusst?

Bär-Lauch sollte nur derjenige wild sammeln, der die Pflanze gut kennt. Verwechslung mit den Blättern des Maiglöckchens (rechts) oder der Herbstzeitlose (links) führen immer wieder zu Vergiftungen mit tödlichem Ausgang.

Kleines Schneeglöckchen

Galanthus nivalis (Narzissengewächse)

H 8–20 cm Febr.–März Staude ☠

Vorkommen *Auenwälder, Schluchtwälder, feuchte Wälder. Im Halbschatten auf feuchten, nährstoffreichen Böden. Fast ganz Europa.*

- ***oft aus Gärten verwildert***
- ***Frühjahrspflanze mit unterirdischer Zwiebel***
- ***blüht oft bereits im Schnee***

Die Blüten ertragen Frost. Insekten können die weißen Blüten auch im Schnee gut erkennen, da sie UV-Licht stark reflektieren. Ein aus Schneeglöckchen isolierter Inhaltsstoff wird seit einigen Jahren in Arzneimitteln zur Behandlung der Alzheimerschen Krankheit eingesetzt. Bei Vergiftungen mit der Pflanze kommt es zu Magen-Darmbeschwerden.

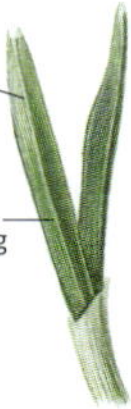

Frühlings-Knotenblume

Leucojum vernum (Narzissengewächse)

H 10–30 cm Febr.–März Staude ☠

Vorkommen *Feuchte Auenwälder, Schluchtwälder, waldnahe Feuchtwiesen. Auf feuchten Böden. Besonders in Mitteleuropa, im Norden verwildert.*

- ***wächst meist in großen Gruppen***
- ***auch als „Märzenbecher" bekannt***
- ***duftet veilchenartig***

Die frühblühende Zwiebelpflanze ist auch in Gärten sehr beliebt. Wer sie pflanzen will, darf sie jedoch nicht von den geschützten Wildvorkommen sammeln. „Knotenblume" bezieht sich auf den Fruchtknoten, der wie ein dicker Knoten am Stängel unterhalb der Blütenblätter sitzt. Vergiftungen mit der Pflanze können zu Herzrhythmusstörungen führen.

Dichter-Narzisse

Narcissus poeticus (Narzissengewächse)
H 20–60 cm April–Juni Staude ☠

„Narzisse“ leitet sich vom griechischen narkaein = betäubend ab und bezieht sich wohl auf den Duft der Blüten. Den Zusatz poeticus = dichterisch erhielt die Art, weil sie im Altertum von dem berühmten römischen Dichter Ovid genau beschrieben wurde. Am Grund der langen, recht engen Röhre scheidet die Blüte Nektar ab. Nur Schmetterlinge mit einem genügend langen Rüssel können diesen erreichen. Schwebfliegen, die die Blüten ebenfalls besuchen, ernten nahrhaften Blütenstaub.

***Vorkommen** Bergwiesen, lichte Bergwälder mit im Winter blattlosen Bäumen. Mittelmeerraum, Zentralfrankreich.*

> ***Ausgangsart für viele Gartenzüchtungen***
> ***duftet nelkenähnlich***
> ***Wildvorkommen schonen***

145

Schon gewusst?

Für die Färbung des „Krönchens“ sind ähnliche Carotinoide wie die der Möhren verantwortlich. Das Krönchen duftet auch anders und wesentlich stärker als die weißen Blütenteile. Insekten können so den Weg zur Blütenröhre leichter finden.

Weißer Germer

Veratrum album (Germergewächse)

H 50–150 cm   Juni–Aug.   Staude   ☠

Vorkommen *Bergweiden und Viehlagerplätze, Moorwiesen, nasse Waldstellen. Gebirge in Mittel- und Südeuropa bis in Höhen um 2000 m.*

> **Weidevieh meidet die Pflanze**
> **fällt von Weitem auf**
> **wird ohne Blüten oft mit dem Gelben Enzian (S. 233) verwechselt**

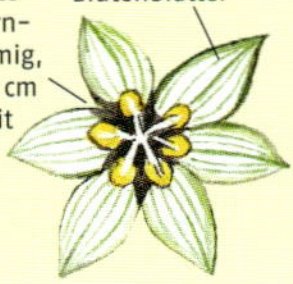

Bereits in der Antike verwendete man den getrockneten Wurzelstock für – nicht ungefährliche – Niespulver. Früher glaubte man, dass Niesen das Gehirn reinigt und den Verstand schärft, oder dass es die Wahrheit bestätigt. So leitet sich *Veratrum* von lat. verus = wahr ab. Die tödlich giftigen Alkaloide der Pflanze können auch intakte Haut durchdringen.

Dolden-Milchstern

Ornithogalum umbellatum (Liliengewächse)

H 10–30 cm   April–Mai   Staude   ☠

Vorkommen *Weinberge, Parkrasen, Wiesen, Gebüsche, Baumplatten der Städte. Wächst meist in Gruppen. Mittel- und Südeuropa.*

> **Blüten öffnen sich nur bei Sonnenschein**
> **enthält herzwirksame Glykoside**
> **auch schöne Zierpflanze**

Der wissenschaftliche Pflanzenname heißt übersetzt „Vogelmilch". Hiermit meinte man wohl Eiweiß und verglich die Blütenfarbe mit dem Weiß von gekochten Eiern. Außerdem enthält die Pflanze einen schleimigen, etwas an rohes Eiweiß erinnernden Saft. Die Bach-Blütentherapie kennt die Pflanze unter ihrem englischen Namen „Star of Bethlehem".

Meerzwiebel

Urginea maritima (Liliengewächse)
H 50–150 cm   Aug.–Okt.   Staude ☠

Bereits im Altertum diente die Meerzwiebel als nicht ungefährliche Heilpflanze. Sie enthält stark herzwirksame Substanzen. Außerdem lieferte die übel riechende Zwiebel wirksames Mäuse- und Rattengift und half gegen Schadinsekten im Getreide. Nach einem alten griechischen Brauch soll eine über die Tür gehängte Meerzwiebel vor bösen Geistern schützen.

Vorkommen *Weiden, steinige, trockene Küstenhänge, Brachland, Ödflächen, Buschland, sandige Strände. Mittelmeerraum.*

> ***Herbstblüher***
> ***Zwiebel ragt aus dem Boden***
> ***treibt erst nach der sommerlichen Dürre aus***

Frühlings-Krokus

Crocus vernus (Schwertliliengewächse)
H 5–15 cm   Febr.–Mai   Staude (☠)

Die Blätter besitzen verdickte Spitzen, um die Schneedecke zu durchstoßen. Sobald die Sonne hinter Wolken verschwindet, schließen sich die Blüten, die auch hellviolett oder weiß-violett gestreift sein können. Die Pflanze bildet jedes Jahr eine neue Knolle über der alten. Besondere Zugwurzeln sorgen dafür, dass diese in die richtige Tiefe gelangt.

Vorkommen *Bergwiesen, Bergweiden bis auf 2800 m. Auf feuchtem Boden, erträgt auch Düngung mit Stallmist. Gebirge Mittel- und Südeuropas.*

> ***oft in Gruppen***
> ***blüht unmittelbar nach der Schneeschmelze***
> ***im Mittelmeerraum viele weitere Krokus-Arten***

Weiß-Klee

Trifolium repens (Schmetterlingsblütengewächse)
H 15–45 cm   Mai–Sept.   Staude

Vorkommen *Weiden, Parks, Wege, Gärten, Äcker, Ödflächen. Auf nährstoffreichen Böden in ganz Europa.*

> ***Pflanze kriechend***
> ***erträgt Salz und Trittbelastung***
> ***Blätter bei Wildpflanzen nur selten mit 4 Blättchen***

Kleeblätter spielen eine Rolle in Wappen und als National-Symbol Irlands. Der Legende nach soll St. Patrick den Iren anhand eines Kleeblatts die Dreieinigkeit erklärt haben. Iren tragen deshalb am Tag dieses Heiligen (17. März) ein Kleesträußchen. Davor war Klee Symbol der drei keltischen Priestergrade (Druiden, Barden, Ovaten).

Ufer-Wolfstrapp

Lycopus europaeus (Lippenblütengewächse)
H 20–130 cm   Juli–Sept.   Staude

Vorkommen *Ufer, Gräben. Auf nassen, zeitweise überschwemmten, nährstoffreichen Böden. Fast ganz Europa.*

> ***steht oft zwischen Schilf***
> ***braucht Nässe***
> ***auffällig geformte Blätter***

Die roten Punkte auf den Kronzipfeln dienen als Signale für Insekten und locken besonders Schwebfliegen als Bestäuber an. Das Kraut wirkt auf die Schilddrüse, entsprechende Zubereitungen können leichte Schilddrüsenüberfunktionen lindern.

Weiße Taubnessel

Lamium album (Lippenblütengewächse)
H 20–50 cm April–Okt. Staude

Der wissenschaftliche Name Lamium leitet sich vom griechischen lamos = Schlund, Rachen ab und bezieht sich auf die Blütenform. Er würde jedoch auch für die Verwendung der Pflanze passen, denn ein Tee aus den Blüten lindert Katarrhe der Atemwege und Schleimhautentzündungen in Mund und Rachen. Die Volksmedizin empfiehlt die Blüten auch bei Wechseljahrsbeschwerden.

***Vorkommen** Unkrautbestände an Wegen, Hecken, Waldrändern, Zäunen, Gräben, Mauern, Misthaufen, Jauchegruben. Fast ganz Europa.*

- ***zeigt stickstoffreiche Böden an***
- ***wächst oft gemeinsam mit der gefleckten Taubnessel (S. 75)***

Schon gewusst?

Die Röhren von abgezupften Blütenkronen enthalten – wenn sie nicht kurz zuvor von Insekten besucht wurden – reichlich zuckersüßen Nektar. Kein Wunder, dass nicht nur Hummeln, sondern auch Kinder die Blüten gerne aussaugen.

Großer Augentrost

Euphrasia officinalis (Braunwurzgewächse)

H 2–45 cm   Mai–Okt.   einjährig

Vorkommen *Magere Weiden und Wiesen, Moorwiesen, Bergwiesen. Von der Ebene bis auf 2300 m. Fast ganz Europa.*

> ***zeigt magere Böden an***
> ***sehr vielgestaltige Art***
> ***mindert bei Massenvorkommen den Ertrag von Wiesen und Weiden***

Bereits die Kräuterbücher des 16. Jahrhunderts empfahlen den Augentrost, wie sein Name bereits vermuten lässt, als Heilpflanze bei verschiedenen Augenkrankheiten. Man verglich die hübsch gezeichneten Blüten mit bewimperten Augen. Auch heute noch wird die Pflanze in der Volksmedizin bei Augenerkrankungen verwendet. Ihre Inhaltsstoffe wirken etwas entzündungshemmend.

Schon gewusst?

Es gibt auch einen gelb blühenden Augentrost, den Zwerg-Augentrost, der in den Alpen auf hochgelegenen Weiden und Rasen wächst.

Moosglöckchen

Linnaea borealis (Geißblattgewächse)

H 5–15 cm Juli–Aug. Halbstrauch

Das zierliche Moosglöckchen war eine der Lieblingspflanzen von Carl von Linné, dem bekannten schwedischen Botaniker, der die noch heute übliche wissenschaftliche Namensgebung in der Biologie entwickelte. Es wurde deshalb nach ihm benannt. Linnea ist darüber hinaus in Schweden heute einer der häufigsten Mädchennamen.

Vorkommen *Helle Nadelwälder, Bergsturzblöcke. Auf sauren Böden, meist über Moose kriechend oder zwischen Alpenrosen. Nordeuropa, Alpen.*

> ***duftet ganz schwach nach Vanille***
> ***bis 4 m weit kriechende, fadenförmige Stängel***
> ***Blätter auch im Winter grün***

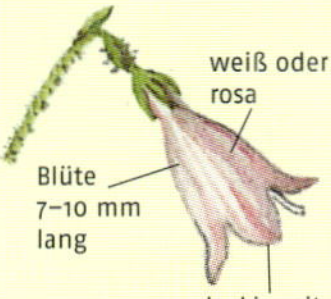

Weißes Waldvögelein

Cephalanthera damasonium (Orchideengewächse)

H 30–60 cm Mai–Juni Staude

Die Blüten dieser Orchidee bleiben meist halb oder ganz geschlossen und öffnen sich erst bei hohen Temperaturen vorübergehend weiter. Sie bieten keinen Nektar, jedoch dienen möglicherweise die erhabenen Leisten der Lippe als Nahrung für die Bestäuber.

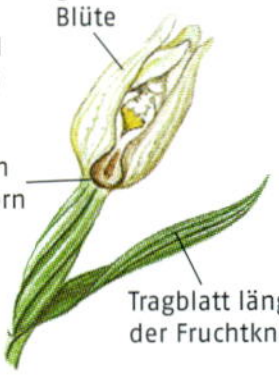

Vorkommen *Nicht zu dichte Wälder. An schattigen, etwas wärmeren Standorten. Mittel- und Südeuropa.*

> ***blüht mit etwa 10 Jahren das erste Mal***
> ***das ähnliche Schwertblättrige Waldvögelein hat schmale Blätter***

Ausdauerndes Silberblatt

Lunaria rediviva (Kreuzblütengewächse)

H 30–140 cm Mai–Juli Staude

Vorkommen *Schattige Schlucht- und Bergwälder, Waldhänge. Auf feuchten, nährstoffreichen Böden und Steinschutt. Fast ganz Europa.*

- ***blüht selten auch weiß***
- ***benötigt ausreichend Luftfeuchtigkeit***
- ***heißt auch „Mondviole"***

Die Pflanze trägt ihren wissenschaftlichen Namen *Lunaria* nach lat. luna = „Mond", da die silbrig schimmernden, durchscheinenden Fruchtwände an Silbermonde erinnern. In diesen verfängt sich der Wind, so dass sich die Früchte bewegen und die Samen ausstreuen. Die abgestorbenen Stängel mit den pergamentartigen „Silbermonden" stehen oft noch den ganzen Winter im Wald. Die Blüten duften etwas nach Veilchen und locken Nachtfalter und Bienen an.

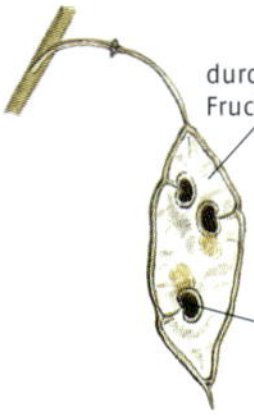

Schon gewusst?

Aus dem östlichen Mittelmeerraum stammt das Einjährige Silberblatt mit fast kreisrunden Früchten. Es ist nicht nur eine schöne Zierpflanze für den Garten. Die abgeblühten Stängel mit den silbrig durchscheinenden Fruchtwänden eignen sich ideal für Trockensträuße.

Wiesen-Schaumkraut

Cardamine pratensis (Kreuzblütengewächse)

H 10–60 cm April–Juni Staude

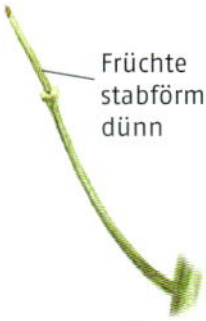

„Wiesen-Schaumkraut" leitet sich möglicherweise vom schaumartigen Eindruck ab, den die Pflanze den von ihr besiedelten Wiesen verleihen kann. Jedoch könnten auch die recht häufig an den Stängeln vorhandenen Schaumzikaden-Larven namensgebend für die Pflanze gewesen sein. Außer über Samen vermehrt sich die Pflanze über Brutpflanzen an den unteren Blättern. Diese entstehen, wenn die Blätter auf feuchtem Boden oder Moosen liegen.

***Vorkommen** Feuchte Mähwiesen, Moor- und Nasswiesen, Auenwälder, Ufer, feuchte Wälder. Auf kühlen, nährstoffreichen Böden. Fast ganz Europa.*

> ***schmeckt scharf***
> ***Rosettenblätter oft über den Winter grün***
> ***kann im Frühjahr violette Wiesen zaubern***

Schon gewusst?

Im Volksmund heißen die Schaumballen der Schaumzikaden „Kuckucksspeichel". Man glaubte früher, dieser Vogel habe sie ausgespuckt. Die Larven blasen jedoch Luft in eine selbst erzeugte Flüssigkeit und schaffen sich so eine Schutzhülle.

Gewöhnlicher Fransen-Enzian

Gentianella ciliata (Enziangewächse)

H 7–30 cm   Aug.–Okt.   zweijährig, Staude

***Vorkommen** Magere Rasen, steinige Weiden, Waldränder. Auf kalkreichen Böden in Mitteleuropa und in den Gebirgen Südeuropas bis in Höhen um 2500 m.*

- ***Blätter sitzen nur am Stängel***
- ***Blüten duften veilchenähnlich***
- ***gefährdet und geschützt***

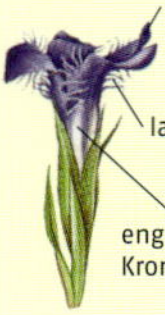

Die Blüten aller Enzian-Arten öffnen sich nur tagsüber bei schönem Wetter. Nachts und auch bei Regen schließen sie sich. Diese Bewegungen der Blüte entstehen durch Wachstum der Krone. Junge Blüten des Gewöhnlichen Fransen-Enzians haben deshalb einen Durchmesser von 2–3 cm, ältere bis 5 cm. Die Blüten werden von langrüsseligen Hummeln und Tagfaltern bestäubt.

Gamander-Ehrenpreis

Veronica chamaedrys (Braunwurzgewächse)

H 15–40 cm   Mai–Juli   Staude

***Vorkommen** Hecken, Gebüsch- und Waldränder, Wiesen, Wegränder, lichte, trockene Eichenwälder. Ganz Europa.*

- ***typische Haarreihen am Stängel***
- ***wächst in der Sonne oder im Halbschatten***
- ***eignet sich für Wildrasen***

Der Gamander-Ehrenpreis ist auch unter dem Namen „Männertreu" bekannt. Dieser bezieht sich ironisch auf die wenig haltbaren Blüten. Pflückt man die Stängel für einen Blumenstrauß, so hat man oft nicht viel Freude daran: Schon nach wenigen Minuten fallen sehr viele der kleinen violetten Blütenkronen ab.

Faden-Ehrenpreis

Veronica filiformis (Braunwurzgewächse)

H 5–30 cm März–Juni Staude

Der Faden-Ehrenpreis stammt aus dem Kaukasus und kam ursprünglich als Zierpflanze zu uns. Besonders auf Gräbern wurde er gerne gepflanzt. Er verwilderte von dort und ist seit etwa 1930 eingebürgert. Die Pflanze ist sehr konkurrenzkräftig und nimmt leicht große Flächen ein. In Wiesen wird sie als Platzräuber nicht gerne gesehen, in Rasenflächen und Parks kann sie jedoch hübsche bläuliche Blütenmeere bilden.

Vorkommen *Wiesen, Weiden, Gartenrasen, Parkrasen. An wärmeren, gerne jedoch etwas schattigen, luftfeuchten Standorten. Nord- und Mitteleuropa.*

- > ***Stängel und Blütenstiele auffallend dünn***
- > ***Wuchs niederliegend***
- > ***erträgt Beweidung und Trittbelastung***

Schon gewusst?

Auf Zierrasen breitet sich der Faden-Ehrenpreis besonders dann stark aus, wenn diese regelmäßig gemäht werden: Der Rasenmäher hackt die Pflanzen klein und verstreut Teile, die wieder zu neuen Pflanzen wachsen können.

Großer Ehrenpreis

Veronica teucrium (Braunwurzgewächse)
H 20–80 cm   Mai–Juli   Staude

***Vorkommen** Gebüschränder, magere Rasen, Wegränder, lichte Eichen- und Kiefernwälder. Auf eher trockenen Böden. Mittel- und Südeuropa.*

- ***Blüten meist leuchtend blau***
- ***wächst meist als auffällige Einzelpflanze***
- ***braucht viel Sonne und Wärme***

Der Große Ehrenpreis ist eine prächtige Pflanze für sonnige Wildpflanzengärten. Der Name „Ehrenpreis“ leitet sich jedoch nicht von seinem Äußeren ab, sondern bezieht sich auf die hohe Wertschätzung, die dem verwandten Echten Ehrenpreis im Mittelalter als Heilpflanze entgegengebracht wurde.

Gewöhnlicher Teufelsabbiss

Succisa pratensis (Kardengewächse)
H 15–80 cm   Juli–Sept.   Staude

***Vorkommen** Moorwiesen, magere Gebirgswiesen, magere Feuchtwiesen, Flachmoore bis in Höhen um 1500 m. Fast ganz Europa.*

- ***zeigt magere Böden an***
- ***braucht ausreichend Feuchtigkeit***
- ***oft zu vielen locker beieinander***

Da der schwärzliche, am unteren Ende absterbende Wurzelstock wie abgeschnitten aussieht, glaubten die Leute früher, der Teufel hätte die Wurzel abgebissen – weil er deren Heilwirkung dem Menschen nicht gönnte. Heilkundige verwendeten die Pflanze früher unter anderem gegen Geschwüre, Lungenkrankheiten und als Blutreinigungsmittel.

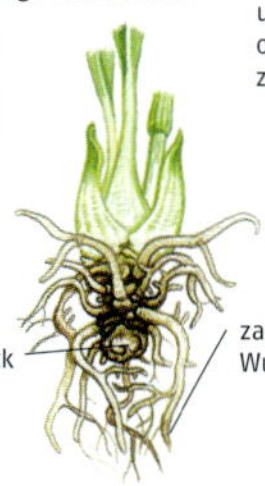

Wilde Karde

Dipsacus fullonum (Kardengewächse)
H 70–200 cm   Juli–Aug.   zweijährig

In den Blatttüten sammelt sich regelmäßig Regenwasser. Diese Wasserbecken halten am Stängel hinaufkriechende Insekten zurück. Möglicherweise können sie, wenn Insekten darin umkommen, die Pflanze auch mit zusätzlichem Stickstoff versorgen. Das Blütenköpfchen der Wilden Karde zeigt eine Besonderheit: Die mittleren Blüten des Köpfchens blühen zuerst auf, anschließend gibt es 2 Ringzonen mit offenen Blüten.

Vorkommen *In Unkrautbeständen an Wegen, Dämmen, Ufern, auf Ödflächen. Auf nährstoffreichen Böden. Ziemlich häufig.*

> ***abgestorbene Pflanzen den ganzen Winter sichtbar***
> ***bildet oft große Gruppen***
> ***zeigt Lehmboden an***

Schon gewusst?

Die Köpfe der ähnlichen Weber-Karde haben starre, zurückgekrümmte Tragblätter. Sie wurde bis ins 20. Jahrhundert kultiviert, heute wächst sie als Unkraut in Süd- und selten in Mitteleuropa. Ihre Fruchtstände dienten zum Kämmen und Aufrauen von Wollgewebe.

Jungfer im Grünen

Nigella damascena (Hahnenfußgewächse)

H 10–50 cm Mai–Juni einjährig

Vorkommen *Auf Kulturland, Öd- und Brachflächen im Mittelmeerraum. In Mitteleuropa als Zierpflanze in Gärten.*

> ***Früchte zieren Trockensträuße***
> ***Samen duften zerrieben etwas nach Erdbeeren***
> ***heißt auch „Gretel im Busch" und „Damaszener Schwarzkümmel"***

Bienen landen auf den Blütenblättern und wandern dann im Kreis um das Blütenzentrum herum. Dabei saugen sie Nektar aus kompliziert geformten Behältern. Der nah verwandte Echte Schwarzkümmel (*Nigella sativa*), dessen Samen sehr gesundes Öl enthalten und das Gewürz für Türkisches Fladenbrot liefern, hat keine grünen Blätter direkt unter der Blüte.

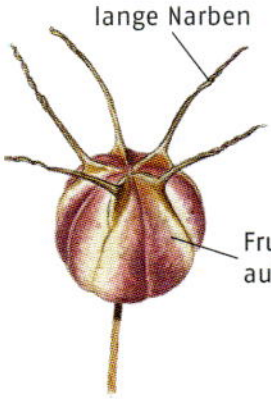

Gewöhnlicher Strandflieder

Limonium vulgare (Bleiwurzgewächse)

H 20–50 cm Aug.–Sept. Staude

Vorkommen *Strandrasen und Schlickwatt der Nord- und Ostseeküste und des Atlantiks. Auf salzhaltigen Böden.*

> ***alle Blätter am Grund***
> ***kann in Gruppen oder flächendeckend wachsen***
> ***Trockensträuße bestehen aus angebauten Sorten***

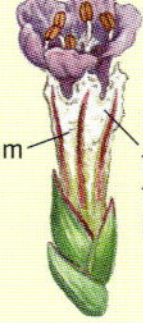

In Anpassung an seinen salzigen Standort scheidet der Gewöhnliche Strandflieder über spezielle Drüsen eine Salzlösung aus. Trocknet die Lösung auf den Blättern, bleibt ein Überzug aus kleinen Kristallen zurück, der beim nächsten Regen wieder abgewaschen wird. Der deutsche Name bezieht sich auf die Farbe der Blüten, die an Flieder erinnert.

Flachs

Linum usitatissimum (Leingewächse)

H 30–60 cm Juni–Juli einjährig

Früher war Flachs der wichtigste Lieferant für Fasern, die man zu „Leinwand" verwob. So gehörte Deutschland im 16. Jahrhundert wegen seines Leinens zu den wichtigsten Industrieländern. Heute verdrängt die geschmeidigere Baumwolle in den meisten Bereichen das Leinengewebe. Flachs wird hauptsächlich noch wegen der Samen und deren Öl angepflanzt. Leinöl eignet sich für Malerfarben, aber auch als gesundes Speiseöl.

Vorkommen *Äcker, Schuttplätze. Bevorzugt nährstoffreiche Böden. In Mittel- und Südeuropa kultiviert, selten verwildert.*

- ***zaubert blaue Felder***
- ***Blüten bereits mittags verblüht***
- ***heißt auch „Lein"***

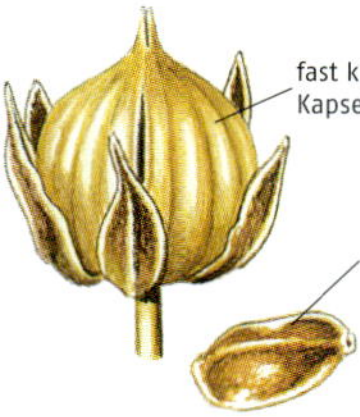

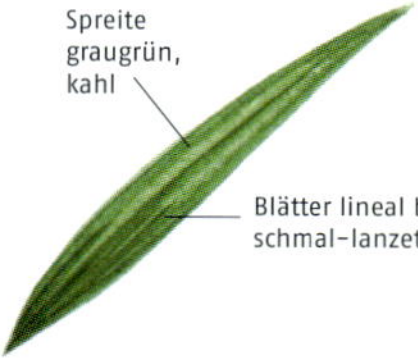

Schon gewusst?

Der ähnliche Ausdauernde Lein mit nickenden Knospen wächst wild besonders in Südeuropa. Bei uns ist er eine zarte Zierpflanze für Gärten. Jede Einzelblüte öffnet sich an mehreren Tagen morgens gegen 6 Uhr und schließt sich am Nachmittag.

Wiesen-Storchschnabel

Geranium pratense (Storchschnabelgewächse)
H 20–60 cm   Juni–Aug.   Staude

Vorkommen *Fettwiesen, Grabenränder, Straßenböschungen. Auf nährstoffreichen, meist kalkhaltigen Böden. Fast ganz Europa.*

> ***Blätter handförmig 7-teilig***
> ***tritt oft in Gruppen auf***
> ***der ähnliche Wald-Storchschnabel blüht rotviolett***

Im unteren Teil der Frucht sitzen 5 Samen. Der obere, lang gestreckte, samenlose Abschnitt („Schnabel") hilft bei der Verbreitung: Beim Austrocknen spannen sich seine Abschnitte und rollen sich plötzlich von unten her wie eine Uhrfeder auf. Die Samen werden dabei katapultartig bis über 2 m weit weggeschleudert.

Strand-Mannstreu

Eryngium maritimum (Doldengewächse)
H 20–60 cm   Juni–Aug.   zweijährig, Staude

Vorkommen *Lückig bewachsene Dünen und Sandböden der Küsten ganz Europas.*

> ***sieht aus wie eine Distel, gehört aber zu den Doldengewächsen***
> ***gefährdet und deshalb geschützt***

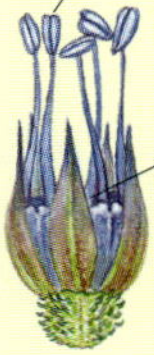

Die aparten Blütenstängel waren bei Strandtouristen für Trockensträuße beliebt. Der deutsche Name geht vermutlich auf die frühere Verwendung von Mannstreu als Liebesmittel zurück. Andere, ironische Erklärungen vergleichen die abgerissenen, vom Wind unstet umhergeblasenen Pflanzen mit der Treue der Männer.

Alpen-Mannstreu

Eryngium alpinum (Doldengewächse)
H 30–80 cm Juli–Aug. Staude

Nachts und bei Feuchtigkeit schließen sich die auffälligen Hüllblätter über das Köpfchen. Sie locken Bestäuber an und schützen das Köpfchen vor Freßfeinden - nicht jedoch vor dem Menschen. Da die Blütenstände auch in Trockengestecken schön bleiben, sind die Pflanzen an den Wildstandorten durch Pflücken gefährdet und unter Schutz gestellt.

***Vorkommen** Bergwiesen, steinige Rasen, Staudenbestände. Auf kalkhaltigen Böden in Höhen von 1500 bis 2500 m in den Alpen und dem nördlichen Balkan.*

- ***heißt auch „Edeldistel"***
- ***nicht mit den echten Disteln verwandt***
- ***fällt von Weitem auf***

Schon gewusst?

Das Gewürz „Culentro" stammt von einem nah verwandten Mannstreu aus Mittelamerika. Seine frischen, klein gehackten Blätter schmecken herb, etwas nach Koriander. Sie würzen besonders Speisen der Karibik und Vietnams.

Stängelloser Kalk-Enzian

Gentiana clusii (Enziangewächse)

H 5–10 cm Mai–Aug. Staude

***Vorkommen** Magere, steinige Rasen, magere Bergwiesen in den Gebirgen Europas in Höhen von 1200 bis 2800 m. Auf kalkarmen Böden.*

> ***eine der bekanntesten Alpenblumen***
> ***der ähnliche Stängellose Silikat-Enzian hat innen olivgrün gestreifte Blüten***

Die Blüten sind nach unten hin lichtdurchlässig und am Grund in fünf Kammern geteilt. Hummeln krabbeln der Helligkeit folgend hinein und saugen Nektar aus den Kammern. Der Stängellose Kalk-Enzian und andere blaue Enzianarten zieren häufig zu Unrecht die Etiketten von Enzianschnaps: Diesen gewinnt man aus Gelbem Enzian (S. 233).

Schwalbenwurz-Enzian

Gentiana asclepiadea (Enziangewächse)

H 30–80 cm Juli–Sept. Staude

***Vorkommen** Moorwiesen, Bergwälder, Waldränder. Auf feuchten Böden auch im Schatten. In den Gebirgen Mittel- und Südeuropas bis in Höhen um 2200 m.*

> ***bildet meist mehrere blühende Stängel***
> ***heißt auch „Dorant"***
> ***galt früher als Mittel gegen Verzauberung und Hexen***

Der Name „Schwalbenwurz-Enzian" deutet auf die Ähnlichkeit nicht blühender Pflanzen mit der Weißen Schwalbenwurz (S. 124) hin. Im schattigen Wald stellen sich die Blätter in zwei Zeilen waagerecht zum Licht, um dieses optimal ausnutzen zu können, an hellen Standorten stehen die Blätter nach allen Seiten ab.

Frühlings-Enzian

Gentiana verna (Enziangewächse)

H 5–20 cm März–Aug. Staude

Blüten mit reinem Blau gibt es im Pflanzenreich nicht so häufig, wohl aber bei Enzianen. Da Blau für Treue steht, wurden diese, also auch der Frühlings-Enzian, zu Treuesymbolen. Die Blüten reagieren sensibel auf Temperatur und Erschütterungen durch Regen oder Wind: Bei schlechtem Wetter oder Temperaturen unter 10 °C schließen sie sich.

Vorkommen **Vorkommen** *Magere Rasen, Schafweiden, Flachmoore. Auf meist kalkreichen Böden. Gebirge in Mittel- und Südeuropa.*

> ***wächst oft in Gruppen***
> ***blüht gelegentlich im Herbst ein 2. Mal***
> ***heißt auch „Schusternagel"***

Kleines Immergrün

Vinca minor (Hundsgiftgewächse)

H 15–20 cm April–Mai Staude ☠,

Das Kleine Immergrün kam im Mittelalter als Gartenpflanze zu uns und verwilderte vielerorts. Die Pflanze vermehrt sich fast ausschließlich über Ausläufer, Samen werden nur sehr selten ausgebildet. Daher erfolgt eine Fernausbreitung fast nur durch den Menschen und Standorte im Wald zeigen oft noch heute die Lage ehemaliger Siedlungen an.

Vorkommen *Artenreiche Laubwälder vor allem in der Nähe von ehemaligen Burgen und Siedlungen. Auf nährstoffreichen Böden. Mittel- und Südeuropa.*

> ***Stängel können im Jahr bis 2 m wachsen***
> ***bedeckt oft große Flächen***
> ***erträgt schattige Standorte***

Bittersüßer Nachtschatten

Solanum dulcamara (Nachtschattengewächse)

H 30–200 cm Juni–Aug. Strauch ☠

Vorkommen *Feuchte Gebüsche, Grabenränder, Flussufer, Erlenwälder, Waldschläge. Meist auf nassen bis feuchten Böden. Fast ganz Europa.*

- ***hat oft Blüten und Früchte gleichzeitig***
- ***wächst etwas windend***
- ***Blätter sehr variabel, eiförmig oder fiederteilig***

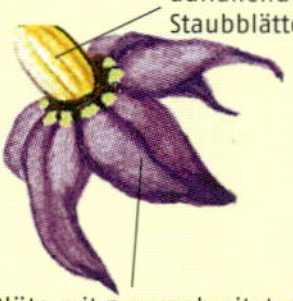

Die ganze Pflanze enthält Giftstoffe, die zu Krämpfen und Atemlähmung führen können. Deshalb muss dringend davon abgeraten werden, selbst zu testen, ob die Früchte wirklich anfangs bitter und dann süß schmecken, wie es der Name verheißt. Medikamente aus den Stängeln helfen bei chronischen Ekzemen.

Sodomsapfel

Solanum sodomaeum (Nachtschattengewächse)

H 50–300 cm Mai–Sept. Strauch ☠

Vorkommen *Im Mittelmeerraum eingebürgert an Wegrändern, auf Schuttplätzen und an sandigen Stränden.*

- ***Blüten und Früchte oft gleichzeitig vorhanden***
- ***stammt aus S-Afrika***
- ***äußerst stacheliger, sparriger Strauch***

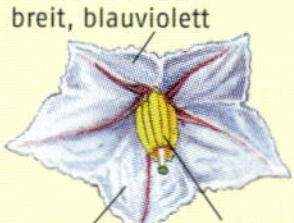

„Sodomsäpfel" gelten in der Literatur als Symbol für Falschheit und Heuchelei. Sie täuschen nur von außen Essbarkeit vor. Außer dem Nachtschattengewächs trägt auch noch eine mit der Weißen Schwalbenwurz (S. 124w) verwandte Pflanze diesen deutschen Namen. Der Bibel nach wurden die Städte Sodom und Gomorrha von Gott wegen ihrer Sünden vernichtet.

Alraune

Mandragora officinarum (Nachtschattengewächse)
H 10–20 cm Febr.–Mai ☠

Die Alraune gehört zu den bedeutendsten Pflanzen des Aberglaubens. Der Legende nach sollte ihre Wurzel den Geldbeutel füllen und Liebe und Glück bringen. Allerdings galt es als sehr gefährlich, sie auszugraben: Man musste, ohne diese zu berühren, einen schwarzen Hund mit dem Schwanz an ihre Wurzel binden. Dann sollte der Hund geschlagen werden, damit er fortsprang und die Wurzel herauszog. Die Alraune ließ nun einen Schrei los, durch den der Hund sofort tot umfiel.

Schon gewusst?

Je nach Form der Wurzeln unterschied man Alraunen-Männer und -Frauen. Wer eine der wertvollen „Menschenwurzeln" besaß, bewahrte sie sorgfältig auf, kleidete sie und versorgte sie mit Nahrung und Getränken. Bei guter Pflege sollte ihre Kraft besonders groß sein.

Vorkommen *Ödflächen, Schuttplätze, Olivenhaine, Wegränder. An sonnigen Standorten in tieferen Lagen. Mittelmeerraum.*

> ***berühmte Zauberpflanze***
> ***soll bis 50 Jahre alt werden***
> ***Blätter erinnern an Spinat oder Mangold***

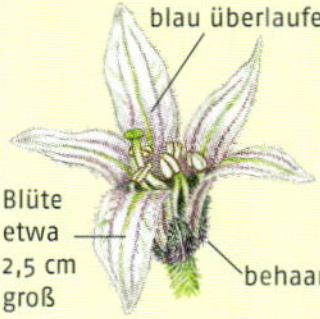

Blaue Himmelsleiter

Polemonium caeruleum (Sperrkrautgewächse)
H 30–80 cm Juni–Juli Staude

Vorkommen *Wild in feuchten Wiesen, an Bächen und Flüssen. Verwildert an Wegen und Mauern. Auf feuchten Böden. Nord- und Mitteleuropa.*

> ***in Bauerngärten beliebte und robuste Zierpflanze***
> ***kann auch weiß blühen***
> ***Wildvorkommen geschützt***

„Himmelsleiter" bezieht sich auf die leiterartig gefiederten Blätter, über denen himmelblaue Blüten stehen. Die Pflanze trägt in Anlehnung an den biblischen Stammvater Jakob, der im Traum eine Leiter von der Erde bis zum Himmel sah, auch den Namen „Jakobsleiter". Besonders vom 16. bis ins 19. Jahrhundert wuchs sie häufig in den Gärten.

Rainfarnblättriges Büschelschön

Phacelia tanacetifolia (Wasserblattgewächse)
H 30–70 cm Juni–Okt. einjährig

Vorkommen *Stammt aus Kalifornien. In Europa angepflanzt und verwildert auf im Sommer warmen Ödflächen, an Wegrändern, in Weinbergen.*

> ***zaubert „blaue Felder"***
> ***Blätter erinnern an die des Rainfarns (S. 251)***
> ***hat bei uns keine Schädlinge***

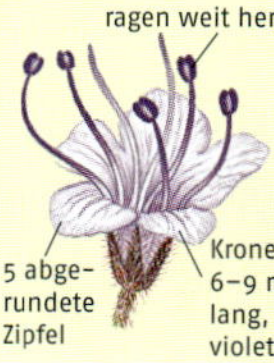

Felder mit Büschelschön bieten Bienen reichlich Nektar, eignen sich als schnellwachsende Gründüngung oder liefern Silagefutter für das Vieh. Seit mehreren Jahren säen Landwirte deshalb Brachäcker häufig mit der schönen Pflanze ein. Von dort aus verwildert sie immer wieder, kann sich jedoch meist nicht über längere Zeit an den neuen Standorten halten.

Blauroter Steinsame

Lithospermum purpurocaeruleum (Raublattgewächse)
H 30–60 cm April–Juni Staude ☠

Aus jeder Blüte können vier einsamige, porzellanartige, weiße bis hellbraune, steinharte Früchtchen entstehen. Diese bleiben vom Kelch umgeben und fallen erst im Winter aus den abgetrockneten Pflanzen. Außer über Samen vermehrt sich die Pflanze mit Kriechsprossen, die dichte Rasen bilden.

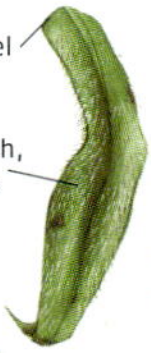

***Vorkommen** Sonnige, lichte Wälder, Wald- und Gebüschränder auf trockenen, flachgründigen Kalkböden. Mittel- und Südeuropa.*

> ***Blütenfarbe ändert sich von Rotviolett nach Blau***
> ***benötigt Wärme***
> ***wächst auch im Schatten, blüht dort aber nicht***

Sumpf-Vergissmeinnicht

Myosotis scorpioides (Raublattgewächse)
H 10–100 cm Mai–Sept. Staude

Vergissmeinnicht gilt in der Poesie und in Volkssagen als Blume der Liebenden. Es sollte als Liebesmittel wirken und beim Abschied die Erinnerung wachhalten. Vielleicht führten die vielen, über lange Zeit aufblühenden Blüten zu einem Vergleich mit immer wieder neu aufblühender Liebe und Freundschaft. In vielen Sprachen vergleicht man die Blüten auch mit einem Auge.

***Vorkommen** Nasse Wiesen, Gräben, Ufer, Auenwälder. Auf nassen Böden von der Ebene bis ins Gebirge. Ganz Europa.*

> ***braucht Feuchtigkeit***
> ***der gelbe Blütenring wirkt attraktiv auf Insekten***
> ***Blüten ändern ihre Farbe von Rötlich nach Blau***

Gewöhnliche Ochsenzunge

Anchusa officinalis (Raublattgewächse)

H 30–80 cm Mai–Aug. zweijährig, Staude

Vorkommen *Unkrautbestände an Wegrändern, auf Schuttplätzen, Ödflächen. Auf sandigen bis kiesigen Böden an sonnigen Standorten. Fast ganz Europa.*

- > ***Blüten nach dem Öffnen anfangs karminrot***
- > ***braucht viel Wärme***
- > ***die Wurzeln dringen tief in den Boden ein***

Die rau behaarten Blätter erinnern wirklich etwas an die Zungen von Ochsen. Früher empfahl man die Pflanze ähnlich wie Beinwell (S. 49rt) äußerlich bei Prellungen, Knochen- und Gelenkerkrankungen sowie auch innerlich gegen Husten. Da sie jedoch Giftstoffe enthält, die die Leber schädigen und Krebs auslösen können, sollte man sie heute nicht mehr anwenden.

Echtes Lungenkraut

Pulmonaria officinalis (Raublattgewächse)

H 10–30 cm März–Mai Staude

Vorkommen *Wälder mit krautreichem Unterwuchs, Gebüsche, Waldränder. Auf eher feuchten Böden von der Ebene bis ins Gebirge. Fast ganz Europa.*

- > ***wächst im Schatten oder Halbschatten***
- > ***Blüten ändern ihre Farbe von Rot nach Blau***
- > ***für Wildpflanzengärten geeignet***

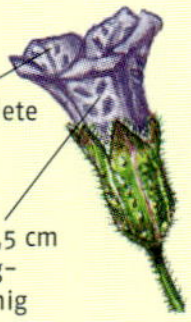

Der Farbwechsel der Blüten erinnert an die Farbänderungen einer Lunge. Je nachdem wieviel Sauerstoff diese enthält, wirkt sie rot oder blau. Dies sowie das an Lungengewebe erinnernde Fleckenmuster auf den Blättern trugen wohl zum Namen bei. Mit der Pflanze versuchte man früher auch, Lungenkrankheiten wie Tuberkulose zu behandeln.

Boretsch

Borago officinalis (Raublattgewächse)
H 20–70 cm April–Sept. einjährig

In vielen Gärten wächst die Pflanze als „Gurkenkraut“ zum Würzen von grünem Salat und Gurkensalat. In der Antike meinte man, die Pflanze würde das Gemüt aufhellen und Männer glücklich und stark machen. Im 16. Jahrhundert galt sie als eines der besten herzstärkenden Mittel. Heute verwendet man in der Heilkunde insbesondere das aus den Samen gepresste Öl, das sich bei Neurodermitis bewährt hat.

Vorkommen *Kulturland, Brachflächen, Ödland, Wegränder, Schuttplätze. An sonnigen, warmen Standorten. Mittelmeerraum.*

> ***blüht über einen langen Zeitraum***
> ***in Mitteleuropa gelegentlich aus Gärten verwildert***
> ***riecht und schmeckt gurkenähnlich***

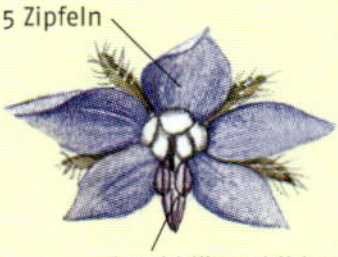

Schon gewusst?

An den Samen des Boretsch sitzt ein nahrhaftes Anhängsel, das man auch „Botenbrot“ nennt. Ameisen verschleppen die Samen, bevor sie das Anhängsel fressen und sorgen so für die Verbreitung der Pflanze.

Gewöhnliches Eisenkraut

Verbena officinalis (Eisenkrautgewächse)

H 30–100 cm Juli–Sept. einjährig, Staude

Vorkommen *Schuttplätze, Weiden, Wegränder, Mauern, Gräben. Auf mäßig trockenen bis feuchten Böden. Fast ganz Europa.*

> ***lockt Bienen an***
> ***zeigt Stickstoff an***
> ***blüht unscheinbar, fällt aber durch den sparrigen Wuchs auf***

In der Antike galt das Gewöhnliche Eisenkraut als Glückspflanze. Früher sollte man mit ihm als Zauberpflanze auch Eisen härten und Gewitter abwenden können. Diese Wirkung auf Eisen ist jedoch weniger mystisch als man annahm: Gibt man das Kraut in eine Eisenschmelze, härtet der in ihr – und in jeder anderen Pflanze – enthaltene Kohlenstoff das Metall.

Berg-Sandglöckchen

Jasione montana (Glockenblumengewächse)

H 10–45 cm Juni–Aug. ein- bis zweijährig

Vorkommen *Kalkarme, lückige Sandtrockenrasen, Dünen, Felsköpfe, lichte Böschungen, Raine. Auf offenen Böden. Fast ganz Europa.*

> ***Kronzipfel junger Blüten miteinander verbunden***
> ***wirkt sehr zart***
> ***eignet sich gut für Wildpflanzengärten***

Die Wurzeln des Berg-Sandglöckchens reichen bis 1 m tief in den Boden und können so auch an sandigen Standorten noch genügend Wasser aufnehmen. Entgegen des Namens wächst die Pflanze nicht nur in den Bergen.

Schwarze Teufelskralle

Phyteuma nigrum (Glockenblumengewächse)
H 20–50 cm Mai–Juli Staude

Die Krone reißt mit 5 Längsrissen auf. Anfangs sind die Zipfel an den Spitzen noch miteinander verbunden, die Staubbeutel werden dadurch an den Griffel gedrückt und geben den dunkelroten Pollen frei. Später trennen sich die Kronzipfel auch an den Spitzen und die Narben entfalten sich. Die Blüten locken Bienen und Schwebfliegen an.

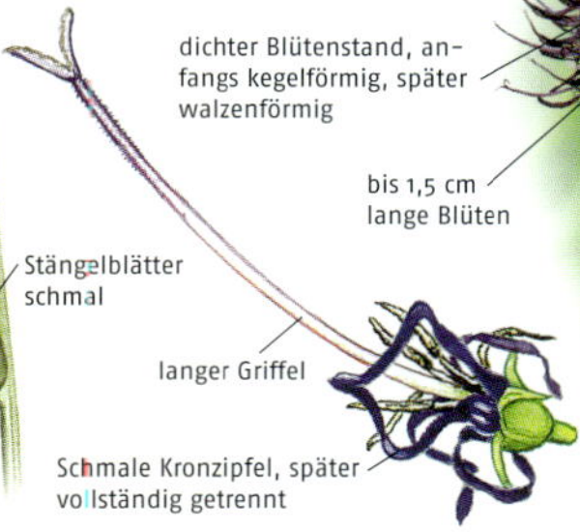

Vorkommen *Laubmischwälder, Bergwiesen. Vor allem in den Mittelgebirgen und Gebirgen mit Silikatgestein. Mitteleuropa.*

> ***die Teufelskralle mit den dunkelsten Blüten***
> ***Blütenähre streckt sich in die Länge***
> ***blüht auch im Schatten***

Kugelige Teufelskralle

Phyteuma orbiculare (Glockenblumengewächse)
H 15–60 cm Juni–Sept. Staude

Der Name „Teufelskralle" bezieht sich auf die krallenartig eingekrümmten Blütenknospen, eine Eigenheit, die bei der Kugeligen Teufelskralle besonders gut zu erkennen ist. Auf diese Form nehmen auch die meisten Dialektnamen Bezug, wie „Katzenkralle" oder „Kuhhörner".

Vorkommen *Magere Wiesen, steinige Rasen über Kalk, Moorwiesen. Von der Ebene bis auf über 2500 m. Mittel- und Südeuropa.*

> ***leuchtend blaue Blütenköpfe ragen weit empor***
> ***wächst oft zu vielen locker beieinander***
> ***braucht viel Licht***

Wiesen-Glockenblume

Campanula patula (Glockenblumengewächse)

H 30–60 cm   Mai–Juli   zweijährig

Vorkommen *Wiesen, Weiden, Wegränder, Brachflächen. Auf nährstoffreichen Böden an sonnigen Standorten. Fast ganz Europa.*

- ***eine der häufigsten Glockenblumen***
- ***wärmeliebend***
- ***für Wildpflanzengärten geeignet***

Nachts und bei trübem Wetter hängen die Blüten abwärts und schützen dadurch den Blütenstaub vor Regen und Tau. Bei schönem Wetter richten sie sich auf und drehen sich am Stängel in Richtung Sonne.

Rundblättrige Glockenblume

Campanula rotundifolia (Glockenblumengewächse)

H 15–30 cm   Juni–Okt.   Staude

Vorkommen *Magere Rasen und Wiesen, Heiden, lichte Wälder, Wald- und Wegränder, Felsspalten, Mauerritzen. Ganz Europa, im Süden in den Gebirgen.*

- ***wächst oft in Gruppen***
- ***zeigt magere Böden an***
- ***dringt mit langen Wurzeln tief in Spalten ein***

„Rundblättrig" bezieht sich auf die untersten Blätter der Pflanze. Diese sind jedoch zur Zeit der Blüte meist abgestorben, so dass man sich dann zu Recht fragt, wie die Glockenblume zu ihrem Namen gekommen ist. An schattigen Standorten blüht sie nicht, die unteren Blätter bleiben erhalten und die kurzen Stängel tragen ein paar wenige Stängelblätter.

Knäuel-Glockenblume

Campanula glomerata (Glockenblumengewächse)

H 30–60 cm Juni–Sept. Staude

Der Farbstoff, der das schöne Blau von Glockenblumen-Blüten verursacht, reagiert empfindlich auf Säure. Legt man eine Blüte in einen Ameisenhaufen oder bringt einen Tropfen Essig darauf, färbt sie sich sofort rot.

Vorkommen *Bergwiesen, lichte Wälder, Heideflächen. Bis in Höhen von 2800 m. Auf sauren Böden.*

> ***Blüten immer dicht beieinander***
> ***blüht selten auch weiß***
> ***schön in Wildpflanzengärten***

Gewöhnlicher Feldsalat

Valerianella locusta (Baldriangewächse)

H 5–15 cm April–Mai einjährig

Die Samen keimen im Herbst, den Winter überdauert die Pflanze mit einer grünen Blattrosette. Diese ist frosthart und liefert aromatischen, sehr wertvollen Wintersalat mit hohem Gehalt an Mineralstoffen und Vitaminen. Wahrscheinlich kultivierte man den Gewöhnlichen Feldsalat erst ab dem 18. Jahrhundert als Salatpflanze. In der Schweiz nennt man ihn „Nüsslisalat", bei uns auch „Rapunzel".

Vorkommen *Äcker, Brachfelder, Weinberge, Ödflächen, Wegböschungen, Straßenränder. Ganz Europa.*

> ***Früchte locken Vögel an***
> ***häufig als Salatpflanze angesät***
> ***erinnert im Geschmack etwas an Nüsse***

Gewöhnliche Kuhschelle

Pulsatilla vulgaris (Hahnenfußgewächse)

H 5–50 cm April–Mai Staude ☠

Vorkommen *Magerrasen, seltener Kalk-Kiefernwälder. Auf warmen, trockenen, meist kalkhaltigen, nährstoffarmen Böden in West- und Mitteleuropa.*

- ***Blüten schließen sich über Nacht***
- ***Wurzeln reichen bis über 1 m tief***
- ***für Steingärten geeignet***

Die Blüten, die sich im Wind hin und her bewegen, erinnern etwas an Kuhglocken und gaben der Pflanze den Namen. Die Haare an den Früchtchen spreizen sich bei Trockenheit ab und sorgen dafür, dass der Wind sie gut wegblasen kann. Aus der verwandten Wiesen-Kuhschelle, die nickende, schwarzviolette Blüten hat, gewinnt man eines der wichtigsten homöopathischen Arzneimittel, das zum Beispiel bei Erkrankungen der Geschlechtsorgane und Neigung zu Erkältungen helfen kann.

Schon gewusst?

Bei der besonders in den Alpen bis in Höhen um 3600 m wachsenden Frühlings-Kuhschelle sind Blütenstiele und Blütenblätter noch viel dichter bahaart. Der goldgelbe Pelz schützt die Pflanzen gut vor Frost.

Gewöhnliche Akelei

Aquilegia vulgaris (Hahnenfußgewächse)

H 40–80 cm Mai–Juli Staude ☠

Wenn langrüsselige Hummeln in die Blütentüten kriechen, können sie Nektar aus dem Spornende saugen. Kurzrüsselige Hummeln dagegen beißen oft das Ende des Sporns von außen auf und stehlen von dort Nektar, ohne die Blüten zu bestäuben. Durch diese Löcher holen sich auch Bienen den süßen Saft.

Vorkommen *Lichte Laubwälder, Gebüsche, Hecken, schattige Wiesen. Meist auf Kalkböden. Von der Ebene bis auf 2000 m. Fast ganz Europa.*

> ***blüht selten rosa oder weiß***
> ***wärmeliebend***
> ***als Zierpflanze oft in Gärten***

Schon gewusst?

Bei Kultursorten treten alle Farbübergänge von Weiß bis Dunkelviolett auf. Außerdem ist häufig die Anzahl der sporntragenden Blütenblätter erhöht, die dann wie Füllhörner ineinanderstecken können. In Gärten wachsen auch Arten aus Asien und Amerika.

Leberblümchen

Hepatica nobilis (Hahnenfußgewächse)

H 5–15 cm   März–April   Staude   ☠

***Vorkommen** Krautreiche Buchen- und Eichenwälder. Zeigt kalkreichen Boden an. Fast ganz Europa.*

> ***blüht selten auch weiß***
> ***Blüten schließen sich nachts und bei schlechtem Wetter***
> ***braucht im Sommer warme Standorte***

Im Mittelalter stufte man das Leberblümchen aufgrund der an eine Leber erinnernden Blattform als wirksam gegen Leberleiden ein. Auch die frühen Siedler Nordamerikas setzten die Pflanze gegen Hepatitis ein. Eine entsprechende medizinische Wirkung lässt sich jedoch bis heute wissenschaftlich nicht belegen.

Gewöhnliches Alpenglöckchen

Soldanella alpina (Primelgewächse)

H 5–15 cm   April–Juli   Staude

***Vorkommen** Bergwiesen, Bergweiden in Gebirgen Mittel- und Südeuropas oberhalb der Waldgrenze bis in Höhen um 2000 m.*

> ***wächst auf vom Schnee feuchten Böden***
> ***überwintert mit grünen Blättern unter dem Schnee***
> ***heißt auch „Alpen-Troddelblume"***

Die Pflanzen blühen sofort nach der Schneeschmelze. Oft ragen die Blütenstängel noch direkt aus dem Schnee. Die dunklen Stängel erwärmen sich dann durch die Sonne und Eigenwärme und schmelzen rund um sich etwas von der weißen Pracht weg. So kann die Pflanze rasch wieder ihren Stoffwechsel ankurbeln und Kohlenhydrate bilden.

Kalk-Aster

Aster amellus (Korbblütengewächse)
H 20–40 cm Juli–Sept. Staude

Die Blätter der Kalk-Aster sind meist aufrecht gerichtet. Hierdurch sind sie nicht so stark der Sonnenbestrahlung ausgesetzt, die Verdunstung ist geringer. Auch die Behaarung dient als Verdunstungsschutz. Trotz dieser Anpassungen leidet die Art bei zu starker Dürre, Blätter und Knospen sterben dann ab.

Vorkommen *Gebüschränder, Wegraine, Trockenrasen, lichte Kiefernwälder. Auf Kalkböden an trockenen Standorten. Mittel- und Südosteuropa.*

> ***lockt Fliegen und Schmetterlinge an***
> ***zusammen mit anderen Astern als Gartenzierpflanze***
> ***braucht mageren Boden***

Strand-Aster

Aster tripolium (Korbblütengewächse)
H 15–60 cm Juli–Sept. zweijährig

Die Strand-Aster nimmt mit dem Wasser aus dem Boden auch das für ihren Stoffwechsel giftige Salz ihres Standorts auf. Dieses lagert sie jedoch ausschließlich in den unteren Stängelblättern ab. Ist in diesen Blättern eine tödliche Salzkonzentration erreicht, werden sie gelb und sterben ab. Durch ihr Abwerfen wird das Salz aus der Pflanze entfernt.

Vorkommen *Salzwiesen an den Meeresküsten, im Binnenland an Salzstellen. Küsten ganz Europas.*

> ***Blätter dicklich, fleischig***
> ***kann große Flächen bedecken***
> ***ist an salzhaltige Standorte angepasst***

Drüsige Kugeldistel

Echinops sphaerocephalus (Korbblütengewächse)

H 60–180 cm Juni–Aug. Staude

Vorkommen *Wegränder, Bahndämme, Ödflächen. An trockenen, warmen Standorten. Mittel- und Südeuropa.*

> ***typische igelförmige Blütenköpfe***
>
> ***bieten Bienen reichlich Nahrung***
>
> ***Früchte locken körnerfressende Vögel an***

Die Heimat dieser Pflanze liegt im Mittelmeerraum. In Mitteleuropa wird sie seit dem 16. Jahrhundert zur Zierde kultiviert und konnte aus den Gärten verwildern. Beim Aufblühen wirken die Blütenköpfe blau, später grau oder weißlich. Sie locken Bienen an. Der Blütenstaub ist blau gefärbt, so dass die sammelnden Bienen auffällig blaue Höschen bekommen.

Berg-Flockenblume

Centaurea montana (Korbblütengewächse)

H 30–60 cm Mai–Okt. Staude

Vorkommen *Felsige Hänge, Berg- und Schluchtwälder, Bergwiesen. In mittel- und südeuropäischen Gebirgen bis in Höhen um 2000 m.*

> ***Stängel wirkt etwas geflügelt***
>
> ***braucht Feuchtigkeit***
>
> ***auch in Gärten kultiviert und gelegentlich verwildert***

Bei allen Flockenblumen zieht sich bei Berührung die Staubbeutelröhre nach unten und ein gelbes Paket aus Blütenstaub wird sichtbar. Bei der Berg-Flockenblume lässt sich der Vorgang gut beobachten, wenn man mit dem Finger auf das Körbchen tippt. Innerhalb weniger Sekunden erscheint der Pollen und einige Minuten später kehren die Staubbeutel in ihre Ausgangslage zurück.

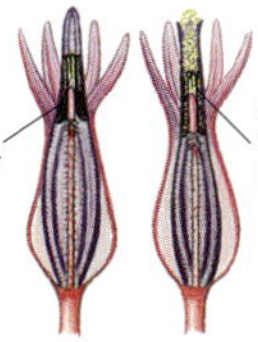

Kornblume

Centaurea cyanus (Korbblütengewächse)
H 30–60 cm   Juni–Okt.   einjährig

Der preußische Kaiser Wilhelm I. erklärte im 19. Jahrhundert die Kornblume zu seiner Lieblingsblume. Seine Gefolgsleute trugen deshalb Kornblumen am Revers. Mit dem Getreideanbau wurden Kornblumen weltweit verbreitet. Der Einsatz von Unkrautvernichtungsmitteln und Düngern sowie die rasche Bearbeitung von Stoppelfeldern führten zu einem starken Rückgang der Kornblumen seit den 50er Jahren des 20. Jahrhunderts.

Vorkommen *Getreideäcker, Schuttplätze. Auf kalkarmen Böden. Ursprünglich wohl im Nahen Osten beheimatet, heute in ganz Europa.*

> ***braucht Wärme***
> ***die Blüten geben Tee eine schöne Farbe***
> ***oft mit Wildblumenmischungen ausgesät***

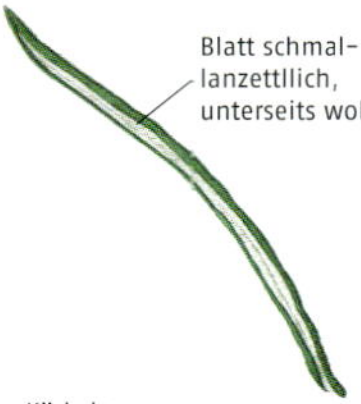

Schon gewusst?

Die Kornblume ist seit 1967 Nationalblume von Estland und symbolisiert den Widerstand gegen den Kommunismus. Die Sowjetbehörden ließen deshalb beim estnischen Sängerfest 1969 alle Kornblumen rot einfärben, damit sie sozialistischen Nelken glichen.

Gewöhnliche Wegwarte

Cichorium intybus (Korbblütengewächse)

H 30–150 cm Juli–Okt. Staude

Vorkommen *Weg- und Straßenränder, Schuttstellen, Ödflächen, Bahndämme. Auf offenen Böden an hellen Standorten. Fast ganz Europa.*

- > **enthält Milchsaft**
- > **erträgt salzhaltigen Boden**
- > **weltweit verschleppt**

Die Blütenkörbchen öffnen sich etwa um 6 Uhr morgens und schließen sich um die Mittagszeit, bei bedecktem Wetter auch etwas später. Der blaue Farbstoff der Blüten ist wasserlöslich und bleicht bei Regen und beim Schließen der Köpfchen aus. Bis kurz nach dem 2. Weltkrieg schätzte man besonders eine Variante der Wegwarte, die eine fleischige Wurzel hat. Diese lieferte Gemüse und diente geröstet als Kaffeeersatz („Zichorienkaffee", „Blümchenkaffee").

Schon gewusst?

Chicoree (links) und Radicchio (rechts) sind verschiedene Kulturformen der Wegwarte, die für Salat verwendet werden.

Weinbergs-Traubenhyazinthe

Muscari neglectum (Hyazinthengewächse)

H 15–30 cm April–Mai Staude

Bis Anfang des 20. Jahrhunderts wuchs die Weinbergs-Traubenhyazinthe oft in Massen in den Weinbergen. Heute ist sie viel seltener. Verantwortlich für den Rückgang ist besonders die heute übliche tiefere Bodenbearbeitung, bei der die Zwiebeln zerstört werden. Unkrautbekämpfungsmittel dagegen schädigen die Pflanzen weniger.

Vorkommen *Weinberge, sonnige Böschungen, Halbtrockenrasen. Benötigt wärmere Standorte. Süd- und Mitteleuropa.*

> ***kam mit dem Weinbau nach Mitteleuropa***
> ***wächst meist in Gruppen***
> ***Blüten duften etwas nach Pflaumen***

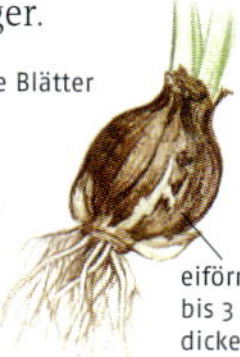

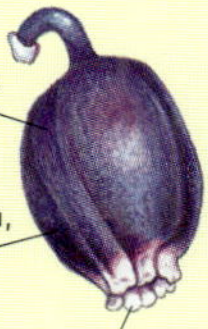

Zweiblättriger Blaustern

Scilla bifolia (Hyazinthengewächse)

H 10–20 cm März–April Staude ☠

An vielen Wildstandorten ist der hübsche Zweiblättrige Blaustern durch Pflücken gefährdet. Besonders stark schädigt es die Pflanzen, wenn nicht nur der Blütenstängel, sondern auch die beiden Blätter abgerissen werden. Auf Rasenflächen in Gärten wächst meist der ähnliche Sibirische Blaustern aus Russland und Vorderasien mit nickenden Blüten.

Vorkommen *Auenwälder, Auenwiesen, Laubwälder, Obstbaumwiesen in Waldnähe. Auf feuchten Böden im Halbschatten. Mittel- und Südeuropa.*

> ***wächst meist in Gruppen***
> ***blüht selten auch rosa oder weiß***
> ***2 Blätter erscheinen gleichzeitig mit den Blüten***

Deutsche Schwertlilie

Iris germanica (Schwertliliengewächse)
H 30–100 cm Mai–Juni Staude (☠)

Vorkommen *Stammt aus dem östlichen Mittelmeerraum. In Mittel- und ganz Südeuropa an Mauern, Felsen und Böschungen. In Weinbaugegenden verwildert.*

> ***Blüten duften***
> ***vermehrt sich nicht über Samen, sondern durch Teilung des Wurzelstocks***
> ***schöne Gartenpflanze***

Wissenschaftlich heißt die Pflanze „Iris". In der griechischen Mythologie war Iris die Göttin des Regenbogens, die als Botin Nachrichten vom Götterhimmel zu den Menschen und in die Unterwelt brachte. Dass auch die Pflanze so heißt, bezieht sich auf die Farbenpracht vieler Arten. Der gelbe „Bart" auf dem Blütenblatt täuscht eine große Anzahl an Staubblättern vor.

Schon gewusst?
Der getrocknete Wurzelstock riecht veilchenartig. Als „Veilchenwurzel" gab man ihn früher zahnenden Kindern zum Kauen. Er wurde auch bei Erkältungen und in der Parfümerie verwendet.

Blauer Eisenhut

Aconitum napellus (Hahnenfußgewächse)

H 50–150 cm Juni–Aug. Staude ☠

Der Blaue Eisenhut gehört zu den giftigsten Pflanzen – im Altertum galt er als „pflanzliches Arsen". Bereits 1–2 g der Pflanze wirken tödlich. Der Tod tritt unter starken Schmerzen durch Herzstillstand oder Atemlähmung ein. Der vierte römische Kaiser Claudius ist wohl das berühmteste Opfer des Eisenhuts, er wurde von seiner eigenen Frau vergiftet. Der Giftstoff kann auch intakte Haut durchdringen – deshalb beim Umgang mit der Pflanze Gummihandschuhe tragen!

Vorkommen *Auenwälder, feuchte Weiden und Bachränder in den Mittelgebirgen und Gebirgen Mitteleuropas bis in Höhen um 2500 m.*

> ***wurde früher als Pfeilgift verwendet***
> ***der ähnliche Bunte Eisenhut hat blau oder weiß gescheckte Blüten mit höherem Helm***

Schon gewusst?

Hummeln besuchen die Blüten, um Nektar zu sammeln. Entfernt man den Helm, sieht man die beiden lang gezogenen nektarliefernden Blätter. Die Blüte erinnert nun an einen Wagen mit zwei vorgespannten Tieren, weshalb die Pflanze auch „Venuswagen" heißt.

Acker-Rittersporn

Consolida regalis (Hahnenfußgewächse)

H 20–40 cm Mai–Aug. einjährig ☠

***Vorkommen** Getreidefelder, seltener an Wegen und auf Schutt. Warme, nährstoff- und kalkreiche Lehmböden. Mittel- und Südeuropa, Südskandinavien.*

- ***Pflanze wirkt sehr zart***
- ***durch intensiven Ackerbau stark im Rückgang begriffen***
- ***überwintert manchmal als Blattrosette***

Der Sporn birgt süßen Nektar, den nur Hummeln und andere Insekten mit einem mindestens 15 mm langen Rüssel erreichen können. Im 16. und 17. Jahrhundert verwendete man den Acker-Rittersporn als Wundheilmittel, zur Förderung der Geburt und für Augenwasser. Früher färbte man auch Wolle mit den Blüten in einem Blauton.

Schon gewusst?

Die in Gärten wachsenden, über 1,5 m hohen Zierpflanzen sind meist Kulturvarietäten und Kreuzungen anderer Ritterspornarten: des Hohen Rittersporns aus den Ostalpen, des Großblütigen Rittersporns aus Sibirien sowie verschiedener amerikanischer Arten.

Rauhaariges Veilchen

Viola hirta (Veilchengewächse)

H 5–10 cm April–Mai Staude

Viele Menschen lieben den zarten Duft von Veilchen. Kein Wunder also, dass wilde, nicht duftende Veilchen, zu denen auch das Rauhaarige Veilchen gehört, oft etwas abwertend als unnütze „Hundsveilchen" bezeichnet werden. Nach der Blüte biegen sich die Stiele abwärts, so dass die Früchte auf dem Boden liegen.

Vorkommen *Wald- und Gebüschränder, lichte Kiefernwälder, Böschungen, magere Rasen. Auf kalkhaltigen Böden in fast ganz Europa.*

> ***Blüten duften nicht***
> ***bevorzugt warme Standorte***
> ***bildet oft große Gruppen***

Wohlriechendes Veilchen

Viola odorata (Veilchengewächse)

H 5–10 cm März–April Staude

Die Blüten enthalten ein wohlriechendes Öl, das beruhigend auf die Nerven wirken soll. Veilchenduft für Seifen, Parfüm usw. kann jedoch seit Ende des 19. Jahrhunderts auch künstlich hergestellt werden. Bei der „Veilchenwurzel" aus der Apotheke handelt es sich allerdings um den schwach nach Veilchen duftenden Wurzelstock der Deutschen Schwertlilie (S. 182).

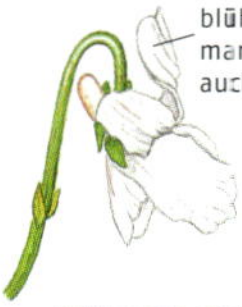

Vorkommen *Bachauen, Waldränder, Gebüsche, Wegraine, Parks, Gärten, Friedhöfe. Mittelmeerraum, West- und Mitteleuropa.*

> ***braucht mildes Klima***
> ***zeigt nährstoffreiche Böden an***
> ***wächst in Mitteleuropa meist in Ortsnähe***

Vielblättrige Lupine

Lupinus polyphyllus (Schmetterlingsblütengewächse)

H 100–150 cm   Juni–Aug.   Staude ☠

Vorkommen *An Böschungen und Waldwegen ausgesät, zum Teil verwildert und eingebürgert. Auf kalkarmen Böden. Fast ganz Europa.*

- > ***Blüten duften***
- > ***stammt aus dem pazifischen Nordamerika***
- > ***Samen bleiben über 50 Jahre lang keimfähig***

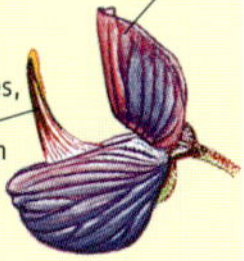

Von der Vielblättrigen Lupine gibt es Sorten mit Bitterstoffen, die stark giftig sind und bitterstoffarme Sorten (Süßlupinen). Die giftigen Sorten eignen sich zur Befestigung von Böschungen und zur Bodenverbesserung. An ihren Wurzeln sitzen für Schmetterlingsblütengewächse typische Knöllchen, in denen Bakterien leben. Diese binden Stickstoff aus der Luft und reichern diesen Nährstoff im Boden an. Süßlupinen liefern sehr gutes Wildfutter.

Schon gewusst?

Für Gärten gibt es viele Lupinensorten mit Blütenfarben von Weiß bis Rot und Gelb oder auch zweifarbig. Sie bilden dichte Büschel und üppige Blütenstände.

Saat-Luzerne

Medicago sativa (Schmetterlingsblütengewächse)
H 30–80 cm   Juni–Sept.   Staude

„Luzerne" bedeutet „Leuchte" und bezieht sich auf die hell glänzenden Samen. Die Pflanze stammt urspünglich aus dem Gebiet um das Kaspische Meer. Sie wird seit der Antike kultiviert. Ihre Bedeutung stieg, als man Kriege zu Pferde durchführte und deshalb vermehrt Futter benötigte. Noch heute gehört sie bei uns zu den wichtigsten Grünfutterpflanzen.

***Vorkommen** Magere Wiesen, Wegränder, Böschungen. Auf warmen Böden. Besonders in Bastardsorten häufig gepflanzt. Ganz Europa.*

- > ***heißt auch „Blauklee" und „Alfalfa"***
- > ***wirkt bodenverbessernd***
- > ***Bastarde haben schmutzige Blütenfarben***

Gewöhnliche Vogel-Wicke

Vicia cracca (Schmetterlingsblütengewächse)
H 30–120 cm   Juni–Aug.   Staude

Auf der Suche nach einem Halt führen die Ranken kreisende Bewegungen durch. Erhalten sie Kontakt, reagieren sie sofort, halten sich fest und wickeln sich spiralförmig auf. Früher war die Gewöhnliche Vogel-Wicke ein gefürchtetes Unkraut in Feldern. Ein alter Bauernspruch besagt: „Raden, Trespen und Vogel-Wicken bringen den Bauern auf den Rücken".

***Vorkommen** Wiesen, Weiden, Äcker, Ödflächen, Waldränder, Gebüsche und Flußufer. Ganz Europa.*

- > ***hält sich mit Ranken an anderen Pflanzen fest***
- > ***Blüten können blau- oder rotviolett sein***
- > ***Vögel fressen die Samen***

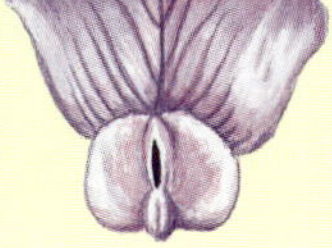

Zaun-Wicke

Vicia sepium (Schmetterlingsblütengewächse)
H 30–60 cm Mai–Juni Staude

Vorkommen *Wiesen, Wegränder, Ödflächen, Gebüsche, Waldränder, Waldlichtungen. Fast ganz Europa.*

> ***Blüten wirken oft schmutzig***
> ***zeigt Nährstoffreichtum an***
> ***meist krabbeln Ameisen auf der Pflanze herum***

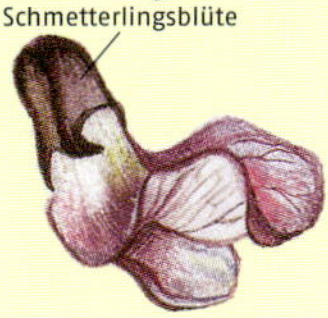

Rätselhaft scheint der reichliche Besuch der Zaun-Wicke durch Ameisen. Das Geheimnis dahinter liegt in den glänzenden dunklen Gruben, die auf der Unterseite der direkt am Stängel sitzenden Nebenblättchen sitzen: Sie sondern etwas süßen Nektar ab, der für die Ameisen eine willkommene Futterquelle ist. Als Gegenleistung halten die kleinen Besucher Ungeziefer wie pflanzenfressende Raupen fern.

Pechklee

Bituminaria bituminosa (Schmetterlingsblütengewächse)
H 20–100 cm April–Aug. Staude

Vorkommen *Wegränder, Brachflächen, Unkrautbestände, Olivenhaine. Besonders an trockenen, sonnigen Standorten. Mittelmeerraum.*

> ***riecht meist durchdringend nach Teer***
> ***blüht gelegentlich auch weiß***
> ***braucht Wärme***

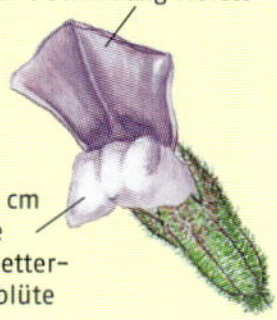

Wer einmal den teer- oder asphaltartigen Geruch der Pflanze wahrgenommen hat, wird die Art immer wiedererkennen. Früher galten die Blätter in der Heilkunde als stärkendes Mittel. Sie sollten auch bei Frauenleiden helfen. Heute findet die Pflanze keine Verwendung mehr.

Gewöhnlicher Natternkopf

Echium vulgare (Raublattgewächse)

H 25–100 cm Mai–Sept. zweijährig ☠

Die Blüten sind in der Knospe rot, dann rosa und erst ganz geöffnet blau. Hierfür sind Änderungen des Säuregehaltes der Zellen verantwortlich. Geöffnete, jedoch noch rosafarbene Blüten bieten Insekten, besonders Bienen, am meisten Nektar. Mit den weit herausragenden Staubblättern erinnern die Blüten an einen Schlangenkopf. Die Pflanze besitzt mit ihren steifen Borstenhaaren einen wirksamen mechanischen Fraßschutz. Darüber hinaus enthält sie Giftstoffe.

Vorkommen *Unkrautbestände an Wegen, auf Bahngelände, Felsen, Schuttflächen, Ödland, in Steinbrüchen. Ganz Europa.*

> ***Der Blütenstand rollt sich während des Aufblühens immer weiter auseinander***
> ***wächst oft in Gruppen***

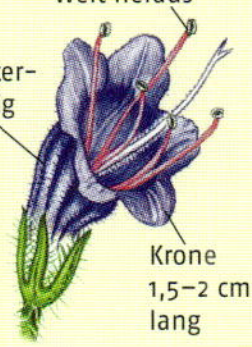

borstige Blattrosette im 1. Jahr

Schon gewusst?

Auf den Kanarischen Inseln wächst die erstaunliche Anzahl von 25 verschiedenen Natternkopf-Arten. 24 davon kommen weltweit nur dort vor. Sie bilden ganz unterschiedliche Formen, von einjährigen und strauchigen Pflanzen bis zu Arten mit 3 m hohen Blütenkerzen.

Mönchspfeffer

Vitex agnus-castus (Eisenkrautgewächse)

H 100–600 cm Juni–Nov. Strauch

***Vorkommen** An Küsten und Flussläufen. Bevorzugt sonnige, warme Standorte mit nährstoffreichem Boden. Mittelmeergebiet.*

> ***Blüten selten auch weiß***
> ***als Kübelpflanze auch in Mitteleuropa***
> ***riecht zerrieben stark aromatisch***

Bereits in der Antike kannte man die Wirkung der Pflanze bei Frauenleiden und weihte sie der Fruchtbarkeitsgöttin Hera, die der Legende nach unter einem Mönchspfefferstrauch geboren wurde. Mönche brachten die Pflanze nach Mitteleuropa und unterdrückten – um ihr Zölibat einhalten zu können – ihren Geschlechtstrieb, indem sie ihre Speisen mit den gemahlenen Früchten würzten. Die Pflanze heißt deshalb auch „Keuschlamm".

Schon gewusst?

In den Früchten enthaltene Substanzen beeinflussen die Bildung von Geschlechtshormonen. Pflanzliche Arzneimittel mit Auszügen aus den Früchten helfen unter anderem bei Menstruationsstörungen.

Kriechender Günsel

Ajuga reptans (Lippenblütengewächse)

H 7–30 cm Mai–Aug. Staude

In manchen Gegenden hieß der Kriechende Günsel früher „Sankt Laurenzkraut“ und wurde als Heilpflanze auf heiße, entzündete Hautstellen gelegt. Der heilige Laurentius war ein Märtyrer, der der Legende nach auf einem glühenden Rost gemartert wurde. Als Zierpflanze in Gärten eignet sich der Kriechende Günsel als Bodendecker.

Vorkommen *Auf Wiesen, Rasenflächen, in Gebüschen, Wäldern mit Unterwuchs, an Rainen. Von der Ebene bis ins Gebirge in fast ganz Europa.*

> ***bildet über den Boden kriechende Ausläufer***
> ***Blätter auch im Winter grün***
> ***zeigt nährstoffreichen, eher feuchten Boden an***

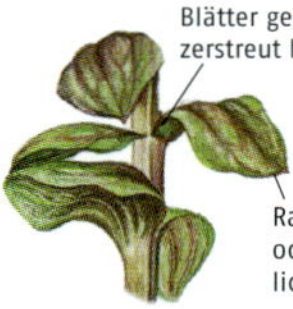

Genfer Günsel

Ajuga genevensis (Lippenblütengewächse)

H 7–30 cm April–Juni Staude

Die Früchtchen sind mit einem fetthaltigen Anhängsel versehen, das einen Leckerbissen für Ameisen darstellt. Diese transportieren deshalb die Früchtchen ab und sorgen so für die Verbreitung der Pflanze. Der Genfer Günsel wurde erstmals aus der Gegend von Genf beschrieben.

Vorkommen *Magere Rasen, Böschungen, Wegraine, trockene Wälder. An meist sonnigen, warmen Standorten auf kalkhaltigen Böden. Mittel- und Südeuropa.*

> ***im Gegensatz zum Kriechenden Günsel ohne Ausläufer***
> ***zottig behaart***
> ***auch schöne Gartenpflanze***

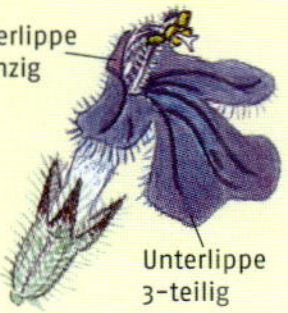

Gewöhnlicher Gundermann

Glechoma hederacea (Lippenblütengewächse)

H 10–40 cm April–Juni Staude

Für die alten Germanen war der Gundermann eine Arznei- und Zauberpflanze. In der Volksheilkunde verwendet man die aromatisch riechende Pflanze noch heute gegen Durchfall, Husten und Hauterkrankungen. Das Kraut schmeckt würzig bitter, mit der Zeit etwas kratzend. Man kann es in Salate und Quark mischen oder zu einem spinatartigen Gemüse kochen. Auf Pferde allerdings sollen größere Mengen der frischen Pflanze tödlich wirken.

Vorkommen *Wiesen, Weiden, Rasenflächen, Auenwälder, Waldränder, Hecken, Böschungen. Auf nährstoffreichen Böden. Ganz Europa.*

> ***Stängel kriechen weit über den Boden***
> ***Blätter auch im Winter grün***
> ***oft Erstbesiedler neu geschaffener Standorte***

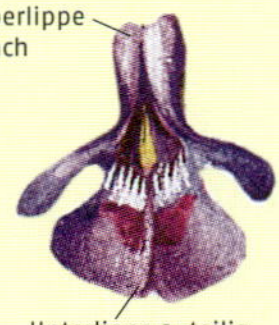

Schon gewusst?

Früher verwendete man den Gewöhnlichen Gundermann auch an Stelle von Hopfen als Bittermittel beim Bierbrauen. Diesem würzenden Zusatz wurde jedoch durch das Reinheitsgebot von 1516 ein Ende gesetzt.

Kleine Braunelle

Prunella vulgaris (Lippenblütengewächse)

H 5–30 cm Juni–Sept. Staude

Der Kelch, der die reifen Früchtchen umgibt, öffnet sich nur bei feuchtem Wetter. Fallen dann Regentropfen darauf, wird er nach unten gedrückt und schleudert beim Zurückschnellen die Früchtchen wie von einem Katapult heraus. Diese sind feucht klebrig und bleiben z. B. an Schuhsohlen hängen.

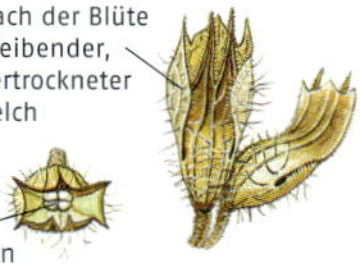

Vorkommen *Wiesen, Weiden, Ufer, Waldwege, Parks, Gartenrasen. Auf frischen oder feuchten Böden an hellen Standorten. Ganz Europa.*

- > ***zeigt Nährstoffreichtum an***
- > ***trockene Fruchtstände lange sichtbar***
- > ***die ähnliche Großblütige Braunelle hat bis 2,5 cm große Blüten***

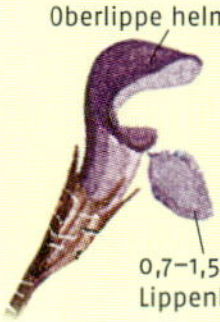

Sumpf-Helmkraut

Scutellaria galericulata (Lippenblütengewächse)

H 10–40 cm Juni–Sept. Staude

Sobald die Blütenkrone abgefallen ist, schließt sich der Kelch. Er ähnelt dann durch die auf ihm sitzende Schuppe einem Helm mit heruntergeklapptem Visier. Die Schuppe wirkt nun wie ein Katapult. Fallen Regentropfen darauf, wird sie nach unten gedrückt und schleudert beim Zurückschnellen die Früchtchen aus dem Kelch.

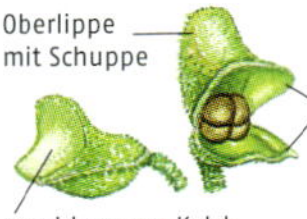

Vorkommen *Ufer, Gräben, nasse Wiesen, Flachmoore. Auf nassen, auch zeitweise überschwemmten nährstoffreichen Böden. Ganz Europa.*

- > ***lockt Bienen an***
- > ***wächst oft etwas verborgen zwischen anderen Pflanzen***
- > ***blüht auch im Halbschatten***

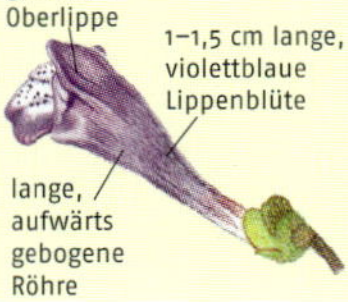

Echter Salbei

Salvia officinalis (Lippenblütengewächse)
H 20–70 cm Mai–Juli Strauch

***Vorkommen** Halbtrockenrasen, felsige Steppenflächen, steinige Hänge an wärmeren Standorten. Südeuropa, in Mitteleuropa verwildert.*

- ***Stängel unten meist verholzt***
- ***Pflanze duftet zerrieben stark aromatisch***
- ***viele Zuchtformen***

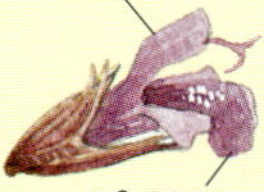

Im Altertum besaß die Pflanze den Ruf, ein langes Leben zu garantieren. So leitet sich der Name von lat. salvus = „gesund“ ab. Ganz so groß ist die Heilkraft zwar nicht, doch noch heute gurgelt man mit Auszügen bei Rachenentzündungen oder trinkt den Tee gegen starkes Schwitzen. Beliebt in der Mittelmeerküche sind in Butter oder Öl gebratene Salbeiblätter.

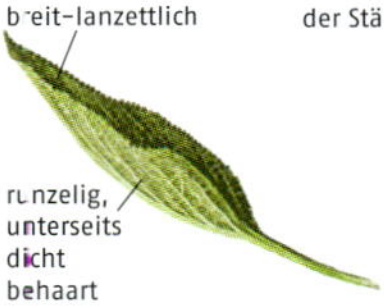

Muskateller-Salbei

Salvia sclarea (Lippenblütengewächse)
H 30–120 cm Mai–Aug. zweijährig

***Vorkommen** Wegränder, felsige Hänge, lichte Wälder, auch kultiviert als Heil-, Gewürz- und Zierpflanze. Heimisch im Mittelmeerraum.*

- ***duftet harzig-aromatisch***
- ***Stängel im oberen Bereich klebrig***
- ***schön auch im Garten***

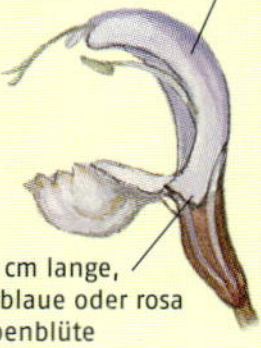

Besonders im 19. Jahrhundert verwendeten Winzer die jungen Blätter, um Weißweinen einen Geschmack nach Muskatellerwein zu verleihen. Dieses Aromatisieren ist heute nicht mehr erlaubt, wohl aber gibt es Liköre und Wermutweine sowie Seifen und Kosmetika mit Zusatz von Muskateller-Salbei.

Wiesen-Salbei

Salvia pratensis (Lippenblütengewächse)

H 30–60 cm Mai–Aug. Staude

Die beiden Staubblätter gleichen kleinen, parallel an Gelenken aufgehängten Eisenbahnschranken. Kriecht eine Biene oder Hummel in die Blüte, drückt sie dabei auf das kürzere Ende und das lange Ende mit den Staubbeuteln klappt auf ihren Rücken. Das Insekt wird dadurch mit Blütenstaub regelrecht eingepudert. Bei weiter entwickelten Blüten nimmt die Narbe die Position der heruntergeklappten Staubbeutel ein – an ihr kann nun der von den Insekten mitgebrachte Blütenstaub hängen bleiben.

Vorkommen *Magerrasen, Halbtrockenrasen, Fettwiesen, Wege, Böschungen, Dämme. An wärmeren Standorten. Ganz Europa.*

> ***blüht selten auch weiß***
> ***nur 1–3 gegenständige Blattpaare am Stängel***
> ***Pflanze duftet beim Zerreiben aromatisch***

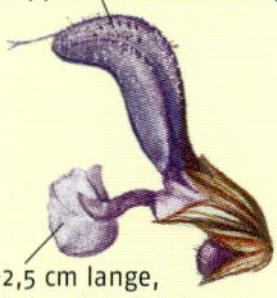

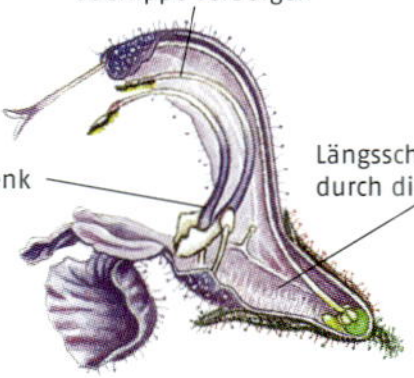

Schon gewusst?

1984 erschien in Deutschland eine Briefmarke mit Biene und Salbei. Der Zeichner kannte den Mechanismus des Salbeis offensichtlich nicht: Obwohl die Biene noch nicht in die Blüte gekrabbelt ist, sind die Staubbeutel schon auf ihren Rücken geklappt.

Echter Lavendel

Lavandula angustifolia (Lippenblütengewächse)

H 20–100 cm   Juni–Aug.   Strauch

Vorkommen *Trockene Buschsteppen, felsige Flächen, von der Ebene bis ins Bergland. Mittelmeerraum.*

> ***duftet typisch und stark***
> ***auch in Mitteleuropa ziemlich winterhart***
> ***verschiedene Sorten für Gärten und Anbau***

Der Name „Lavendel" leitet sich vom lat. lavare = „waschen" ab. Allerdings wirkt Lavendel nicht reinigend, vielmehr erzeugt der intensive Duft lediglich die Illusion von Sauberkeit. Zwischen die Wäsche gelegt, hält ein Duftkissen auch Motten ab. Lavendel ist eine wichtige Substanz für die Parfümindustrie und wird besonders in Frankreich in großem Maßstab kultiviert.

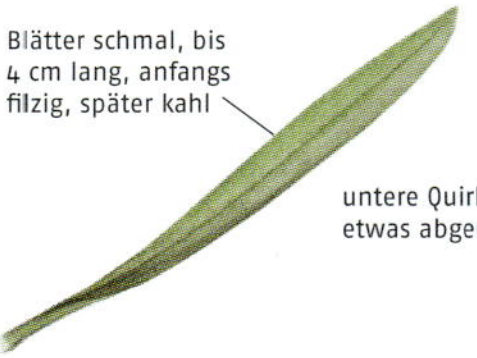

Schopf-Lavendel

Lavandula stoechas (Lippenblütengewächse)

H 30–100 cm   März–Juni   Strauch

Vorkommen *Trockene Buschsteppen, lichte Buschwälder und Kiefernwälder. Auf Silikatgestein. Mittelmeerraum.*

> ***farbiger Blattschopf lockt Insekten an***
> ***Blätter duften nach Kampfer***
> ***für Balkon oder Terrasse geeignet***

Der Schopf-Lavendel trägt seinen wissenschaftlichen Namen „stoechas" nach einer Inselgruppe vor Marseille, die von den Griechen die „Stoechaden" genannt wurde. Auf den heute als „Iles des Hyères" bezeichneten Inseln soll die Pflanze früher so häufig gewesen sein, dass der Duft den Schifffahrern als Wegweiser diente.

Rosmarin

Rosmarinus officinalis (Lippenblütengewächse)

H 50–200 cm   Jan.–Dez.   Strauch

Rosmarin galt früher als stärkend für das Gedächtnis und als Symbol für die Liebe. Bevor Brautkränze aus Myrte gewunden wurden, band man sie deshalb aus seinen Zweigen. In Shakespeares „Hamlet“ spielt ein Rosmarinkranz eine Rolle als Zeichen der Treue. Auf Beerdigungen symbolisierte die Pflanze das Andenken an den Toten und die Hoffnung auf Wiedergeburt. Gleichzeitig konnte ihr Duft auch den Leichengeruch überdecken.

Vorkommen *Trockene Buschsteppen, lockere Buschwälder. Mittelmeerraum, in Mitteleuropa kultiviert als Heil- und Gewürzstrauch.*

- > ***Blätter wirken wie Tannennadeln***
- > ***duftet typisch aromatisch***
- > ***beliebt als Gewürz***

Schon gewusst?

„Ungarisches Wasser“ oder „Eau de la Reine d'Hongrie“ enthält aus Rosmarin destilliertes ätherisches Öl in Alkohol. Das aus dem 14. Jahrhundert stammende Rezept wurde nach der Königin von Ungarn benannt. Es war eines der ersten Parfüme dieser Art. „Kölnisch Wasser“ enthält noch heute Rosmarin-Öl.

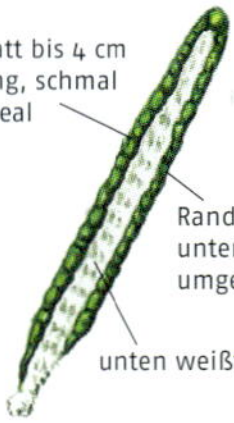

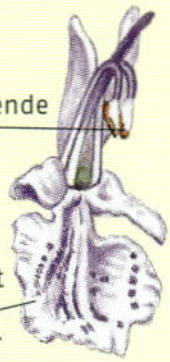

Mauer-Zymbelkraut

Cymbalaria muralis (Braunwurzgewächse)

H 10–40 cm Juni–Sept. Staude (☠)

Vorkommen *Senkrechte Mauern, Felsen. Auf etwas feuchteren, meist kalkhaltigen Steinböden in den Spalten. Fast ganz Europa.*

- ***Blüten zum Licht gewandt***
- ***ursprünglich Zierpflanze aus dem Mittelmeerraum***
- ***wächst besonders in Siedlungsnähe***

Für eine an senkrechten Mauern und Felsen wachsende Pflanze ist es wichtig, dass die Samen nicht einfach nach unten auf den Boden fallen. Das Zymbelkraut spielt deshalb selbst Gärtner: Während die Früchte reifen, verlängern sich ihre Stiele stark und krümmen sich dem Licht abgewandt. So schieben sie die Früchte in Spalten der Mauern oder Felsen hinein, wo die Samen einen geeigneten Keimplatz finden.

Schon gewusst?

Die Namen „Zymbelkraut“ und Cymbalaria leiten sich von lateinisch cymbalon ab. Dies bedeutet „Zimbel“ oder „Schallbecken“ und bezieht sich auf die Form der Blätter, die diesen Musikinstrumenten ähneln.

Alpen-Leinkraut

Linaria alpina (Braunwurzgewächse)

H 8–15 cm Juni–Aug. Staude

Besonders im österreichischen Raum sagte man der Pflanze früher Zauberkräfte nach und setzte sie gegen Verhexung und gegen den Teufel und gegen Kobolde ein. In manchen Gebieten findet man fast ausschließlich Formen des Alpen-Leinkrauts mit einfarbig violettblauen Blüten.

Vorkommen *Feuchter Steinschutt, Geröll, Kiesbänke. In den Gebirgen Mittel- und Südeuropas besonders in Höhen von 1200 bis über 3800 m.*

> ***fällt von weitem auf***
> ***braucht offene Standorte***
> ***Stängel kriechen über oder im Schutt***

Herzblättrige Kugelblume

Globularia cordifolia (Kugelblumengewächse)

H 3–10 cm Mai–Juli mehrjährig ☠

Die winzigen Einzelblüten fallen nur auf, weil sie zu vielen beieinander sitzen. So erhielt die Pflanze ihren Namen nach der Form des Blütenstandes. Kugelblumen enthalten einen bitteren Giftstoff, der zu Erbrechen, Durchfall, Schwindel und Kollaps führen kann.

Vorkommen *Trockener Kalkschutt, Felsbänder, steinige Rasen. In den Gebirgen Mittel- und Südeuropas von den Tälern bis in Höhen um 2800 m.*

> ***Blätter immergrün***
> ***kann flache Teppiche über Steinen bilden***
> ***hilft Felsschutt zu festigen***

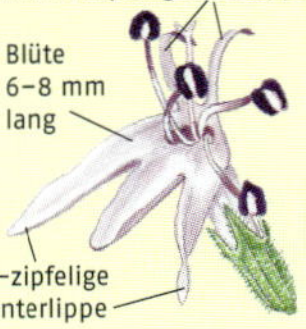

Gewöhnliches Fettkraut

Pinguicula vulgaris (Wasserschlauchgewächse)

H 5–15 cm   Mai–Juni   Staude

Vorkommen *Flachmoore, Quellaustritte, wasserberieselte Rasen. An hellen Standorten. Nordeuropa, in Mitteleuropa im Gebirge bis über 1600 m.*

> ***fleischfressende Pflanze***
> ***das ähnliche Alpen-Fettkraut blüht weiß***
> ***verschwindet bei Düngung oder Entwässerung***

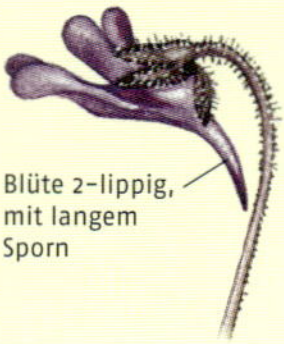

Fettkräuter fangen Kleintiere, die ihnen auf den nährstoffarmen Standorten als zusätzliche Stickstoffquelle dienen. Sie sondern hierzu auf der Blattoberseite einen klebrigen Schleim ab, an dem kleine Fliegen, Käfer und Spinnen hängen bleiben. Größere Insekten können auch durch Einrollen der Blattränder festgehalten werden. Anschließend gibt die Pflanze Enzyme ab und verdaut den Fang. Die löslichen Verdauungsprodukte können dann von den Blättern aufgenommen werden.

Schon gewusst?

Früher verwendete man die Blätter gelegentlich zum Eindicken von Milch bei der Käseherstellung. Die enthaltenen Enzyme bringen wie Lab aus Kälbermägen oder Echtes Labkraut (S. 214) die Milch zum Gerinnen. Heute ist die Pflanze geschützt.

Wiesen-Witwenblume

Knautia arvensis (Kardengewächse)

H 30–80 cm   Juli–Aug.   Staude

„Witwenblume" würde bei uns eher für die Tauben-Skabiose (s. u.) mit den schwarzen Kelchborsten passen. Der Name leitet sich tatsächlich von einer Skabiosen-Art ab, der in Südeuropa heimischen Purpur-Skabiose. Er bezog sich auf deren an Trauerkleidung erinnernde schwarzrote Blüten. Früher unterschied man häufig nicht zwischen Skabiosen und Witwenblumen.

Vorkommen *Wiesen, Halbtrockenrasen, Wegränder, Waldränder, Äcker. Auf nährstoffreichen Böden an wärmeren Standorten. Fast ganz Europa.*

- ***Blüten duften***
- ***Blütenköpfchen locken viele Insekten an***
- ***selten auch mit weißen Blüten***

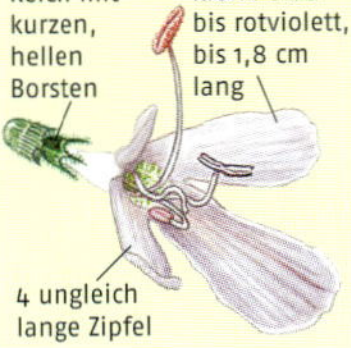

Tauben-Skabiose

Scabiosa columbaria (Kardengewächse)

H 25–60 cm   Juli–Nov.   Staude

„Skabiose" leitet sich von lat. scabies = „Krätze, Räude, Schorf" ab. Besonders im 16. und 17. Jahrhundert verwendete man die Pflanze gegen diese und andere Hautkrankheiten. Auch der weitere deutsche Name „Grindkraut" bezieht sich auf diesen Einsatz. Heute spielen Skabiosen in der Medizin keine Rolle mehr, sind aber schöne Zierpflanzen für Wildpflanzengärten.

Vorkommen *Sonnige Magerrasen, magere Wiesen, Raine, lichte Kiefernwälder. Auf trockenen, meist kalkhaltigen Böden. Besonders Mittel- und Südeuropa.*

- ***erträgt keinen Dünger***
- ***wurzelt bis 1,5 m tief***
- ***Früchte bei starkem Wind flugfähig***

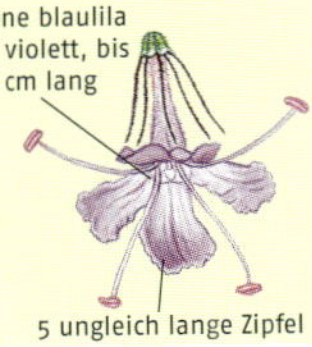

Schöllkraut

Chelidonium majus (Mohngewächse)

H 30–70 cm   April–Okt.   Staude ☠

***Vorkommen** Unkrautbestände an Wegen, Waldrändern, Hecken, Mauern, in verwilderten Gärten, gerne im Halbschatten oder Schatten. Fast ganz Europa.*

> ***bildet oft große Gruppen***
> ***meist in der Nähe von Siedlungen***
> ***welkt bei zu sonnigem Standort***

Der auffällige Milchsaft der Pflanze führte dazu, dass man im Mittelalter meinte, die Pflanze könne „gelbe Krankheiten" heilen. Man empfahl sie deshalb bei Gelbsucht und anderen Leber- und Gallenleiden. Das Schöllkraut ist eine der wenigen Pflanzen, bei denen eine solche Zuordnung nach dem Aussehen der Pflanze tatsächlich zutraf: Auch heute noch verwendet man Zubereitungen bei Leber- und Gallenerkrankungen.

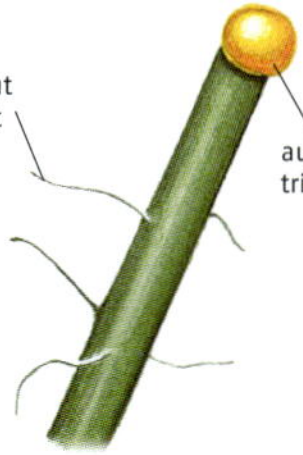

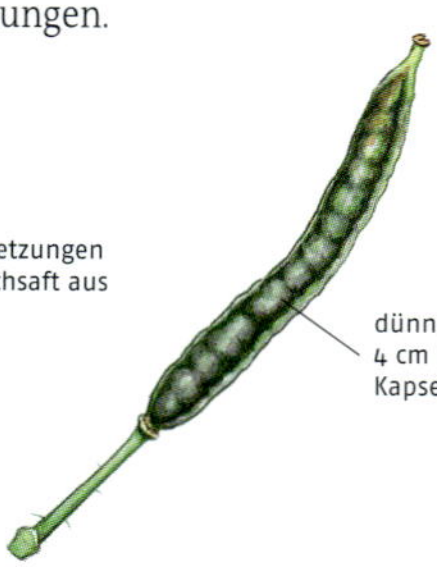

Schon gewusst?

Volkstümlich verwendet man Schöllkraut gegen Warzen: Hierzu träufelt man regelmäßig den orangegelben Milchsaft direkt auf die Warze. Die umgebende Haut sollte nichts abbekommen.

Gelber Hornmohn

Glaucium flavum (Mohngewächse)
H 30–90 cm April–Sept. zweijährig, Staude ☠

Der Gelbe Hornmohn unterscheidet sich von den echten Mohnarten (S. 19 und 20) nicht nur durch seine auffällig lange, hornförmige Kapsel. Während beim Mohn die Kronblätter in der Knospe zerknautscht sind und deshalb beim Entfalten knittrig wirken, sind die des Hornmohns gerollt. Sie entrollen sich, sobald die beiden borstigen Kelchblätter abgefallen sind.

Vorkommen *Offene Standorte, Ödflächen, Straßenränder, Schuttplätze, besonders in Küstennähe. Mittelmeergebiet, vereinzelt bis Mitteleuropa.*

- ***enthält gelben Milchsaft***
- ***erträgt etwas Salz im Boden***
- ***Kelchblätter fallen beim Öffnen der Blüten ab***

Gewöhnliches Barbarakraut

Barbarea vulgaris (Kreuzblütengewächse)
H 30–90 cm Mai–Juli zweijährig

Das Barbarakraut erhielt seinen Namen nach der Heiligen Barbara, die zu den Nothelferinnen gehört. Vielleicht dachte man daran, dass die Blätter auch am Barbaratag (4. Dezember) geerntet werden können. Diese ungewöhnliche Erntezeit war wichtig, denn die Blätter halfen im Winter gegen den zu dieser Jahreszeit verbreiteten Vitamin-C-Mangel.

Vorkommen *Unkrautbestände an Wegen, Bach- und Flußauen, Ackerrändern, auf Waldschlägen, Erdaufschüttungen, Kiesgruben. Fast ganz Europa.*

- ***Blätter auch im Winter grün***
- ***heißt auch „Echte Winterkresse"***
- ***schmeckt säuerlich-herb, etwas kresseartig***

Färber-Waid

Isatis tinctoria (Kreuzblütengewächse)

H 40–120 cm   Mai–Juli   zweijährig-Staude   (☠)

Vorkommen *Unkrautbestände an Wegen, in Steinbrüchen, auf Bahngelände und Ödflächen. Fast ganz Europa.*

> ***wächst oft in Gruppen***
> ***stammt ursprünglich aus Asien***
> ***benötigt Wärme und Licht***

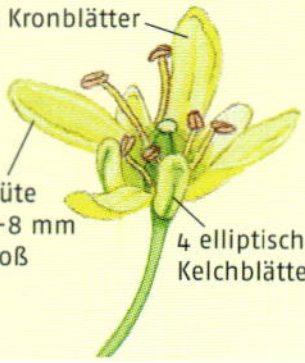

Aus den Blättern haben bereits im Altertum die Römer und Griechen den blauen Farbstoff Indigo gewonnen. Im Mittelalter war Färber-Waid die wichtigste Färbepflanze. Frische Blätter färben jedoch nicht. Erst nach Gärung und Zugabe von zersetztem Urin konnte man ein Färbebad ansetzen, in das man die Textilien tauchte. Direkt aus dem Bad war das Gewebe grüngelb, an der Luft wurde es allmählich blau. Daher kommt der Begriff „blaumachen".

Schon gewusst?

Der Färber-Waid stand ab dem späten Mittelalter in starker Konkurrenz zum tropischen Indigostrauch (Indigofera tinctoria). *Trotz amtlicher Verordnungen siegte der Indigostrauch im 17. Jahrhundert. 1897 gelang die synthetische Herstellung von Indigo.*

Immergrünes Felsenblümchen

Draba aizoides (Kreuzblütengewächse)
H 3–10 cm April–Aug. Staude

Die sehr langsam wachsende Art kann sich nur an Standorten halten, an denen die Konkurrenz durch andere Blütenpflanzen gering ist. Lediglich eine Gemeinschaft mit bestimmten Fels-Moosen ist recht häufig. In günstigen Fällen können die Polster über 10 Jahre alt werden, in Kletterrouten, z. B. an einigen Felsen der Schwäbischen Alb, sind sie jedoch stark bedroht.

Vorkommen *Felsen, steinige Rasen. In Spalten oder im mehr oder weniger kalkreichem Steinschutt. Gebirge Mittel- und Südeuropas.*

> ***braucht ausreichend Licht***
> ***im deutschen Jura Relikt der Würmeiszeit***
> ***immergrüne Blattrosette***

Brillenschötchen

Biscutella laevigata (Kreuzblütengewächse)
H 15–30 cm Mai–Juli Staude

Kaum ein Kreuzblütengewächs entwickelt so typische, leicht erkennbare Früchte wie das Brillenschötchen. Die beiden „Brillenhälften“ enthalten je einen Samen. Sie lösen sich bei stärkerem Wind und werden mit ihm weggeweht.

Vorkommen *Steinige Rasen, Steinschutt, Felsspalten, Felsabsätze, Quellmoore. Meist auf Kalkböden bis auf über 2500 m. Mittel- und Südeuropa.*

> ***überragt oft die umgebenden Pflanzen***
> ***fällt besonders durch die Früchte auf***
> ***benötigt viel Licht***

Vorkommen *Unkrautbestände auf Äckern, Brachflächen, Schuttplätzen, Ödflächen, an Wegen, Straßenböschungen. Fast ganz Europa.*

> ***wächst oft in Gruppen***
> ***beim Zerreiben typischer Senfgeruch***
> ***Samen bleiben lange keimfähig***

Acker-Senf

Sinapis arvensis (Kreuzblütengewächse)

H 30–60 cm   Juni–Okt.   einjährig

Die stechend riechenden, scharf schmeckenden Senföle schützen verwundete Pflanzen vor Pilzbefall und Pflanzenfressern. Die Raupen von Kohlweißlingen bevorzugen jedoch gerade Pflanzen mit diesen Stoffen. Die Senföle sind auch in den erwachsenen Faltern noch nachweisbar und schützen nun diese vor Fraßfeinden. Acker-Senf war schon in der Bronzezeit ein häufiges Unkraut, wie Funde in Pfahlbausiedlungen beweisen.

Schon gewusst?

Der ähnliche Weiße Senf (Sinapis alba) *ist eine Kulturpflanze aus dem östlichen Mittelmeerraum. Er wird heute häufig als Gründüngung, Gewürz, Öl- oder Futterpflanze auf Feldern kultiviert. Seine Schotenfrüchte sind abstehend steifhaarig, vorn abgeflacht.*

Goldlack

Erysimum cheiri (Kreuzblütengewächse)
H 20–50 cm April–Juni zweijährig-Halbstrauch ☠

Goldlack zierte bereits antike Gärten. Damals und bis weit ins Mittelalter zählte man die Pflanze wegen des Duftes zu den Veilchen, die Form der Blüten spielte bei dieser botanisch falschen Zuordnung keine Rolle. Seit Ende des 16. Jahrhunderts kennt man Zierformen mit gefüllten Blüten, später kamen auch andere Blütenfarben hinzu. Die Pflanze enthält herzwirksame Stoffe.

***Vorkommen** Felsige, warme Standorte, Mauern, steinige Rasen. Wild ursprünglich im östlichen Mittelmeerraum.*

> ***erträgt auch Trockenheit***
> ***als Zierpflanze weit verbreitet***
> ***Blüten duften angenehm und stark***

Rosenwurz

Rhodiola rosea (Dickblattgewächse)
H 10–30 cm Juni–Aug. Staude

Bereits die Wikinger sollen mit der „Goldenen Wurzel" ihre Kräfte und Ausdauer gestärkt haben. In Russland und Skandinavien verwendet man die Pflanze schon viele Jahrhunderte. Bei uns ist sie erst in den letzten Jahren als Heilpflanze bekannt geworden, die die natürliche Widerstandskraft und geistige Leistungsfähigkeit erhöht.

***Vorkommen** Felsspalten, steinige Bergrasen. Auf kargen Silikatböden. Nordeuropa, Gebirge in Mittel- und Südeuropa.*

> ***getrocknete Wurzeln duften beim Zerreiben nach Rosen***
> ***Blüten gelegentlich auch rötlich***
> ***männliche und weibliche Pflanzen***

Wechselblättriges Milzkraut

Chrysosplenium alternifolium (Steinbrechgewächse)

H 15–20 cm März–Mai Staude

***Vorkommen** Auen- und Schluchtwälder, Bachufer. Auf nassen, kalkreichen Böden. Besonders Nord- und Mitteleuropa bis auf 2500 m.*

> ***braucht luftfeuchte Standorte***
> ***wächst meist in Gruppen***
> ***trägt seinen Namen nach der Form der Blätter***

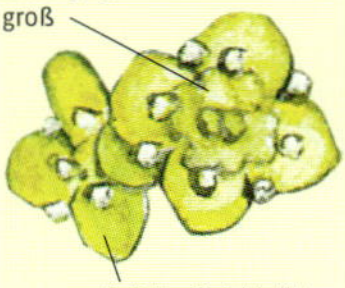

Die Fruchtkapseln öffnen sich zu flachen Schalen, aus denen die Samen von hineinfallenden Regentropfen hinausgeschleudert werden. Das Regenwasser schwemmt im günstigen Fall die Samen auch noch weiter weg. Aus der milzähnlichen Form der Blätter schloss man im Mittelalter, dass die Pflanze gegen Milzkrankheiten hilft. Das Milzkraut enthält jedoch keine Stoffe, die hierbei wirksam sind.

Schon gewusst?

Das zartere Gegenblättrige Milzkraut ist gegenständig beblättert. Es besiedelt ähnliche Standorte, jedoch meist in kühleren Gegenden. Durch die nur schwach gelblichen Hochblätter sind die Pflanzen recht unscheinbar.

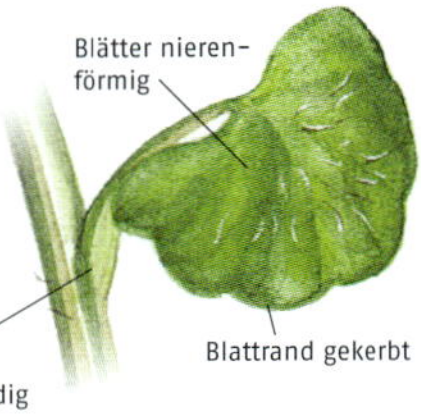

Gewöhnlicher Frauenmantel

Alchemilla vulgaris (Rosengewächse)

H 3–30 cm Mai–Sept. Staude

An den Rändern der Blätter sitzen kleine Spalten, die aktiv Wasser abgeben können. Dieses Wasser sowie Regentropfen zerfließen nicht auf der wasserabstoßenden Blattoberfläche, sondern bleiben als silberglänzende Tropfen liegen. Dies führte dazu, dass die Alchemisten des Mittelalters den Frauenmantel für ein Wunderkraut zur Goldmacherei hielten.

***Vorkommen** Wiesen, Weiden, Gebüsche, Waldwege, Gräben. Auf nährstoffreichem Boden. Fast ganz Europa von der Ebene bis ins Gebirge.*

> ***sehr vielgestaltige Art***
> ***Blätter auffälliger als die Blüten***
> ***in Gärten oft der stärker behaarte Weiche Frauenmantel***

Verwachsener Frauenmantel

Alchemilla conjuncta (Rosengewächse)

H 5–30 cm Juni–Aug. Staude

Alle Frauenmantel-Arten gelten in der Volksheilkunde als wichtiges Mittel bei Frauenleiden. Hierzu haben wohl nicht nur die Inhaltsstoffe, sondern auch die Form der Blätter beigetragen. Sie erinnern etwas an den großen, faltigen Mantel, mit dem die heilige Maria früher auf vielen Heiligenbildern dargestellt wurde.

***Vorkommen** Magere Bergrasen, Weiden, Felsen, Felsschutt, meist auf Kalkgestein. Gebirge Mittel- und Nordeuropas.*

> ***heißt wegen der Behaarung auch „Silbermantel"***
> ***auf Silikatböden wächst der ähnliche Alpen-Silbermantel***

Blutwurz

Potentilla erecta (Rosengewächse)

H 10–30 cm Mai–Aug. Staude

Schneidet man den Wurzelstock der Blutwurz an, färbt er sich nach kurzer Zeit rot, so als ob er bluten würde. Verantwortlich hierfür sind Gerbstoffe, die die Pflanze auch zu einer wirksamen Arzneipflanze machen. Mit ihr lassen sich nicht nur Blutungen stillen, im Mittelalter hielt man sie sogar – vergeblich allerdings – für wirksam gegen die Pest. Noch heute setzt man Tee oder eine Tinktur bei Durchfall sowie gegen Entzündungen in Mund und Rachen ein. Beliebt ist auch Blutwurzschnaps zur Anregung der Verdauung.

Vorkommen *Magerrasen, Heiden, Flachmoore, sonnige Abhänge, Böschungen, lichte Wälder, Waldwege. Ganz Europa.*

- > ***heißt auch „Tormentill"***
- > ***einziges Fingerkraut mit 4 Blütenblättern***
- > ***auf nährstoffarmen Böden***

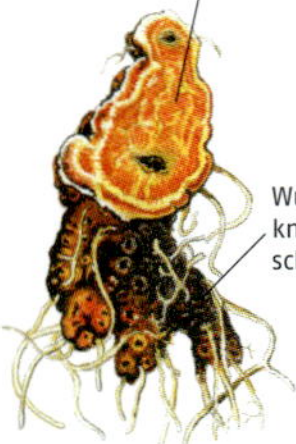

Schon gewusst?

Der wissenschaftliche Name Potentilla bedeutet Kraft und bezieht sich auf die Heilkraft dieser und einiger anderer Fingerkraut-Arten.

Gewöhnliche Nachtkerze

Oenothera biennis (Nachtkerzengewächse)

H 50–200 cm Juni–Aug. zweijährig

Die Blüten öffnen sich in der Abenddämmerung und duften dabei stark. Die letzte Phase der Blütenentfaltung, während der der Kelch zurückklappt und sich die anfangs zerknitterten Kronblätter ausbreiten, dauert nur etwa 3 Minuten. Sie läuft damit so rasch ab, dass man die Bewegung gut mit bloßem Auge beobachten kann und immer wieder ein leises Rascheln hört. Am nächsten Tag verwelken die Blüten, an heißen Tagen bereits morgens, sonst nachmittags.

Vorkommen *Unkrautbestände auf Ödflächen, Schuttplätzen, Eisenbahnanlagen, Böschungen. Auf eher trockenen Böden. Fast ganz Europa.*

> ***jeder Blütenstand blüht über eine lange Zeit***
> ***stammt ursprünglich aus Nordamerika***
> ***schön für Wildpflanzengärten***

Schon gewusst?

Die „Schinkenwurzeln" sind im ersten Jahr fleischig. So geerntet, waren sie früher ein beliebtes Gemüse, das neuerdings wieder etwas in Mode kommt. Man kocht sie wie Schwarzwurzeln und mischt sie, da sie etwas bitter schmecken, unter andere Gemüse.

Zypressen-Wolfsmilch

Euphorbia cyparissias (Wolfsmilchgewächse)

H 15–30 cm   April–Aug.   Staude   ☠

Vorkommen *Magere Weiden und Rasen über Kalkgestein, Wege, Wegraine, Böschungen, Ödflächen. Ganz Europa.*

- ***Pflanze mit weißem Milchsaft***
- ***wächst meist in Gruppen***
- ***auf eher trockenen Böden***

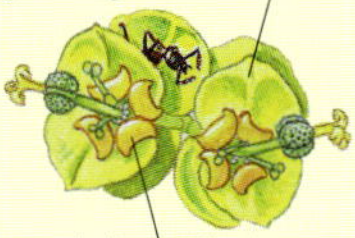

In Gruppen von Zypressen-Wolfsmilch stehen relativ häufig Exemplare, die man für eine andere Art halten könnte. Sie sind gelbgrün, wachsen schlank und unverzweigt in die Länge, blühen nicht und tragen auf den Unterseiten der Blätter orangefarbene Pusteln (s. Detail). Es sind Pflanzen der Zypressen-Wolfsmilch, die von einem Pilz befallen sind, dem Erbsenrost. Dieser ist in der Lage, die Pflanze so zu beeinflussen, dass sie ihr Aussehen vollständig verändert.

Schon gewusst?

Die auffälligen Raupen des Wolfsmilchschwärmers sind auf Wolfsmilch-Arten angewiesen. Bei uns fressen sie fast ausschließlich an der Zypressen-Wolfsmilch.

Warzen-Wolfsmilch

Euphorbia verrucosa (Wolfsmilchgewächse)

H 30–50 cm Mai–Juni Staude ☠

Der Name „Wolfsmilch“ soll darauf hinweisen, dass die Milch für den Menschen keinerlei Nutzen hat, ja sogar giftig ist. Auf der Haut löst sie Entzündungen aus, innerlich führt sie zu blutigem Durchfall oder sogar zum Tod. In manchen Gegenden heißen Wolfsmilch-Arten auch „Teufelsmilch“ oder „Hexenmilch“.

Vorkommen *Trockene Magerwiesen und Magerweiden, sonnige Böschungen. Mittel- und Südeuropa.*

> ***weißer Milchsaft***
> ***braucht Wärme***
> ***wächst meist in größeren Gruppen***

Gewöhnliches Kreuzlabkraut

Cruciata laevipes (Rötegewächse)

H 15–50 cm April–Juni Staude

Der Name bezieht sich auf die kreuzartige Blattanordnung, an der die Pflanze auch dann leicht zu erkennen ist, wenn sie nicht blüht. Gelegentlich wird die Art als dekorative Gartenstaude angeboten. Früher galt sie als Heilpflanze gegen Rheuma, diese Verwendung ist heute jedoch auch in der Volksheilkunde nicht mehr üblich.

Vorkommen *Unkrautbestände an Hecken, Waldrändern, Zäunen, Gräben, in Auenwäldern. In der Sonne oder im Halbschatten. Fast ganz Europa.*

> ***Blüten duften nach Honig***
> ***wächst meist in Gruppen***
> ***einfach im Garten zu kultivieren***

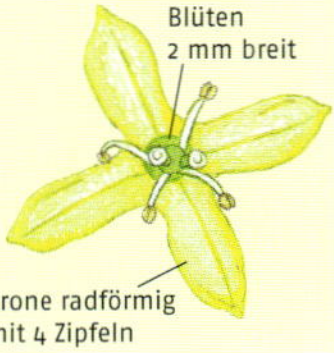

Echtes Labkraut

Galium verum (Rötegewächse)

H 30–60 cm Juni–Sept. Staude

Vorkommen *Magere Wiesen und Weiden, Böschungen, Wegraine, Gebüschränder, Moorwiesen. Ganz Europa von der Ebene bis ins Gebirge.*

> ***Blüten duften honigartig***
> ***benötigt Wärme***
> ***blüht meist sehr reichlich***

Das Echte Labkraut ist an seine meist recht trockenen Standorte gut angepasst: Die durch die eingerollten Blattränder fast nadelartig erscheinenden Blätter verdunsten nur wenig Wasser. Das „Unser lieben Frau Bettstroh" genannte Kraut lag der christlichen Legende nach in der Jesuskrippe. Schon die alten Germanen legten wohl Bündel davon ins Wöchnerinnenbett. Auch als „Stroh" in den Schuhen sollte es die Geburt erleichtern und Verzauberung abhalten.

214

Schon gewusst?

Bei der Käseherstellung hat das Echte Labkraut denselben Effekt wie Lab aus dem Kälbermagen: Beide bringen die Milch zum Gerinnen (Griechisch gala = Milch). Im Altertum goß man deshalb die Milch durch aus Labkraut geflochtene Siebe.

Wein-Raute

Ruta graveolens (Rautengewächse)
H 30–50 cm Juni–Aug. Strauch ☠

Früher gab man Wein-Raute zu Wein, um dessen Aroma zu verfeinern. Sie war auch Bestandteil von Riechsträußchen, die man mit sich trug, um unangenehme Gerüche zu vertreiben oder sich vor Ansteckung mit Krankheiten wie etwa der Pest zu schützen. Das ätherische Öl wurde zu Abtreibungen missbraucht, die nicht selten tödlich ausgingen. Äußerlich kann die Pflanze bei Hautkontakt und gleichzeitiger Sonneneinstrahlung verbrennungsähnliche Hautentzündungen auslösen.

Vorkommen *Schuttplätze, Felsen, Mauern, Weinberge, Gebüsche, oft in Gärten gepflanzt. Südeuropa, in Mitteleuropa selten verwildert.*

> ***braucht trockene, warme Standorte***
> ***duftet herb-aromatisch***
> ***als Gewürz höchst sparsam verwenden!***

Schon gewusst?

Wein-Raute, Diptam (S. 73) sowie Fenchel (S. 232) und weitere Doldengewächse mit duftenden Inhaltsstoffen gehören zu den Futterpflanzen der Raupen des Schwalbenschwanzes.

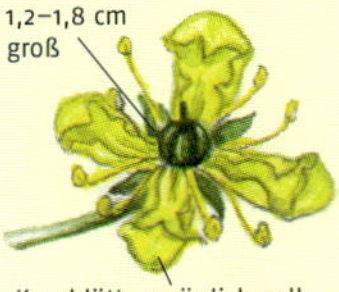

Gelbe Teichrose

Nuphar lutea (Seerosengewächse)

H 50–250 cm   Juni–Aug.   Staude   ☠

Vorkommen *Stehende und langsam fließende Gewässer mit bis 6 m Tiefe. Fast ganz Europa von der Ebene bis in mittlere Gebirgslagen.*

> ***Blüten ragen etwas über die Wasseroberfläche***
> ***Früchte reifen unter Wasser***
> ***wurzelt im Gewässergrund***

In vielen Gegenden heißt die Gelbe Teichrose auch „Mummel". Dieser Name leitet sich von „Muhme" ab, weiblichen Wassergeistern, die dem Volksglauben nach die Pflanze beschützen. So heißt es, dass man die auf dem Wasser schwimmenden Blüten nicht pflücken dürfe, da sonst die Muhmen den Störenfried ins Wasser ziehen.

Gelbes Windröschen

Anemone ranunculoides (Hahnenfußgewächse)

H 10–20 cm   April–Mai   Staude   ☠

Vorkommen *Feuchte Laub- und Auenwälder, Hecken. Wächst oft in größeren Gruppen. Fast ganz Europa.*

> ***braucht nährstoffreiche Böden***
> ***Blüten meist zu zweit***
> ***ähnelt stark dem Busch-Windröschen (S. 130)***

Der Saft der frischen Pflanze reizt Haut und Schleimhäute. Getrocknete Pflanzen verlieren diese Wirkung. Der Wurzelstock speichert reichlich Nährstoffe, so dass sich die Pflanze im Frühjahr rasch entwickeln kann. Sie kommt schon zur Blüte, bevor das Laub der Bäume austreibt und sie beschattet.

Sumpfdotterblume

Caltha palustris (Hahnenfußgewächse)

H 15–30 cm April–Juni Staude ☠

Manchmal steht der Sumpfdotterblume das Wasser buchstäblich bis zum Hals. Sie erträgt dies jedoch ganz gut, da in ihren hohlen Stängeln Luft verbleibt. Wenn sich die Blüten mit Regenwasser füllen, bringt dies der Pflanze sogar noch einen Vorteil: Blütenstaub kann zu den Narben schwimmen und so selbst dann die Bestäubung sichern, wenn keine Insekten unterwegs sind.

***Vorkommen** Sumpfwiesen, Quellen, an Bächen und Gräben, in Auenwäldern. Auf nassen, nährstoffreichen Böden. Ganz Europa.*

- > ***verschwindet nach Entwässerungsmaßnahmen***
- > ***kann später im Jahr ein zweites Mal blühen***
- > ***Stängel lassen sich zusammendrücken***

Schon gewusst?

Die Blütenblätter enthalten einen mit dem Möhrenfarbstoff verwandten Stoff. Früher verwendete man sie, um Butter eine schöne gelbe Farbe zu geben. Sie gehört deshalb neben Hahnenfuß-Arten zu den Pflanzen, die „Butterblume" genannt werden.

Scharfer Hahnenfuß

Ranunculus acris (Hahnenfußgewächse)

H 30–100 cm Mai–Sept. Staude ☠

Vorkommen *Wiesen und Weiden aller Art von der Ebene bis ins Hochgebirge. Auf etwas feuchten, nährstoffreichen Böden. Ganz Europa.*

- > ***unser häufigster Hahnenfuß***
- > ***wächst oft in großen Mengen auf den Wiesen***
- > ***kann Hautrötungen und Blasen hervorrufen***

Weidevieh meidet die scharf schmeckende, in frischem Zustand giftige Pflanze. Getrocknet ist sie jedoch auch in großen Mengen unschädlich. Dies ist einer der Gründe, warum Flächen mit Massenbeständen meist nicht als Weiden, sondern eher als Wiesen zur Heugewinnung genutzt werden. In den betroffenen Gegenden halten die Bauern das Vieh häufig in den Ställen.

Gift-Hahnenfuß

Ranunculus sceleratus (Hahnenfußgewächse)

H 20–60 cm Juni–Okt. einjährig ☠

Vorkommen *Teichränder, Sümpfe, z. T. im Wasser stehend, in abgelassenen Seen und Gräben. Ganz Europa.*

- > ***bildet oft größere Gruppen***
- > ***zeigt Nährstoffreichtum an***
- > ***braucht schlammigen Boden***

Der Gift-Hahnenfuß ist die giftigste heimische Hahnenfuß-Art. Äußerlich reizt er Haut- und Schleimhäute, innerlich führt er zu Betäubung, Schwindel und Ohnmacht oder auch zum Tod. Bettler haben früher ihre Haut mit dem Saft der Pflanze eingerieben, um mit den starken Entzündungen Mitleid zu erregen.

Gold-Hahnenfuß

Ranunculus auricomus (Hahnenfußgewächse)

H 15–45 cm April–Mai Staude ☠

Der Gold-Hahnenfuß bildet auch ohne Befruchtung Samen aus. So stehen oft Gruppen erbgleicher Pflanzen (Klone) beieinander. Die Früchtchen werden von Ameisen verbreitet. Während der Entwicklungszeit im Frühjahr ist die Art sehr lichtbedürftig, so dass sie sich in Nadelholzkulturen nicht entwickeln kann.

Vorkommen *Laubmischwälder mit krautigem Unterwuchs, Auenwälder, Wiesen. Fast ganz Europa.*

> ***sehr variable Art***
> ***Blüten sehen oft zerrupft aus***
> ***auf Wiesen nur, wenn dort früher Wald war***

Europäischer Portulak

Portulaca oleracea (Portulakgewächse)

H 10–30 cm Juni–Sept. einjährig

Portulak ist frostempfindlich und benötigt für eine optimale Keimung Temperaturen über 25 °C. Neben der Wildform gibt es eine kultivierte, in allen Teilen etwas größere Unterart. Von dieser können bereits 3–4 Wochen nach der Aussaat beblätterte Spitzen für Salat und Suppengemüse geerntet werden. Sie sind vitaminreich und schmecken säuerlich-erfrischend.

Vorkommen *Unkrautbestände in Gärten, Weinbergen, Pflasterfugen, an Wegrändern, auf Äckern. Süd- und Mitteleuropa.*

> ***Blüten nur einen Vormittag lang geöffnet***
> ***durch die Römer nach Mitteleuropa verschleppt***
> ***braucht warme Standorte***

Tüpfel-Johanniskraut

Hypericum perforatum (Johanniskrautgewächse)

H 30–60 cm Juli–Aug. Staude

***Vorkommen** Magere Weiden, Rasen, Heiden, Ödflächen, Gebüsch- und Waldränder, Böschungen, Bahnschotter, Schuttplätze. Ganz Europa.*

- > ***Blüten geben beim Quetschen roten Saft ab***
- > ***heißt auch „Hartheu"***
- > ***Blühbeginn um Johanni (24. Juni)***

Nach einem alten Aberglauben sind die durchscheinenden Punkte auf den Blättern das Werk des Teufels: Dieser habe aus Wut gegen die Kraft der Pflanze die Blätter mit einer Nadel durchstochen. Die Heilkundigen des Mittelalters verwendeten die Pflanze wegen des roten Safts gegen Blutkrankheiten und wegen der Punkte auf den Blättern zur Behandlung aller Wunden „seien sie gehauen oder gestochen". Heute schätzt man insbesondere die stimmungsaufhellende Wirkung der Pflanze.

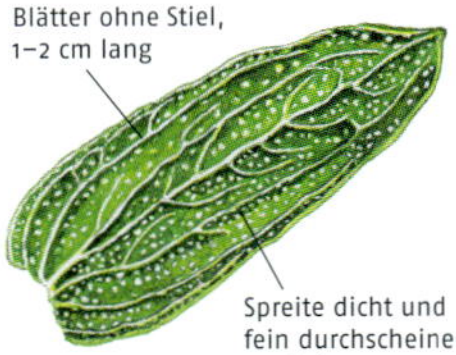

Schon gewusst?

Johanniskraut galt als eines der besten Kräuter gegen alles Böse und Dämonische. In den Hexenprozessen des Mittelalters mussten die „Hexen" deshalb mancherorts seinen Saft trinken. Man meinte, dann würden sie unter der Folter die Wahrheit sagen.

Gewöhnliches Sonnenröschen

Helianthemum nummularium (Zistrosengewächse)

H 10–20 cm Juni–Okt. Strauch

Die Blüten öffnen sich nur bei Sonnenschein während eines Vormittags. Nachmittags schließen sie sich wieder und die Blütenblätter fallen ab. Da jedoch über einen langen Zeitraum immer wieder neue Blüten entstehen, eignen sich die Pflanzen auch für Steingärten. Gärtnereien bieten hierzu Züchtungen mit Blütenfarben von weiß bis leuchtend rot an.

Vorkommen *Sonnige Halbtrocken- und Trockenrasen, Böschungen, Raine, trockene Kiefernwälder. Auf kalkreichen Böden. Fast ganz Europa.*

> ***typisch durch die zerknitterten Blütenblätter***
> ***Staubblätter bewegen sich nach Berühren auswärts***
> ***Blätter im Winter grün***

Spritzgurke

Ecballium elaterium (Kürbisgewächse)

H 20–100 cm April–Sept. Staude ☠

Der Druck, der sich in einer reifen Frucht aufbaut, beträgt etwa 6 bar, also wesentlich mehr als in einem Autoreifen. Die kleinste Berührung genügt dann, den Schussapparat auszulösen: Die Frucht löst sich vom Stiel. Aus der entstandenen Öffnung schießen die Samen und Schleim der Spritzgurke bis über 12 m weit. Sie erreichen dabei Geschwindigkeiten von etwa 10 m/sek.

Vorkommen *Brachflächen, Wegränder, Schuttplätze. An nährstoffreichen, sonnigen Standorten. Mittelmeerraum.*

> ***stark bittere Explosionsfrüchte***
> ***interessant, aber kein Spielzeug***
> ***stark reizend, tödlich giftig***

Pfennigkraut

Lysimachia nummularia (Primelgewächse)

H 10–50 cm   Mai–Juli   Staude

Vorkommen *Feuchte Wiesen und Weiden, Gärten, Ufer, Gräben, Auenwälder, Wegränder. Auf nährstoffreichen Böden. Fast ganz Europa.*

- ***Blätter auch im Winter grün***
- ***eignet sich als Bodendecker in Gärten***
- ***braucht Feuchtigkeit***

Die Pflanze lässt sich sogar untergetaucht im Aquarium kultivieren. Im Mittelalter empfahl man sie gegen vielerlei Gebrechen und nannte sie deshalb auch „Centimorbia". Der deutsche Name sowie die Artbezeichnung *nummularia* (= Münze) beziehen sich auf die in ihrer Form an Münzen erinnernden Blätter.

Punktierter Gilbweiderich

Lysimachia punctata (Primelgewächse)

H 50–100 cm   Juni–Aug.   Staude

Vorkommen *Wegränder, Ufer, Gebüsche, Ödflächen. Auf feuchten, nährstoff- und basenreichen Böden. Mittel- und Südosteuropa.*

- ***häufig auch als Zierpflanze in Gärten***
- ***der ähnliche Gewöhnliche Gilbweiderich bildet eine endständige Blütenrispe***

Der Punktierte Gilbweiderich gehört zu den Ölblumen, einem Blumentyp, der nicht sehr häufig ist. Die Blüten locken ihre Bestäuber mit fetten Ölen, die von den Drüsenhaaren abgegeben werden. Bestimmte Wildbienen tupfen das Öl mit den Saugpolstern an ihren Beinen ab, transportieren es gemischt mit Blütenstaub ins Nest und verwenden es als Larvennahrung.

Hohe Schlüsselblume

Primula elatior (Primelgewächse)

H 10–30 cm März–Mai Staude

Bei den Schlüsselblumen gibt es Pflanzen, deren Blüten lange Griffel und tief in der Blütenröhre sitzende Staubblätter haben. Andere Exemplare haben kurze Griffel und hoch sitzende Staubblätter. Beide Formen sind etwa gleich häufig und treten meist gemeinsam am gleichen Standort auf. Am meisten Samen entstehen dann, wenn der Blütenstaub auf die jeweils andere Blütenform gelangt.

Vorkommen *Wälder mit krautigem Unterwuchs, Schluchtwälder, Bergwiesen. Auf feuchten Böden. Mittel- und Südeuropa.*

> ***wächst und blüht auch an schattigen Standorten***
> ***heißt auch „Wald-Primel"***
> ***Blüten duften schwach***

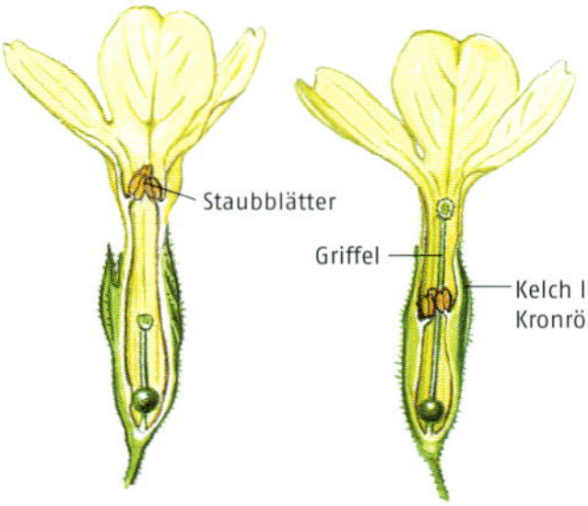

Schon gewusst?

Die ähnliche Stängellose Schlüsselblume gehört in bunten Zuchtformen, oft auch mit entwickeltem Stängel, sowie in Kreuzungen mit anderen Arten zu den beliebtesten Frühjahrspflanzen für Garten und Balkon.

Gewöhnliche Wiesen-Schlüsselblume

Primula veris (Primelgewächse)
H 10–30 cm   April–Juni   Staude

***Vorkommen** Magere Rasen über Kalkgestein, niedrige Wiesen, Waldränder, Raine, lichte Wälder. An hellen Standorten. Mittel- und Südeuropa.*

- ***gefährdet, auch durch Pflücken***
- ***Blüten duften stark***
- ***zeigt mageren Boden an***

„Schlüsselblume" weist auf die Ähnlichkeit der Blütendolde mit einem Schlüsselbund hin. Nach der Legende ließ der heilige Petrus, der Hüter der himmlischen Pforte, seine Schlüssel auf die Erde fallen. An dieser Stelle wuchsen sodann die „Himmelsschlüssel". Die Blüten wirken schleimlösend bei Husten und werden noch heute in der Pflanzenheilkunde verwendet.

Alpen-Aurikel

Primula auricula (Primelgewächse)
H 5–25 cm   April–Juni   Staude

***Vorkommen** Steinige Gebirgsrasen, Felsgrate, Felsspalten, Flachmoore. Gebirge in Mittel- und Südeuropa in Höhen von 1500 bis über 3000 m.*

- ***Blüten duften***
- ***braucht Feuchtigkeit im Boden***
- ***Blätter immergrün***

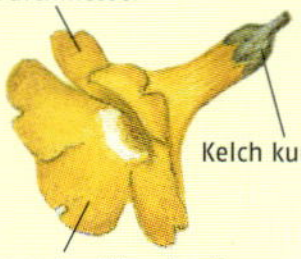

Die Alpen-Aurikel wächst oft in „schwindelnder" Höhe und gab damit Anlass zu dem Aberglauben, sie würde Gämsen und ihre Jäger schwindelfrei machen. Garten-Aurikeln entstanden aus Kreuzungen der Alpen-Aurikel und der in den Alpen und Pyrenäen beheimateten, purpurrot blühenden Behaarten Primel.

Scharfer Mauerpfeffer

Sedum acre (Dickblattgewächse)

H 3–15 cm Juni–Aug. Staude ☠

Die frische Pflanze schmeckt brennend scharf, pfefferartig. Beim Trocknen verliert sich dieser Geschmack. Als Gewürz ist sie nicht geeignet, da die Inhaltsstoffe die Schleimhäute reizen und Erbrechen und Durchfall auslösen können. In der Volksheilkunde behandelte man früher Warzen und Wunden mit dem Pflanzensaft.

Vorkommen *Pionierpflanze auf warmen, trockenen, sonnigen Felsen, Mauern, Bahnschotter, Kiesdächern, in Pflasterfugen, Kiesgruben. Ganz Europa.*

> ***speichert Wasser***
> ***kann in der Pflanzenpresse weiterwachsen***
> ***braucht viel Sonne***

Fetthennen-Steinbrech

Saxifraga aizoides (Steinbrechgewächse)

H 5–20 cm Juni–Okt. Staude

Allein über 85 Fliegenarten locken die Blüten dieser Steinbrech-Art an. Außerdem auch Hummeln, Wespen, Bienen, Schmetterlinge und Käfer. Die oft ausgedehnten Rasen der Pflanze stellen im Gebirge somit eine wichtige Nahrungsquelle für Insekten dar.

Vorkommen *Überrieselte Felsen und Schutt, Kiesbänke, feuchte Hänge. In Höhen von 600 bis über 3000 m. Nordeuropa, Alpen, Pyrenäen.*

> ***kann flächig wachsen***
> ***Blätter immergrün***
> ***blüht seltener auch orange oder dunkelrot***

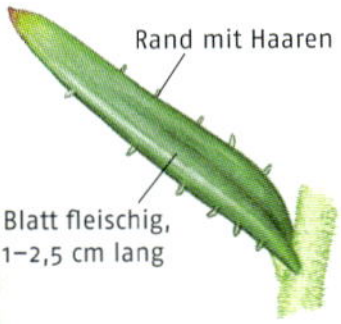

Kleiner Odermennig

Agrimonia eupatoria (Rosengewächse)

H 30–100 cm Juni–Sept. Staude

***Vorkommen** Hecken, Böschungen, Magerrasen. Bevorzugt sonnige Standorte. Von der Ebene bis in mittlere Gebirgslagen. Fast ganz Europa.*

- > ***Früchte hängen oft an Strümpfen und Hosen***
- > ***Stängel sehr zäh***
- > ***hieß früher auch „Heil aller Welt"***

Die Früchte bleiben mit ihren Haken wie Kletten im Tierfell hängen und werden so über weite Strecken verbreitet. Die Pflanze enthält Gerbstoffe und kann deshalb leichte Durchfälle, Entzündungen im Mund- und Rachenraum und leichte Hautentzündungen lindern. „Odermennig" soll eine Eindeutschung des lat. Namens *Agrimonia* sein. Möglicherweise hängt der Name aber auch mit „Ader" zusammen. Früher galt die Pflanze als heilsam gegen die „Goldene Ader", eine alte Bezeichnung für Hämorrhoiden.

Schon gewusst?

Im Mittelalter zählte der Odermennig zu den wichtigsten Wundkräutern. Er gehörte auch zu den Bestandteilen des französischen Kräuterwassers „Eau d'Arquebusade", das gegen Verletzungen durch Arkebusen, langläufige Handfeuerwaffen, eingesetzt wurde.

Gewöhnliche Nelkenwurz

Geum urbanum (Rosengewächse)
H 30–120 cm Mai–Okt. Staude

Die getrockneten Wurzeln der Gewöhnlichen Nelkenwurz duften nach Gewürznelken. Sie enthalten auch tatsächlich dasselbe ätherische Öl wie das tropische Gewürz, allerdings nur rund 1/100 seiner Menge. Früher verwendete man sie als Gewürznelkenersatz und gegen Zahnfleischentzündungen. Wurzelauszüge eignen sich als Zusatz für Zahnpasta oder Likör.

Vorkommen *Wälder, Zäune, Mauern, Waldwege, Ödflächen. Auch an schattigen Standorten. Fast ganz Europa.*

- > ***wächst oft im Bereich von Siedlungen***
- > ***zeigt Nährstoffreichtum an***
- > ***Früchtchen verhaken sich wie Kletten***

Gold-Fingerkraut

Potentilla aurea (Rosengewächse)
H 5–20 cm Juni–Sept. Staude

Das Gold-Fingerkraut hilft gegen leichten Durchfall und Halsentzündungen. Die Pflanze überwintert unter der Schneedecke mit grünen Blättern und kann noch vor dem Abschmelzen des Schnees neue Blätter entwickeln. So nützt sie im Hochgebirge die kurze schneefreie Zeit optimal aus.

Vorkommen *Steinige, trockene Rasen, magere Weiden, in Höhen von 1300 bis über 3000 m. Gebirge in Mittel- und Südeuropa.*

- > ***Blätter erinnern an eine Hand mit Fingern***
- > ***benötigt sauren Boden***
- > ***lockt vor allem Fliegen als Bestäuber an***

Gewöhnliches Frühlings-Fingerkraut

Potentilla tabernaemontani (Rosengewächse)
H 5–20 cm   März–Juni   Staude

***Vorkommen** Trockenrasen, felsige Hänge, Felsköpfe, Weinbergmauern, Straßenböschungen. An sonnigen Standorten. Nord- und Mitteleuropa.*

- > ***benötigt Wärme***
- > ***fällt als Frühblüher besonders auf***
- > ***hängt auch über Mauerränder***

Bei strahlendem Sonnenschein sind die Blüten weit geöffnet. Sie locken besonders Wildbienen an. Gelegentlich blüht das Frühlings-Fingerkraut im Spätsommer oder Herbst noch ein zweites Mal. Die Samen werden von Ameisen verschleppt und bleiben im Boden über 30 Jahre lang keimfähig.

Gänse-Fingerkraut

Potentilla anserina (Rosengewächse)
H 15–80 cm   Mai–Aug.   Staude

***Vorkommen** Weg- und Straßenränder, Ufer, Äcker, Weiden, in Dörfern und auf Ödflächen. Fast ganz Europa.*

- > ***wird von Gänsen nicht gefressen***
- > ***ein Fingerkraut ohne fingerförmige Blätter***
- > ***kann Durchfall lindern***

Früher wuchs die Pflanze häufig auf Gänseweiden in den Dörfern. Manche Menschen glaubten sogar, sie würde aus dem Gänsekot entstehen, dabei profitierte sie lediglich vom Nitratreichtum dieser Standorte. Die weichen Blätter dienten der ärmeren Bevölkerung als billige Einlegesohlen für Holzschuhe.

Hornfrüchtiger Sauerklee

Oxalis corniculata (Sauerkleegewächse)
H 10–50 cm Juni–Sept. einjährig Staude

Die reifen Früchte drücken die Samen aus den Kapselspalten und schleudern sie weit weg. Man hat dabei Flugweiten bis 1,6 m gemessen, eine für die kleine Pflanze erstaunliche Leistung.

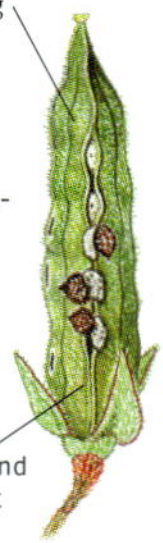

Vorkommen *Gärten, Wege, Pflasterfugen, Friedhöfe, Blumentöpfe und Pflanzkübel. Auf nährstoffreichen Böden. Süd- und Mitteleuropa.*

> ***kommt heute in warmen Gegenden weltweit vor***
> ***blüht in Blumenkübeln im Haus auch im Winter***
> ***Früchte erinnern an Hörner***

Nickender Sauerklee

Oxalis pes-caprae (Sauerkleegewächse)
H 20–30 cm Okt.–Mai Staude (☠)

Ursprünglich holte man die Art wohl als Gartenzierpflanze ans Mittelmeer, sie verwilderte jedoch bald. Obwohl sie sich in Europa praktisch nur über Brutzwiebeln an den Wurzeln vermehrt, stellt sie im Mittelmeerraum mittlerweile ein lästiges Unkraut dar, das dort keinen Fressfeind hat. Die Blüten öffnen sich bei Sonne und schließen sich abends.

Vorkommen *Wege, Ackerränder, Hecken, Orangenhaine, Grabenränder. Eingebürgert im Mittelmeerraum.*

> ***stammt aus Südafrika***
> ***bedeckt oft große Flächen***
> ***gelegentlich auch Blüten mit mehr Kronblättern***

Erd-Burzeldorn

Tribulus terrestris (Jochblattgewächse)
H 10–60 cm Mai–Sept. einjährig ☠

Vorkommen *Brachflächen, Wegränder, Ödflächen, Kulturland. Oft auf sandigem, offenem Boden an sonnigen, trockenen Standorten. Mittelmeerraum.*

> ***meist nah an bebauten oder vom Menschen bewirtschafteten Stellen***
> ***niederliegend***
> ***erträgt Trittbelastung***

Für Tiere und Barfüßige sind die Früchte sehr lästig. Sie liegen so auf dem Boden, dass sie sich mit ihren Stacheln als „Trampelkletten" an den Füßen verhaken und weit verschleppt werden können. Auszüge aus der Pflanze werden seit einiger Zeit zur Leistungssteigerung für Sportler angeboten. Die Wirkung ist jedoch ungewiss, Vergiftungen sind möglich.

Meerfenchel

Crithmum maritimum (Doldengewächse)
H 10–60 cm Juli–Okt. Staude

Vorkommen *Meeresstrände, felsige Küsten, auch im Bereich des salzigen Spritzwassers. Küsten vom Mittelmeerraum bis Südengland.*

> ***erträgt Salz im Boden***
> ***riecht zerrieben würzig nach Fenchel***
> ***Blätter mit Wachsüberzug***

Aus den frischen Pflanzen kann man ein fenchelartig schmeckendes Gemüse zubereiten. Auch in Salzlake eingelegte Blätter sollen sehr wohlschmeckend sein. Doch nicht nur auf den Teller, sogar bis in die Klassiker der Literatur hat es die Pflanze geschafft: Shakespeare berichtet in seinem Werk „König Lear" von einem Mann, der Meerfenchel sammelt.

Pastinak

Pastinaca sativa (Doldengewächse)
H 30–100 cm Juli–Sept. zweijährig

Ursprünglich stammt Pastinak wohl aus Westasien, wo er schon von der Urbevölkerung gesammelt wurde. Ab dem Altertum nahm man ihn in Kultur, in der Folge kam er auch nach Mitteleuropa. Bis zum 18. Jahrhundert, als sich der Kartoffelanbau durchsetzte, gehörten die Wurzeln zu den wichtigen Grundnahrungspflanzen. Die Pflanze verwilderte vielerorts, ihre heutige Verbreitung bei uns zeugt vom früheren Anbau.

***Vorkommen** Wiesenränder, Wegränder, Böschungen, lockere Unkrautbestände auf Eisenbahngelände, in Steinbrüchen. Fast ganz Europa.*

- > ***in Mitteleuropa eines der wenigen gelben Doldengewächse***
- > ***Wurzeln der Wildpflanzen schmecken nicht***

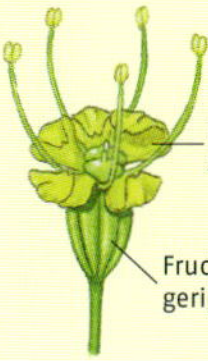

Schon gewusst?

Kultur-Pastinakenwurzeln, im ersten Winter geerntet, schmecken aromatisch-süßlich, etwas maggiähnlich, nach Möhre und Petersilie und eignen sich besonders als Gemüse. Sie enthalten die Vitamine A, B und C sowie Mineralstoffe.

Gewöhnliches Rutenkraut

Ferula communis (Doldengewächse)

H 100–300 cm April–Juli zweijährig ☠

Vorkommen *Strauchgebiete, offene, trockene Weideflächen, Straßenränder, oft in der Nähe von Siedlungen. Mittelmeergebiet.*

- > ***auffallend durch seine Größe***
- > ***Stängel abgestorbener Pflanzen bleiben oft lange stehen***
- > ***wächst einzeln oder in Gruppen***

Die Stängel dienten im Altertum als Spazierstöcke, aber auch zum Prügeln von Sklaven. *Ferula* leitet sich vielleicht von lat. ferire = schlagen, geißeln ab. Das lockere Mark der Stängel lieferte Zunder zum Feuer machen. Prometheus, der in der griechischen Mythologie das Feuer der Götter raubte, soll dieses in einem solchen Stängel zur Erde gebracht haben.

Fenchel

Foeniculum vulgare (Doldengewächse)

H 50–250 cm Juli–Sept. zweijährig

Vorkommen *Wildform an Straßenrändern, Flüssen, auf Brachflächen. Kulturform auf Feldern angebaut. Mittelmeergebiet.*

- > ***riecht zerrieben typisch aromatisch***
- > ***Heil- und Gewürzpflanze***
- > ***Blätter manchmal auch rot überlaufen***

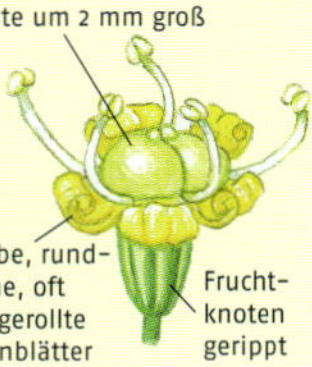

Wahrscheinlich war Fenchel bereits bei den alten Ägyptern eine Kulturpflanze. Im Altertum behandelte man mit ihm besonders Augenerkrankungen. Heute unterscheidet man verschiedene Sorten. Die Früchte des Bitter-Fenchels verwendet man gegen Husten und bei Blähungen, die der süßeren Sorte als Gewürz für Gebäck und Liköre. Vom Gemüse-Fenchel isst man die zwiebelartige Knolle.

Gelber Enzian

Gentiana lutea (Enziangewächse)
H 45–140 cm   Juni–Aug.   Staude

Die Pflanze enthält Bitterstoffe, die sie vor Tierfraß schützen. Als Arzneimittel eingenommen, regen sie die Abgabe von Speichel und Magensaft an. Zu den Bitterstoffen des Gelben Enzians gehört Amarogentin, der bitterste bekannte Naturstoff, der noch in einer Verdünnung von 1 : 58 000 000 bitter schmeckt. Bei der Destillation bleiben die Bitterstoffe weitgehend in der Maische zurück, so dass Enzian-Schnaps aromatisch und durch den Alkohol scharf schmeckt.

Vorkommen *Magere Rasen, Weiden, Flachmoore, Schuttflächen, helle Kiefernwälder. Bis in Höhen von 2500 m. Gebirge in Mittel- und Südeuropa.*

> ***blüht erstmals nach etwa 10 Jahren***
> ***eine Pflanze kann bis zu 10 000 Samen bilden***
> ***Wurzeln bis 1 m lang***

Schon gewusst?

Tödliche Verwechslungen des Enzians (links) mit dem giftigen Germer (rechts und S. 146) kommen immer wieder vor. Anhand der Blattanordnung (beim Germer wechselständig) lassen sich jedoch auch nicht blühende Pflanzen unterscheiden.

Tüpfel-Enzian

Gentiana punctata (Enziangewächse)

H 20–60 cm   Juni–Sept.   Staude

Vorkommen *Rasen oberhalb der Waldgrenze, Geröllhalden. Gebirge in Mittel- und Südeuropa bis in Höhen oberhalb 3000 m.*

- > ***wird vom Vieh verschmäht***
- > ***Blüten wirken aus der Ferne schmutzig***
- > ***meist viele Pflanzen beieinander***

Der botanische Name *Gentiana* soll auf den illyrischen König Genthios zurückgehen, der die Heilkraft von Enzian erkannte. Der Tüpfel-Enzian enthält weniger Bitterstoffe als der Gelbe Enzian. Da er jedoch auch eine recht kräftige und damit ergiebige Wurzel ausbildet, verwendete man ihn früher wie diesen für Enzianschnaps.

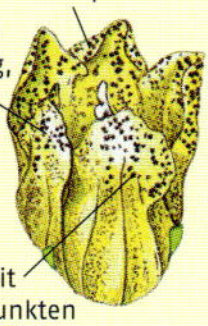

Gewöhnliche Seekanne

Nymphoides peltata (Fieberkleegewächse)

H 80–150 cm   Mai–Juni   Staude

Vorkommen *In stehenden oder langsam fließenden, nährstoffreichen Gewässern mit bis 1,5 m Tiefe. Mittel- und Südeuropa.*

- > ***Blätter ähneln denen von Seerosen***
- > ***benötigt Wärme im Sommer***
- > ***meist zwischen anderen Schwimmpflanzen***

Die Fransen an den Kronblättern sorgen dafür, dass die Blüten auf die bestäubenden Insekten besonders attraktiv wirken. Die Samen sind schwimmfähig und können mit Wasserströmungen verbreitet werden. Sie bleiben auch an Wasservögeln haften und können so in weit entfernte Gewässer gelangen.

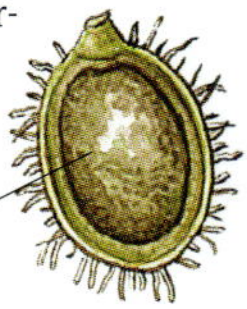

Schwarzes Bilsenkraut

Hyoscyamus niger (Nachtschattengewächse)
H 20–80 cm   Juni–Okt.   ein- bis zweijährig ☠

Das Bilsenkraut gehört zu den ältesten bekannten Giftpflanzen. Im Mittelalter verwendete man es zur Herstellung von Hexensalben, da es Sinnestäuschungen auslösen kann. Bei Vergiftungen kommt es jedoch auch zu tiefem Schlaf und tödlicher Lähmung des Atemzentrums. In Shakespeares „Hamlet" wurde der König mit Bilsenkraut vergiftet. In der Medizin benutzte man Bilsenkraut früher gemeinsam mit Schlafmohn (S. 19) und anderen Pflanzen als Narkosemittel.

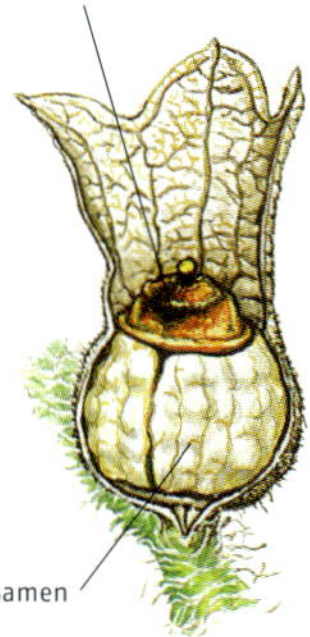

Vorkommen *Schuttplätze, Ödflächen, gelegentlich als Unkraut auf Äckern. Auf meist stickstoffreichem Boden. Fast ganz Europa.*

> ***benötigt viel Sonne und Wärme***
> ***blüht erst, wenn es täglich über 10 Stunden lang hell ist***

Schon gewusst?
Die Samen des Bilsenkrauts setzte man früher manchmal dem Bier zu, um dessen berauschende Wirkung zu verstärken – ein gefährlicher Brauch. Möglicherweise lässt sich die Bezeichnung „Pilsener Bier" auf diese frühere Verwendung zurückführen.

Großblütige Königskerze

Verbascum densiflorum (Braunwurzgewächse)
H 50–250 cm Juli–Sept. zweijährig

Vorkommen *Ödflächen, Schuttplätze, Wegränder, Waldschläge, Ufer. An sonnigen, etwas wärmeren Standorten. Mittel- und Südeuropa.*

- ***kann pro Pflanze viele Tausend Samen bilden***
- ***schöne Zierpflanze für den Garten***
- ***blüht über lange Zeit***

Die Königskerze ist ein schönes Beispiel dafür, dass auch Pflanzen Reaktionen zeigen: Rüttelt man an warmen Tagen kräftig an einem reich blühenden Stängel und wartet danach wenige Minuten, lösen sich oft auf einmal eine größere Zahl von Blütenkronen ab. Sie wurden nicht durch die Bewegung abgerissen, sondern werden von der Pflanze aktiv abgestoßen. Zubereitungen aus den Blüten lindern Hustenreiz und erleichtern das Abhusten von Schleim.

Schon gewusst?

„Königskerze" bezieht sich nicht nur auf den mächtigen Blütenstand, sondern auch darauf, dass man früher die getrockneten Fruchtstängel verschiedener Arten mit Harz oder Wachs tränkte und als Fackeln benutzte.

Schwarze Königskerze

Verbascum nigrum (Braunwurzgewächse)

H 50–120 cm Juni–Sept. zweijährig

Die violetten Haare auf den Staubblättern bilden einen starken Kontrast zum Gelb der Blütenkrone. Die Blüten wirken deshalb besonders attraktiv auf Insekten. Wie bei den meisten Pflanzen mit langen Blütenständen öffnen sich auch bei der Königskerze zuerst die unteren Blüten. Bienen und Hummeln besuchen solche Blütenstände deshalb regelmäßig von unten nach oben.

Vorkommen *Unkrautbestände auf Waldschlägen, Schuttplätzen, an Wegrändern, Böschungen. Fast ganz Europa.*

> ***im ersten Jahr nur Blattrosette***
> ***auffällige Farbkombination der Blüten***
> ***Samen sehr lange keimfähig***

Mauerlattich

Mycelis muralis (Korbblütengewächse)

H 60–80 cm Juli–Aug. Staude

Leicht kann man das Blütenkörbchen mit den fünf strahligen Zungen für eine Einzelblüte halten. Es handelt sich jedoch um fünf Einzelblüten, von denen jede ihren Nektar enthält. Im Körbchen vereint fallen sie den Insekten viel mehr auf. Gleichzeitig kann ein Insekt bei einem Besuch mehrere Blüten auf einmal bestäuben.

Vorkommen *Wälder mit krautreichem Unterwuchs, Waldwege, feuchte Felsen und Mauern, gerne auch in Städten. Fast ganz Europa.*

> ***wächst im Schatten oder Halbschatten***
> ***gibt bei Verletzung weißen Milchsaft ab***
> ***Körbchen nur tags offen***

Frühlings-Adonisröschen

Adonis vernalis (Hahnenfußgewächse)

H 10–40 cm April–Mai Staude ☠

Vorkommen *Trockenrasen, Wiesensteppen, trockenwarme, buschige Hügel. An im Sommer warmen Standorten. Mittel-, Süd- und Osteuropa.*

> ***bei uns stark gefährdet und geschützt***
> ***in Osteuropa häufiger***
> ***Stängel verlängern sich nach der Blüte***

Die Blüten öffnen sich nur bei Sonnenschein und folgen ähnlich wie eine Sonnenblume dem Sonnenstand. In der Heilkunde verwendet man Adoniskraut bei leichter Herzschwäche und nervösen Herzbeschwerden. Die Giftpflanze eignet sich jedoch nicht zur Selbstbehandlung. Bei Vergiftungen wird der Puls langsam und es kommt zum Herzstillstand.

Südeuropäischer Winterling

Eranthis hyemalis (Hahnenfußgewächse)

H 5–15 cm Febr.–April Staude ☠

Vorkommen *Wälder, Gebüsche, Weinberge, Obstgärten, Parkanlagen, Gebüsche. Südeuropa, in Mitteleuropa verwildert.*

> ***blüht bereits im Schnee***
> ***beliebter Frühblüher in Gärten***
> ***erinnert an einen Hahnenfuß***

Während der bis zu einer Woche dauernden Blütezeit verlängern sich die Blütenblätter durch Wachstum beim Öffnen und Schließen um gut das Doppelte. Die Früchtchen öffnen sich zu kleinen Schaufeln, aus denen die Samen durch Regentropfen bis über 40 cm weit hinausgeschleudert werden.

Europäische Trollblume

Trollius europaeus (Hahnenfußgewächse)

H 30–60 cm Mai–Juni Staude ☠

Auch wenn es eine Sage gibt, in der Kobolde Trollblumen als Fackeln tragen, hängt der Name wohl nicht mit den als Trolle bezeichneten Berggeistern zusammen. „Trollen" bedeutet eher so viel wie „rollen, wälzen" oder „Knolle" und bezieht sich damit auf die ungewöhnliche Blütenform. Während früher Trollblumenwiesen auch im Hügelland noch recht häufig waren, ist die Pflanze heute vielerorts verschwunden, da zahlreiche Feuchtwiesen entwässert wurden.

Vorkommen *Feuchte bis nasse Wiesen, Niedermoore, Bachränder. Vor allem im Gebirge bis in Höhen über 2000 m. Fast ganz Europa.*

> ***gefährdet und bei uns geschützt***
> ***blüht manchmal nochmals im Herbst***
> ***wächst meist zu vielen locker beieinander***

239

Schon gewusst?

Nur kleine Insekten gelangen als Bestäuber in die Blüte. Drei Fliegenarten holen dabei nicht nur Nektar, sondern legen auch ihre Eier an die Fruchtknoten, in denen dann die Larven fressen. Meist bleiben jedoch genügend Samen für die Vermehrung übrig.

Schwefelgelbe Alpen-Kuhschelle

Pulsatilla alpina ssp. apiifolia (Hahnenfußgewächse)

H 10–40 cm Mai–Aug. Staude (☠)

Die weit über die umgebenden Pflanzen ragenden, fedrig behaarten, oft stark zerzausten Fruchtstände führten zu vielen Volksnamen wie „Bergmännle", „Petersbart", „Teufelsbart", „Wilde Männle". Die Haare spreizen sich bei Trockenheit auseinander, so dass der Wind eine gute Angriffsfläche findet und die Früchtchen wegblasen kann. Früher galt die Pflanze bei den Bergbauern als wirksames Mittel gegen blutiges Harnen des Viehs.

Vorkommen *Steinige Gebirgsrasen, Standorte mit Zwergsträuchern. Auf sauren Böden. Gebirge in Mittel- und Südeuropa von etwa 1500 bis über 3000 m.*

- > ***heißt auch „Schwefel-Anemone"***
- > ***wächst oft zu vielen locker beieinander***
- > ***fällt durch die Blütengröße auf***

Schon gewusst?

Ebenfalls in den Gebirgen wächst die Weiße Alpen-Kuhschelle, die sich hauptsächlich durch die weißen Blüten unterscheidet. Ihre Blüten enthalten keine Farbstoffe, sondern reflektieren das Licht und erscheinen dadurch weiß.

Gewöhnliches Scharbockskraut

Ranunculus ficaria (Hahnenfußgewächse)
H 5–20 cm   März–Mai   Staude ☠

Bei uns vermehrt sich die Pflanze fast nur durch die kleinen Brutknöllchen, die anstelle von Seitentrieben in den Blattachseln sitzen und vom Regen weggespült werden. In Pfützen zusammengeschwemmte Knöllchen nannte man früher „Getreideregen". Frische, ganz junge Blätter nutzte man früher gegen Skorbut, hiervon leitet sich der deutsche Name ab. Mit fortschreitendem Wachstum werden die Pflanzen jedoch giftig.

***Vorkommen** Auenwälder, Laubwälder mit krautigem Unterwuchs, Obstwiesen, feuchte Wiesen, Parks. Auf feuchten Böden. Ganz Europa.*

> ***zeigt nährstoffreiche Böden an***
> ***nur im Frühjahr zu sehen, zieht sich nach der Blüte wieder zurück***

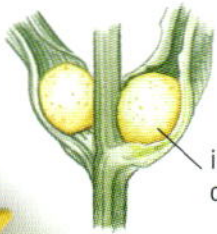

Gelber Wau

Reseda lutea (Resedengewächse)
H 20–60 cm   Mai–Sept.   ein- bis zweijährig

Alle Wau-Arten heißen in der Wissenschaft *Reseda*. Dies leitet sich vom lateinischen resedare = beruhigen, heilen ab. Eine Art, der Färber-Wau, wurde früher als Beruhigungsmittel verwendet. Der Gelbe Wau enthält gelb, gelbgrün oder braun färbende Stoffe. Er war als Färbe-Pflanze für Textilien und Malerfarben jedoch nie so bedeutend wie der ähnliche Färber-Wau.

***Vorkommen** Lückige Unkrautbestände an Wegen, auf Schuttplätzen, Bahn- und Hafenanlagen, Ödflächen. Mittel- und Südeuropa.*

> ***Blütentrauben verlängern sich stark***
> ***benötigt Wärme***
> ***heißt auch „Gelbe Resede"***

Gewöhnliche Felsen-Fetthenne

Sedum rupestre (Dickblattgewächse)
H 10–35 cm Juni–Aug. Staude

__Vorkommen__ Pionierpflanze auf Felsen, Dünen, Mauern, Steinschutthalden. Auf warmen, trockenen Sand- und Steinböden. Fast ganz Europa.

- ***mit den fleischigen Blättern gut an Trockenheit angepasst***
- ***viele der Vorkommen aus Gärten verwildert***
- ***auch ohne Blüten auffällig***

Früher wuchs die Felsen-Fetthenne praktisch in jedem Hausgarten. Die säuerlich erfrischend schmeckenden Blätter und Triebspitzen eignen sich frisch als Gewürz für Salat, Soßen und Rohkost. Der weitere Name „Tripmadam" leitet sich möglicherweise vom französischen trique = Eingeweide, Gedärm ab und könnte sich auf die saftigen Sprosse beziehen.

Kriechende Nelkenwurz

Geum reptans (Rosengewächse)
H 5–25 cm Juni–Aug. Staude

__Vorkommen__ Offene, feuchte Felsschutthalden, Gletschermoränen. Gebirge Mittel- und Südeuropas, meist zwischen 2500 und 3500 m Höhe.

- ***hilft Schutt zu festigen***
- ***die ähnliche Berg-Nelkenwurz hat keine Ausläufer und wächst auf Bergwiesen***

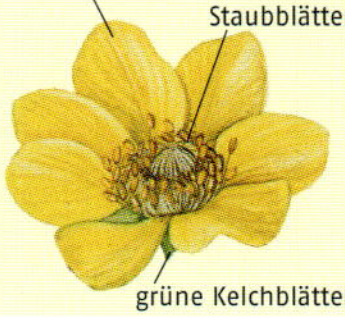

Nicht nur blühend, sondern auch fruchtend fällt die Pflanze an ihren Standorten auf: Die fedrigen Früchtchen stehen auf weit emporgereckten Stängeln, so dass sie gut vom Wind verblasen werden können. Ihre nähere Umgebung überzieht die auch „Gletscher-Petersbart" genannte Pflanze mit ihren langen Ausläufern und kann so große Gruppen bilden.

Hottentottenfeige

Carpobrotus edulis (Eiskrautgewächse)

H 5–20 cm März–Juli Staude

Südafrikaner stellen aus den Früchten Marmelade her oder mischen sie in Currygerichte. Sie besitzen ein geleeartiges, süßsaures Fruchtfleisch. Auch die fleischigen Blätter sind, gekocht oder in Essig eingelegt, essbar. Afrikanische Heilkundige reinigen Wunden mit dem Saft zerquetschter Blätter und verwenden ihn gegen Ekzeme und Insektenstiche.

__Vorkommen__ Böschungen und Dünen in Küstennähe. Heimisch in Südafrika, im Mittelmeerraum eingebürgert.

> ***hilft Dünen und Sandbänke zu festigen***
> ***Blüten nur bei Sonnenschein geöffnet***
> ***braucht sehr wenig Wasser***

Schon gewusst?

An denselben Standorten wächst oft auch die ähnliche, jedoch rot blühende Rote Mittagsblume. Beide Arten wachsen sehr schnell und sind so mancherorts zu einer Plage geworden.

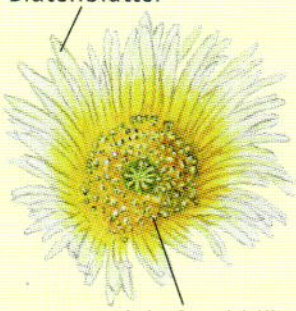

Echte Arnika

Arnica montana (Korbblütengewächse)
H 20–50 cm Juni–Juli Staude (☠)

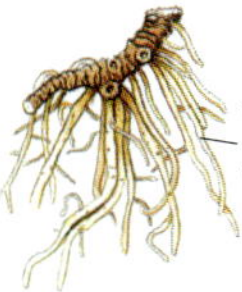

***Vorkommen** Feuchte Wiesen, Rasen, Weiden, Heiden und Moore. Verträgt keine kalkhaltigen Böden. Mitteleuropa, fast nur in den Gebirgen.*

> ***verträgt keine Düngung***
> ***riecht zerrieben stark aromatisch***
> ***bekannte Heilpflanze***

244

Auszüge aus Arnikablüten hemmen Entzündungen und lindern Schmerzen. Äußerlich helfen die Präparate deshalb bei Prellungen, Quetschungen, Muskel- und Gelenkrheuma und Insektenstichen. Zu viel und zu oft angewandt, kann es jedoch zu Allergien kommen. Innerlich kann Arnika zu Vergiftungen mit Erbrechen, Herzrhythmusstörungen und anschließendem Kollaps führen.

Schon gewusst?

„Berg-Wohlverleih", wie die Arnika auch heißt, bezog sich ursprünglich nicht auf die „Wohl verleihende" Heilkraft der Pflanze. Der Name leitete sich eher von „Wolf" oder auch von „Wolle" ab.

Jakobs-Greiskraut

Senecio jacobaea (Korbblütengewächse)

H 30–100 cm Juli–Sept. zweijährig, Staude ☠

Der Name „Greiskraut“ bezieht sich auf die Fruchtstände, die an die weiße Haarpracht alter Leute erinnert. „Jakobs-Greiskraut“ heißt die Art nach dem Apostel Jakob, möglicherweise weil sich ihre ersten Blüten etwa um den St. Jakobstag (25. Juli) öffnen.

Vorkommen *Weiden, Wiesen, Halbtrockenrasen, Böschungen, Waldränder. Fast ganz Europa.*

> ***eine von vielen ähnlichen Greiskraut-Arten***
> ***enthält krebsauslösende Inhaltsstoffe***
> ***heißt auch „Jakobs-Kreuzkraut“***

Gewöhnliches Greiskraut

Senecio vulgaris (Korbblütengewächse)

H 10–30 cm Febr.–Nov. einjährig ☠

Die Früchte können dank des Haarschopfes in höhere Luftschichten gelangen und über größere Distanzen verblasen werden. So fanden Wissenschaftler die Art unter den Erstbesiedlern der neu entstandenen Vulkaninsel Surtsey. Hierzu mussten die Früchte eine Strecke von mindestens 40 km zurückgelegt haben.

Vorkommen *Offene Unkrautbestände auf Äckern, in Gärten, auf Ödflächen, Schuttplätzen, Waldschlägen. Ganz Europa.*

> ***blüht fast das ganze Jahr***
> ***kann in Gärten lästig werden***
> ***ganze Pflanze an sonnigen Standorten oft rötlich gefärbt***

Huflattich

Tussilago farfara (Korbblütengewächse)
H 7–30 cm März–April Staude ☠

Vorkommen *Wege, Straßenränder, Schuttplätze, Kiesgruben, Ufer. Auf meist offenen, kalkhaltigen Böden. Ganz Europa.*

> ***blüht, bevor die Blätter erscheinen***
> ***wirkt als Bodenbefestiger***
> ***wächst oft in Gruppen***

Die bei Husten und Heiserkeit bewährte Pflanze enthält Stoffe, welche die Leber schädigen und Krebs auslösen können. Man sollte sie deshalb nicht wild sammeln, sondern auf besondere Züchtungen oder geprüfte Präparate zurückgreifen und auf die Anwendungshinweise achten. Zigaretten aus Huflattichblättern wurden früher zur Raucherentwöhnung eingesetzt.

Strahlenlose Kamille

Matricaria discoidea (Korbblütengewächse)
H 5–30 cm Juni–Aug. einjährig

Vorkommen *Betretene Rasenflächen und Wege, besonders im Siedlungsbereich. Oft in größeren Gruppen auf offenen Böden. Ganz Europa.*

> ***stammt aus Nordostasien***
> ***riecht ähnlich wie Echte Kamille (S. 135), hat aber nicht deren Heilwirkung***
> ***sehr robust***

Die Art galt in Botanischen Gärten als Kuriosität, weil sie im Gegensatz zu den anderen Kamillen (S. 134 und 135) keine Zungenblüten hat. Ihre Früchte verschleimen bei Nässe, bleiben dann an Schuhen, Reifen usw. kleben und werden so über weite Strecken verschleppt. So konnte die Pflanze aus den Gärten entweichen und sich ab 1850 in ganz Europa ausbreiten.

Topinambur

Helianthus tuberosus (Korbblütengewächse)

H 100–250 cm Okt.–Nov. Staude

Topinambur wurde in Europa erstmals 1619 angebaut. Nach dem 30-jährigen Krieg spielten seine Knollen eine wichtige Rolle als Grundnahrungsmittel. In der Folgezeit erwies sich jedoch die Kartoffel als ertragreicher und drängte den Topinamburanbau zurück. Heute pflanzt man ihn fast nur noch als Futter fürs Vieh und Wild an.

Vorkommen *Oft verwildert und eingebürgert an Ufern von nährstoffreichen Gewässern, regelmäßig angebaut. In Gegenden mit mildem Klima, vor allem in Mitteleuropa.*

- ***stammt aus Nordamerika***
- ***erinnert an eine kleinblütige Sonnenblume***
- ***Knollen entstehen erst im Spätherbst***

Knollen wilder Pflanzen meist schmal länglich, 1–4 cm lang

Knollen aus kugeligen Gliedern zusammengesetzt, kann in Kultur faustgroß werden

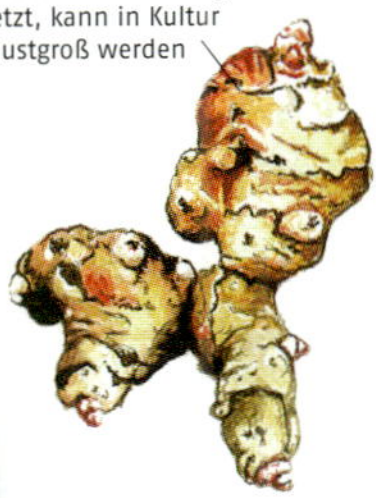

Schon gewusst?

Die Knollen kultivierter Pflanzen eignen sich als Kartoffelersatz für Diabetiker. Sie enthalten Inulin, für dessen Verarbeitung kein Insulin benötigt wird. Beim Abbau entsteht der für Diabetiker verträgliche Fruchtzucker (Fruktose).

Gewöhnliche Goldrute

Solidago virgaurea (Korbblütengewächse)

H 10–100 cm Juli–Okt. Staude

***Vorkommen** Lichte Wälder mit Unterwuchs, Waldschläge, Heiden, magere Weiden. Ganz Europa.*

> ***erträgt Trockenheit***
> ***wächst im Hochgebirge als Zwergform***
> ***lockt viele Insekten an***

Die Gewöhnliche Goldrute trägt ihren Namen wegen der langen, rutenartigen Stängel und der Blütenfarbe. In der Pflanzenheilkunde gehört sie zu den bewährten harntreibenden Heilpflanzen. Sie wirkt gegen Entzündungen der Harnwege und hilft Harnsteine und Nierengries auszuspülen oder vorzubeugen.

Schon gewusst?

Mit dem „Heidnisch Wundkraut" behandelten Heilkundige spätestens ab dem 16. Jahrhundert verschiedene Wunden. Je nach Rezept musste der Kranke eine Abkochung trinken oder die Wunde damit auswaschen. Manchmal legte man auch die Blätter auf die Wunde.

Kanadische Goldrute

Solidago canadensis (Korbblütengewächse)

H 50–250 cm Aug.–Okt. Staude

Die aus Nordamerika stammende Kanadische Goldrute breitet sich seit dem 19. Jahrhundert bei uns aus. Sie vermehrt sich sowohl über unzählige Samen wie auch unterirdisch über Ausläufer des zähen Wurzelstocks. Da sie durch Massenentwicklung die heimische Flora verdrängt, versuchen Naturschützer vielerorts, ihre Bestände einzudämmen.

***Vorkommen** Unkrautbestände auf Schutt, Eisenbahnböschungen, Ödflächen in Städten, auch in Auenwäldern oder an Ufern. Fast ganz Europa.*

- ***kann riesige, dichte Bestände bilden***
- ***lockt viele Insekten an***
- ***wächst auch als Zierpflanze in vielen Gärten***

Spanische Golddistel

Scolymus hispanicus (Korbblütengewächse)

H 20–80 cm Juni–Sept. zweijährig

Die Bibel kennt viele „Dornpflanzen" oder „Disteln". Besonders beim Gleichnis vom Sämann vermuten Wissenschaftler, dass die beschriebenen „Dornen, die die Saat erstickten" Golddisteln meinen. Während die Spanische Golddistel eher an verlassenen Plätzen wächst, ist die verwandte Gefleckte Golddistel im Mittelmeerraum ein lästiges Unkraut in Äckern.

***Vorkommen** Sonnige Wegränder, Schuttplätze, Brachflächen. Meist an von Menschen beeinflussten Standorten. Südeuropa.*

- ***erträgt Trockenheit***
- ***heißt auch „Goldwurzel"***
- ***Wurzeln als Gemüse essbar***

Wermut

Artemisia absinthium (Korbblütengewächse)
H 60–120 cm   Juli–Sept.   Staude, Strauch ☠

***Vorkommen** Unkrautbestände auf Schutt, an Autobahnen, Müllplätzen, Dämmen, Schafweiden, Felsen. Hauptsächlich Mittel- und Südeuropa.*

- > ***riecht zerrieben stark aromatisch***
- > ***benötigt viel Sonne und Wärme***
- > ***ganze Pflanze graufilzig***

Als Heilpflanze steigert Wermut den Appetit und lindert Völlegefühl und Blähungen. Zu große Mengen können jedoch tödlich sein. Absinth-Schnaps war früher als Auslöser von Gehirnschäden und Änderungen der Persönlichkeit berüchtigt und wurde deshalb verboten. Heute angebotene Wermutweine und Schnäpse sind jedoch unbedenklich.

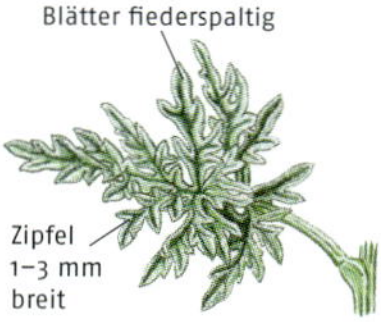

Gewöhnlicher Beifuß

Artemisia vulgaris (Korbblütengewächse)
H 60–250 cm   Juli–Nov.   Staude

***Vorkommen** Unkrautbestände an Wegrändern, auf Schuttplätzen, Ödland, an Ufern von Flüssen und Seen. Ganz Europa.*

- > ***riecht beim Zerreiben schwach, eigenartig***
- > ***der Blütenstaub wird vom Wind verbreitet***
- > ***im Altertum berühmtes Kraut bei Frauenleiden***

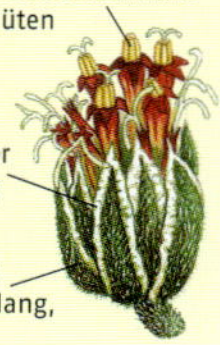

Beliebt ist Beifuß als Gewürz für Wild und Gans, gefürchtet als Heuschnupfenauslöser. Einem Aberglauben zufolge soll ein Beifußblatt im Schuh vor Ermüdung auf Wanderungen schützen. Die Volksmedizin empfiehlt das Kraut bei Magenbeschwerden. Es wächst auch in Sibirien und Alaska und gehört für die Inuit zu den wenigen heimischen Heilkräutern.

Rainfarn

Tanacetum vulgare (Korbblütengewächse)

H 60–120 cm   Juli–Sept.   Staude ☠

„Rainfarn“ bezieht sich auf die Ähnlichkeit der Blätter mit denen mancher Farne sowie auf die Verwendung als wurmabweisende Streu für Rinder, die früher „Farren“ genannt wurden. Im 16. und 17. Jahrhundert verwendete man die Pflanze auch beim Menschen als Wurmmittel sowie gegen Fieber, Pest und Gicht. Mancherorts heißt sie noch heute „Wurmkraut“.

Vorkommen *Unkrautbestände an Böschungen, Wegen, Ufern, auf Schuttplätzen, Ödflächen, Brandstellen. Fast ganz Europa.*

- **wächst oft in Büscheln**
- **riecht beim Zerreiben herb-aromatisch**
- **eignet sich für Trockensträuße**

Sand-Strohblume

Helichrysum arenarium (Korbblütengewächse)

H 10–30 cm   Juli–Aug.   Staude

Die Blütenkörbchen dienen in der Medizin als harntreibendes, gallesaftbildendes und etwas krampflösendes Mittel. In Teemischungen verschönern sie die Farbe des Aufgusses. Sie sind unter Namen wie „Gelbes Katzenpfötchen“, „Gelbe Immortelle“, „Harnblumen“, „Ruhrkrautblüten“ im Handel.

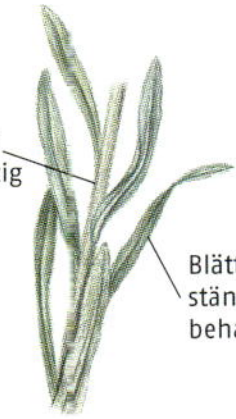

Vorkommen *Sandrasen, Dünen, trockene Kiefernwälder. An im Sommer warmen Standorten. Fast ganz Europa.*

- **duftet aromatisch nach Curry**
- **eignet sich für Trockensträuße**
- **Wildvorkommen in Deutschland geschützt**

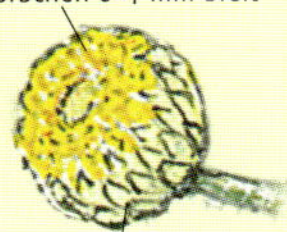

Kronen-Wucherblume

Chrysanthemum coronarium (Korbblütengewächse)

H 30–80 cm März–Sept. einjährig

Vorkommen *Kulturland, Öd- und Brachflächen, Straßenränder. Auch Zierpflanze. Mittelmeerraum.*

> ***oft in großen, auffallenden Gruppen***
> ***Blütenköpfe einfarbig oder weiß und gelb***
> ***duftet zerrieben intensiv***

Besonders die zweifarbige Form wächst oft als Zierpflanze in Gärten. Ostasiaten kochen Blätter und Stängel der Kronen-Wucherblume als Gemüse. Auch die alten Griechen kannten diese Verwendung. Sie hielten die Pflanze auch für ein Zauberkraut, das vor bösen Geistern und Hexen schützen sollte. Bei ihnen hieß die Pflanze *Dios ofrya* = „Zeusbrauen".

Rauhaariger Alant

Inula hirta (Korbblütengewächse)

H 15–45 cm Juni–Juli Staude

Vorkommen *Lichte Eichen- und Kiefernwälder, trockene Rasen, Gebüsche. An im Sommer warmen Standorten. Hauptsächlich Mittel- und Osteuropa.*

> ***braucht im Sommer warme Standorte***
> ***erträgt Trockenheit***
> ***Blätter fühlen sich sehr rau an***

Aus dem verwandten Echten Alant isolierten Wissenschaftler 1804 erstmals Inulin, ein Kohlenhydrat, das den Korbblütengewächsen an Stelle von Stärke als Speichersubstanz dient. Nahrungsmittel mit Inulin eignen sich für Diabetiker, da der Körper für die Verwertung kein Insulin benötigt. Beim Abbau entsteht für Diabetiker verträglicher Fruchtzucker (Fruktose).

Färber-Distel

Carthamus tinctorius (Korbblütengewächse)
H 15–120 cm Juli–Sept. Staude

Bereits vor 4000 Jahren kultivierten Ägypter die Färber-Distel, um ihre Farbstoffe zu gewinnen. Die Blüten enthalten rot und gelb färbende Substanzen. Besonders begehrt war das Rot, mit dem sich Baumwolle und Seide färben lässt, das aber auch für Schminken und Konfekt verwendet wurde. Heute presst man aus den Samen Distel- oder Safloröl, das Arterienverkalkungen vorbeugen soll.

***Vorkommen** Heimisch im Orient, in Südeuropa kultiviert und auf Weideland, Brachflächen und an Wegrändern verwildert.*

- ***heute besonders als Ölpflanze wichtig***
- ***Blüten ändern ihre Farbe***
- ***manchmal als Schnittblume im Blumenhandel***

Schon gewusst?

Wenn Märkte sehr preisgünstig Safran anbieten, handelt es sich selten um echte Safranfäden. Anstelle der wertvollen Narben des Safran-Krokus besteht die Ware häufig aus den Blüten der Färber-Distel, die Speisen ebenfalls gelb färben.

Benediktenkraut

Cnicus benedictus (Korbblütengewächse)

H 10–60 cm April–Juli einjährig

Vorkommen *Kulturland, Brachflächen, trockene Weiden, Trockenrasen. Auch angebaut als Heilpflanze. Mittelmeerraum.*

> ***schmeckt stark bitter***
> ***Hautkontakt kann Allergien auslösen***
> ***Wildpflanzen bleiben oft sehr niedrig***

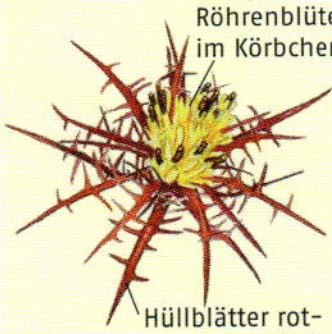

Im 16. Jahrhundert galt Benediktenkraut als eines der wirksamsten Mittel gegen die Pest. Es enthält aber keine Stoffe, die bei dieser Krankheit helfen könnten. Die Pflanze lindert Verdauungsstörungen und Gallenbeschwerden und eignet sich für Kräuterlikör. Unter der Bezeichnung „Benediktiner" gehandelter Likör enthält Auszüge aus vielen verschiedenen Kräutern, zu denen Melisse und Thymian, aber nicht unbedingt das Benediktenkraut gehören.

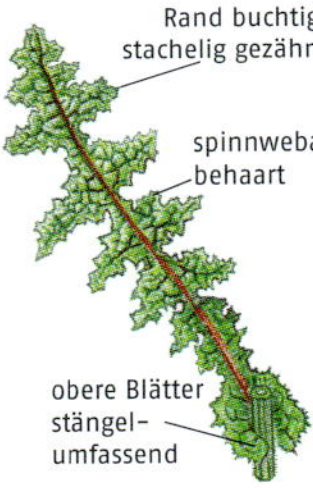

Schon gewusst?

Die ältesten Hinweise auf Arzneipflanzengärten in Klöstern stammen von dem im 6. Jahrhundert gegründeten Mönchsorden der Benediktiner. Der Ursprung ihres Namens ist derselbe wie der der Pflanze: lateinisch benedictus heißt „gesegnet, heilkräftig".

Kohl-Kratzdistel

Cirsium oleraceum (Korbblütengewächse)
H 50–150 cm   Juni–Sept.   Staude

Früher verfütterten Bauern die Kohl-Kratzdistel gerne an das Vieh. Junge Sprosse und die weichen Blätter verwendete man auch für Salat oder kohlartiges Gemüse. Die Böden der Blütenkörbchen eignen sich sogar als Artischocken-Ersatz, sind allerdings bei weitem nicht so ergiebig.

Vorkommen *Nasse Wiesen, Auenwälder, Bachufer, Quellen, Waldschläge. Auf nassen, nährstoffreichen Böden. Nord-, Mittel- und Westeuropa.*

> ***wird gerne von Schmetterlingen besucht***
> ***zeigt nasse Böden an***
> ***eine Kratzdistel, die kaum stachelig ist***

Alpen-Kratzdistel

Cirsium spinosissimum (Korbblütengewächse)
H 20–70 cm   Juli–Sept.   Staude

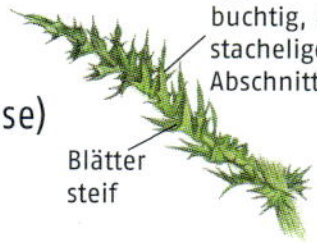

Der wissenschaftliche Name heißt übersetzt in etwa „sehr dornige Kratzdistel". Es erstaunt also wenig, dass diese Kratzdistel vom Vieh verschmäht wird, lediglich kleinere Tiere fressen die jungen Blütenköpfe. Die bleichen Hochblätter sollen im Mittelalter Vorlagen für Brokatstickereien und Ornamente geliefert haben.

Vorkommen *Weiden, Lagerplätze von Vieh, Bachufer, Flächen mit grobem Schutt. In den Apenninen und in den höheren Lagen der Alpen bis auf 3000 m.*

> ***fällt schon von weitem durch die blassen Hochblätter auf***
> ***braucht feuchten Boden***
> ***bleibt auf Viehweiden stehen***

Gewöhnliche Golddistel

Carlina vulgaris (Korbblütengewächse)
H 15–60 cm Juli–Sept. zweijährig

Vorkommen *Magere Rasen und Weiden, Halbtrockenrasen, Wegränder, lichte Wälder. Meist auf kalkhaltigen Böden. Ganz Europa.*

> ***erträgt Trockenheit***
> ***heißt auch „Kleine Eberwurz"***
> ***Blütenkörbchen schließen sich bei Feuchtigkeit***

Blühende Körbchen lassen sich auf den ersten Blick nur schwer von bereits fruchtenden unterscheiden: Die gelben, trockenen Hüllblätter, durch die die Körbchen auffällig wirken, bleiben wie bei der Silberdistel (S. 138) bis lange in den Winter hinein schön.

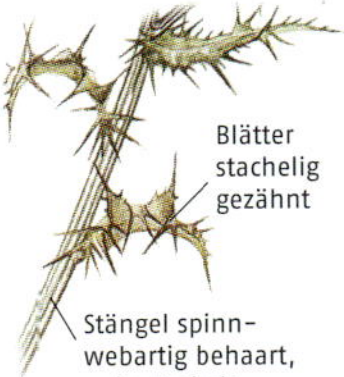

Rainkohl

Lapsana communis (Korbblütengewächse)
H 30–100 cm Juni–Sept. einjährig, Staude

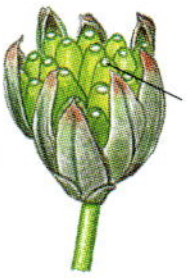

Vorkommen *Unkrautbestände an Hecken, Zäunen, Straßenrändern, in Wäldern, Gärten, auf Schuttplätzen, Äckern. Fast ganz Europa.*

> ***zeigt nährstoffreiche Böden an***
> ***wächst gern im Halbschatten oder Schatten***
> ***weißer Milchsaft***

Die Blütenkörbchen des Rainkohls öffnen sich nur bei schönem Wetter morgens von etwa 6 bis 11 Uhr. Bei schlechtem Wetter bestäuben sie sich selbst, indem sich die äußeren Blüten über die inneren krümmen und so die Staubbeutel mit den Narben in Kontakt kommen. Die Pflanze eignet sich trotz des Namens nicht als Gemüse.

Wiesen-Löwenzahn

Taraxacum officinale (Korbblütengewächse)

H 5–40 cm April–Juli Staude

Die Heilpflanze lindert Gallestörungen und fördert die Harnabgabe (wird auch „Bettseicher", „Bettpisser" genannt). Kinder blasen gerne die Früchte von den „Pusteblumen". Früchte entstehen auch dann, wenn kein Blütenstaub auf die Narben kommt. Wegen dieser „Jungfernzeugung" passt es aus heutiger Sicht ganz gut, dass die Pflanze auf vielen christlichen Bildern mit der Jungfrau Maria zu sehen ist.

Vorkommen *Gedüngte Wiesen, Weiden, Unkrautbestände an Wegen, in Äckern, Parkrasen. Auf nährstoffreichen Böden. Ganz Europa.*

> ***sondert bei Verletzung weißen Milchsaft ab***
> ***sorgt im Frühjahr für gelbe Wiesen***
> ***sehr bekannte Pflanze***

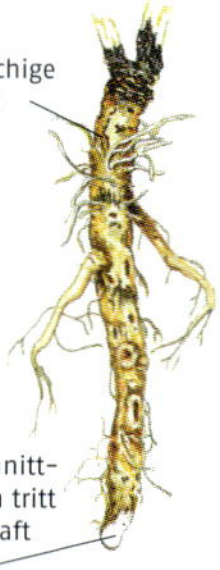

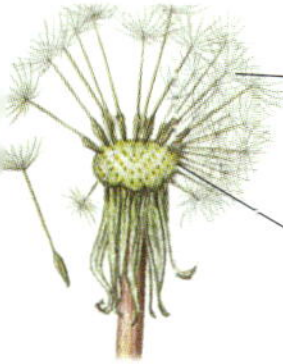

Schon gewusst?

Wenn man die hohlen Stängel spaltet und ins Wasser legt, rollen sich diese rasch spiralig ein. Verantwortlich hierfür sind die Zellen der Röhreninnenwand, die sich stark ausdehnen.

Kompass-Lattich

Lactuca serriola (Korbblütengewächse)

H 60–120 cm Juli–Sept. ein- bis zweijährig

***Vorkommen** Wegränder, Schuttplätze, Bahnanlagen, Ödflächen, Mauern, Dämme. Auf trockenen, nährstoffreichen Böden. Fast ganz Europa.*

> ***heißt auch „Stachelsalat"***
> ***braucht ausreichend Wärme***
> ***wächst oft in großen Gruppen***

Besonders an sehr sonnigen Standorten stehen die Blätter senkrecht und zeigen wie eine Kompassnadel nach Norden und Süden. So vermeiden sie eine zu starke Einstrahlung der Mittagssonne und verhindern damit eine zu hohe Erwärmung und Verdunstung. Im Schatten ist die Blattstellung weniger ausgeprägt. Die Wurzeln können bis 2 m tief in den Boden eindringen und so auch an scheinbar trockenen Standorten noch Feuchtigkeit aufnehmen.

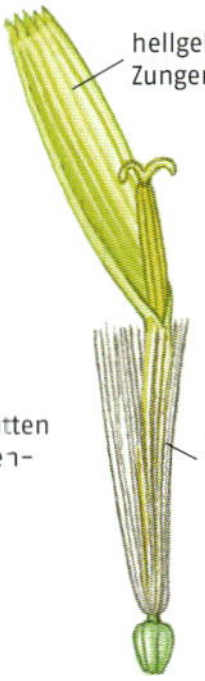

Schon gewusst?

Die Ursprünge des Grünen Salats gehen auf den Kompass-Lattich zurück. Die Wildart gilt heute als Stammpflanze der verschiedenen Kultursorten. In China kennt man auch eine Zuchtform des Kompass-Lattichs, deren Stängel man wie Grünspargel isst.

Wiesen-Bocksbart

Tragopogon pratensis (Korbblütengewächse)
H 20–70 cm Mai–Juli zweijährig, Staude

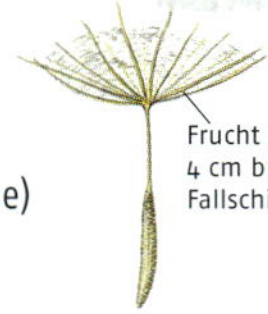

Noch geschlossen erinnert der Fruchtstand an den Bart eines Ziegenbocks (siehe wissenschaftlicher Name: griechisch tragos = Bock, pogon = Bart). Bei Trockenheit öffnet er sich und die fein und dicht gewobenen Fallschirme der Früchte entfalten sich. Sie sorgen für besonders gute Flugeigenschaften und damit eine gute Ausbreitung der Pflanze.

***Vorkommen** Oft große Bestände auf Wiesen, Halbtrockenrasen, an Wegrändern, Bahnhöfen. An im Sommer warmen Standorten. Fast ganz Europa.*

> ***Blüten nur vormittags bei gutem Wetter geöffnet***
> ***weißer Milchsaft***
> ***erinnert etwas an einen großen Löwenzahn (S. 257)***

Kohl-Gänsedistel

Sonchus oleraceus (Korbblütengewächse)
H 30–100 cm Juni–Okt. einjährig

Anders als es der Name erwarten lässt, ist die Pflanze nicht wehrhaft wie eine echte Distel. Sie enthält reichlich Nährstoffe. Bauern schätzten sie als Viehfutter, was zum deutschen Namen „Gänsedistel" führte. Junge Stängel, Blätter und Wurzeln kochte man früher auch zu Gemüse oder als Suppeneinlage (lateinisch *oleraceus* = als Gemüse gebraucht).

***Vorkommen** Lockere Unkrautbestände an Wegen, Mauern, auf Schuttplätzen, Äckern, Gärten, Ödflächen. Auf nährstoffreichen Böden. Ganz Europa.*

> ***zeigt Stickstoff im Boden an***
> ***an ihren Standorten sehr konkurrenzstark***
> ***Pflanze mit Milchsaft***

Herbst-Löwenzahn

Leontodon autumnalis (Korbblütengewächse)

H 15–45 cm   Juli–Sept.   Staude

***Vorkommen** Weiden, Zierrasen, Wege, betretene Standorte, Straßenränder. Auf nährstoffreichen, dichten, meist offenen Böden. Ganz Europa.*

- > ***erträgt Salz im Boden***
- > ***blüht viel später als der Wiesen-Löwenzahn***
- > ***enthält Milchsaft***

Wenn man nur von „Löwenzahn“ spricht, meint man meist den Wiesen-Löwenzahn (S. 257). Sowohl der deutsche wie auch der wissenschaftliche Name beziehen sich auf die auffallende Blattform (griechisch leon = Löwe, odontos = Zahn).

Kleines Habichtskraut

Hieracium pilosella (Korbblütengewächse)

H 5–30 cm   Mai–Okt.   Staude

***Vorkommen** Magere Wiesen, trockene Wälder, Felsbänder. Auf nährstoffarmen, trockenen, meist etwas sandigen Böden. Fast ganz Europa.*

- > ***bildet über Ausläufer oft große Gruppen***
- > ***kann in Parkrasen zur Plage werden***
- > ***typisch behaarte Blätter***

„Mausohr-Habichtskraut“, wie die Pflanze auch heißt, bezieht sich auf die Form und Behaarung der Blätter. Bei Trockenheit rollen sich diese ein und verringern die Oberfläche. Außerdem reflektiert die Unterseite das Licht, weshalb sie sich nicht so rasch erwärmen. Beides zusammen verringert die Verdunstung der lebensnotwendigen Feuchtigkeit.

Wiesen-Pippau

Crepis biennis (Korbblütengewächse)
H 50–120 cm Mai–Aug. zweijährig

Der Wiesen-Pippau erträgt keine Beweidung und verschwindet, sobald Mähwiesen in Weiden umgewandelt werden. Die Blüten locken Bienen an, bestäuben sich selbst oder bilden Samen ohne Befruchtung. Somit ist die Vermehrung in jedem Fall sichergestellt. Die Früchte werden gerne von Vögeln gefressen. Auch Kanarienvögel mögen sie.

__Vorkommen__ Mähwiesen, Wege. Auf nährstoffreichen Böden an sonnigen Standorten. Fast ganz Europa.

> ***Pflanze mit weißem Milchsaft***
> ***Fruchtstände erinnern etwas an die des Löwenzahns (S. 257)***
> ***wurzelt sehr tief***

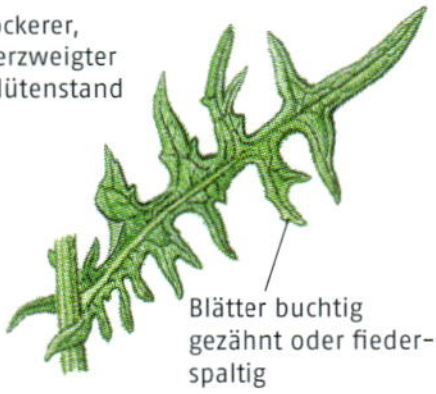

Herbst-Goldbecher

Sternbergia lutea (Narzissengewächse)
H 10–30 cm Sept.–Okt. Staude (☠)

Die Blätter dieser Zwiebelpflanze erscheinen etwas vor oder gleichzeitig mit den Blüten. Häufig findet man die Pflanze auch unter der Bezeichnung „Gewitterblume" – ihre Blüten sollen sich vor einem Gewitter schließen. Ihren wissenschaftlichen Namen erhielt sie nach einem böhmischen Botaniker des 18./19. Jahrhunderts.

__Vorkommen__ Offenes Buschland, steinige, felsige Flächen, Weideland. Auch als Zierpflanze. Mittelmeerraum.

> ***erinnert an einen Krokus***
> ***blüht meist sehr reich***
> ***in Mitteleuropa als Zierpflanze nur mäßig winterhart***

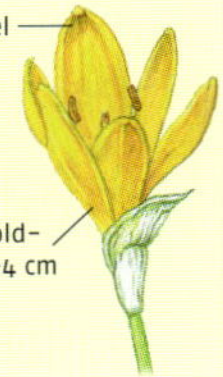

Amerikanische Agave

Agave americana (Agavengewächse)
H 300–600 cm Juni–Aug. Staude (☠)

Vorkommen *Felsen besonders in Küstennähe, felsige Flächen. Eingebürgert im Mittelmeerraum. Auch kultiviert, etwa an Mauern.*

> ***stammt aus Amerika***
> ***bildet eine auffällige Blattrosette***
> ***abgestorbene Fruchtstände oft lange sichtbar***

Heute wirkt die Agave wie eine typische Pflanze des Mittelmeerraums, sie gelangte jedoch erst nach der Entdeckung Amerikas dort hin. Seit Anfang des 17. Jahrhunderts pflanzte man sie zur Zierde in südliche Gärten, von dort entwich sie und eroberte ihre neue Heimat. Der Wachsüberzug auf den Blättern, das wasserspeichernde Gewebe und tief reichende Wurzeln tragen dazu bei, dass die Pflanze an trockenen, heißen Standorten leben kann.

Schon gewusst?

Agaven blühen auch unter günstigen Bedingungen erst nach vielen Jahren – und dann nur einmal. Während der mächtige Blütenstand wächst, schrumpfen die Blätter und vertrocknen schließlich. Sobald die Samen reif sind, stirbt die Pflanze ab.

Gelbe Narzisse

Narcissus pseudonarcissus (Narzissengewächse)

H 20–40 cm   März–Mai   Staude   ☠

Die Gelbe Narzisse schmückt zu Ostern christliche Kreuze und Altäre. Die griechische Sage berichtet, dass der schöne Jüngling Narziss die Liebe der Nymphen nicht erwiderte und nur sich selbst liebte. Deshalb bestraften ihn die Götter: Als er in einem See sein Spiegelbild umarmen wollte, stürzte er ins Wasser und ertrank. Die Götter verwandelten ihn in eine Narzisse. Die Blüte mit ihrem Kranz soll sein Abbild sein, wie er sich übers Wasser beugt.

***Vorkommen** Bergwiesen, Wälder mit im Winter blattlosen Bäumen, verwildert auf Baumwiesen. Mittelgebirge, besonders in Westeuropa.*

- ***auch als „Osterglocke" bekannt***
- ***Wildstandorte gefährdet***
- ***in vielen Sorten in Kultur***

Schon gewusst?

Bei Zuchtsorten ist die Blüte oft einheitlich gelb gefärbt. Am Grund des weiten Trichters befindet sich Nektar als Lockmittel für Bestäuber. Obwohl der Trichter bei den Sorten bis 7 cm lang sein kann, stellt er kein Hindernis für Hummeln dar.

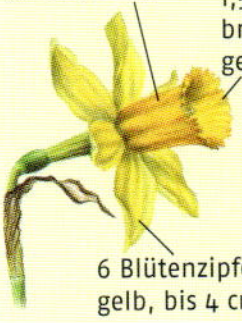

Wald-Gelbstern

Gagea lutea (Liliengewächse)

H 10–30 cm April–Mai Staude (☠)

Vorkommen *Auenwälder, Waldränder, Obstbaumwiesen in Waldnähe, Hecken. Auf kalk- und nährstoffreichen Böden. Fast ganz Europa.*

- ***braucht ausreichend Feuchtigkeit im Boden***
- ***wächst meist im Schatten von Bäumen***
- ***Blüten duften nicht***

Der am Grund der Blütenblätter frei zugängliche süße Nektar kann auch von kleinen Fliegen und Käfern aufgesaugt werden. Nach dem Blühen liegen die Stängel schlaff auf dem Boden. Die aus den reifen Kapseln herausfallenden Samen tragen ein nahrhaftes Anhängsel und werden von Ameisen verbreitet.

Wilde Tulpe

Tulipa sylvestris (Liliengewächse)

H 20–45 cm April–Mai Staude ☠

Vorkommen *Weinberge, Waldwiesen, Gebüsche, Baumgärten. Südeuropa, in Mitteleuropa im 16. Jahrhundert als Zierpflanze eingeführt und teilweise verwildert.*

- ***Blüten duften***
- ***braucht viel Sonne***
- ***im Mittelmeerraum gibt es weitere Wildtulpen-Arten***

Tulpen-Blüten öffnen sich nur tagsüber an schönen Tagen, nachts schließen sie sich. Die Bewegung entsteht, indem die Außen- und Innenseiten der Blütenblätter unterschiedlich stark wachsen. So werden die Blüten größer. Gleichzeitig verlängern sich auch die Stängel. Sind die Blüten voll ausgewachsen, hören die Bewegungen auf.

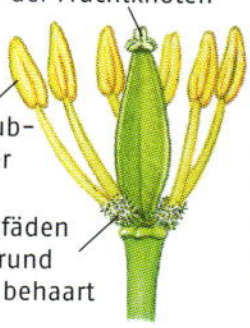

Sumpf-Schwertlilie

Iris pseudacorus (Schwertliliengewächse)

H 50–100 cm Mai–Juni Staude ☠

In der Irisblüte bilden jeweils 1 Blütenblatt, 1 Staubblatt und 1 Griffelblatt eine Einheit. Bestäuber reagieren auf die 3 Teile wie auf getrennte Blüten, die sie nacheinander besuchen müssen. Auf Wappen steht das starre, scharfkantige Irisblatt wie ein kampfbereites Schwert als Symbol für Ritterlichkeit.

Vorkommen *Ufer von Teichen, verschmutzten Bächen, Gräben. Wald- und Wiesensümpfe. Fast ganz Europa.*

> ***braucht nassen Boden***
> ***heißt auch „Gelbe Iris"***
> ***ist eine Giftpflanze und führt zu Erbrechen und Durchfall***

Schon gewusst?

Als „Fleur-de-Lis" oder „Bourbonen-Lilie" ziert eine stilisierte Blüte der Sumpf-Schwertlilie Wappen und Tore. Das Emblem geht der Legende nach auf Frankenkönig Clovis I. zurück, dem die Pflanze im 5. Jahrhundert bei einem Feldzug den Weg über den Rhein wies.

Gewöhnliche Osterluzei

Aristolochia clematitis (Osterluzeigewächse)

H 30–70 cm Mai–Juni Staude ☠

Vorkommen *Weinberge, Ränder von Kulturflächen und Gebüschen, feuchte Wälder. Auf nährstoffreichen Böden. Mittel- und Südeuropa.*

> ***bildet bei uns selten Früchte***
> ***wärmeliebend***
> ***wird immer seltener***

Die Gewöhnliche Osterluzei benötigt ähnlich warme Standorte wie die Weinrebe. Sie kommt in Mitteleuropa deshalb besonders dort vor, wo alte Weinberge aufgegeben wurden. Im Mittelalter schrieb man der Pflanze eine wundheilende und geburtsfördernde Wirkung zu. Heute kennt man jedoch erbgutverändernde und tumorauslösende Inhaltsstoffe, so dass nur sehr hochverdünnte Dosen angewandt werden dürfen.

Schon gewusst?

Die Blüte bildet eine Falle: Ihre Röhre trägt innen abwärtsgerichtete Haare. Kleine Fliegen können hineinkriechen, nicht jedoch heraus. Erst wenn die Haare nach der Bestäubung welken und sich die Blüte nach unten neigt, ist der Ausgang wieder frei.

Gelber Eisenhut

Aconitum lycoctonum (Hahnenfußgewächse)
H 50–150 cm Juni–Aug. Staude ☠

Beim Eisenhut kommen die Bestäuber nur sehr schwer an den Nektar. Der Blüteneingang ist schwer zugänglich, so dass nur langrüsselige Hummeln die Blüten bestäuben können. Kurzrüsselige Hummeln beißen oft den Helm am oberen Ende an. Früher stellte man aus der Pflanze Giftköder für Wölfe und Füchse her.

Vorkommen *Schlucht- und Auenwälder, feuchte, staudenreiche Standorte. Alpen, Gebirge in Mittel- und Südeuropa bis auf 2300 m.*

- > **braucht ausreichend Feuchtigkeit**
- > **heißt auch „Wolfs-Eisenhut"**
- > **tödlich giftig**

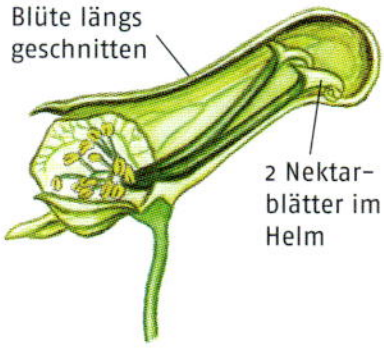

Gelber Lerchensporn

Pseudofumaria lutea (Erdrauchgewächse)
H 15–30 cm Mai–Okt. Staude (☠)

Besucht ein Insekt die Blüten, drückt es die beiden inneren Kronblätter an deren flügelartigen Rippen nach unten. Daraufhin schnellen die Staubbeutel und die Narbe nach oben. Das Insekt berührt diese mit dem Rücken, wenn es Nektar saugt. Die Blüte schließt sich nicht wieder, offene Blüten zeigen damit an, dass sie besucht wurden.

Vorkommen *Kalkfelsen, Mauerspalten mit Sickerwasser oder leichter Beschattung. In den Südalpen ursprünglich, sonst aus Gärten verwildert.*

- > **Ameisen verschleppen die Samen in Mauerritzen**
- > **schöne Zierpflanze, aber giftig**
- > **welkt nach dem Abpflücken rasch**

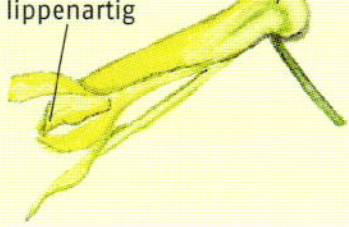

Zweiblütiges Veilchen

Viola biflora (Veilchengewächse)

H 8–15 cm   Mai–Aug.   Staude

***Vorkommen** Bergwälder, Auen, schattige Felshänge, Steinschutt. In den Gebirgen Mittel- und Südeuropas von den Tälern bis auf über 3000 m.*

- > ***kommt mit sehr wenig Licht aus***
- > ***benötigt viel Boden- und Luftfeuchtigkeit***
- > ***meist mit 2 Blüten***

Beim Zweiblütigen Veilchen ist der Sporn der Blüte so kurz, dass sogar Fliegen und Schwebfliegen mit ihren kurzen Rüsseln den Nektar erreichen können. Die Samen werden von Ameisen verschleppt oder beim Äsen von Rehen und anderen Tieren gefressen und unbeschädigt wieder ausgeschieden.

Gelbes Veilchen

Viola lutea (Veilchengewächse)

H 10–20 cm   Juni–Aug.   Staude

***Vorkommen** Magere, lückige Wiesen und Weiden der Gebirge. Bis oberhalb der Waldgrenze. Mittel- und Westeuropa.*

- > ***heißt auch „Vogesen-Stiefmütterchen"***
- > ***eine der Stammarten des Garten-Stiefmütterchens***
- > ***Blüten duften***

Im 16. Jahrhundert nahmen Gärtner das Gelbe Veilchen in Kultur. Heute wächst es jedoch nur noch selten in Gärten. Es erinnert allerdings auf den ersten Blick etwas an das Horn-Veilchen, das die Gärtnereien im Frühjahr in vielfarbigen Sorten anbieten. Dieses stammt ursprünglich aus den Pyrenäen.

Wildes Stiefmütterchen

Viola tricolor (Veilchengewächse)

H 10–40 cm April–Sept. einjährig, Staude

Für den deutschen Namen „Stiefmütterchen“ gibt es ein Märchen, nach dem das große Kronblatt die Stiefmutter ist, die auf zwei Stühlen (zwei der Kelchblätter) sitzt. Ihre eigenen Töchter sitzen ihr zur Seite auf je einem Stuhl, die beiden Stieftöchter teilen sich den kleinsten Stuhl. Sie trauern deshalb in violett.

Schon gewusst?

Garten-Stiefmütterchen entstanden durch Kreuzungen des Wilden Stiefmütterchens und des Gelben Veilchens sowie weiterer Arten. Seit Beginn der Züchtungen im 18. Jahrhundert gab es viele Modeerscheinungen. Heute liegt der Trend bei riesigen Blüten.

Vorkommen

Böschungen, Wald-, Wiesen- und Wegränder, grasige Hänge, Brachflächen, Ödflächen. Fast ganz Europa.

> ***Blüten können auch ganz gelb oder gelb-weiß sein***

> ***das ähnliche Acker-Stiefmütterchen hat kleinere Blüten mit größerem Kelch***

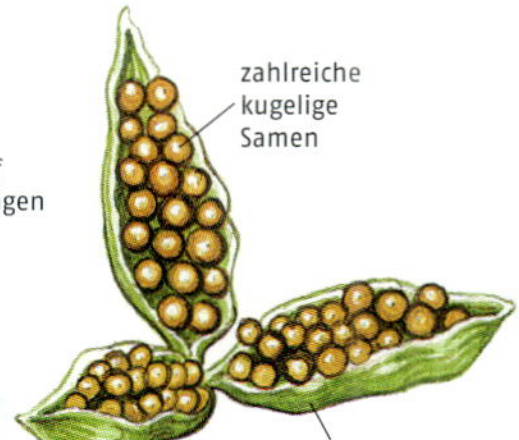

Färber-Ginster

Genista tinctoria (Schmetterlingsblütengewächse)
H 30–60 cm Juni–Aug. Strauch ☠

Vorkommen *Magerwiesen, Moorwiesen, Waldränder, lichte Wälder. Fast ganz Europa.*

> ***kann behaart oder unbehaart sein***
> ***zeigt magere, eher etwas feuchte Standorte an***
> ***verträgt keine Düngung***

In der frühen englischen Färbeindustrie war der Färber-Ginster eine der bedeutendsten Quellen für gelbe Farbstoffe. Färbende Inhaltsstoffe kommen sowohl in Blüten, Blättern wie auch dünnen Zweigen vor. Je nach Zusatzbehandlung variiert die Farbe von zitronengelb bis dunkelbraun oder olivgrün.

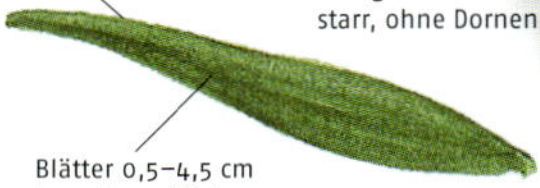

Gewöhnlicher Stechginster

Ulex europaeus (Schmetterlingsblütengewächse)
H 60–120 cm Mai–Juni Strauch ☠

Vorkommen *Heideflächen, Wald- und Wiesenränder, Böschungen, Gestrüppe. Auf kalkarmen Böden. Hauptsächlich West- und Nordeuropa.*

> ***Pionierpflanze***
> ***braucht milde Winter***
> ***wächst sehr sparrig und dornig***

Bei uns frieren die Sträucher in strengen Wintern völlig zurück. In Westeuropa hat sich der Stechginster dagegen teils zu einem lästigen Unkraut entwickelt. In England geschah dies besonders dadurch, dass man Kaninchen intensiv bekämpfte und damit den wichtigsten Fressfeind der Pflanze stark dezimierte. Wiederkäuer (z. B. Kühe) meiden die Pflanze.

Besenginster

Cytisus scoparius (Schmetterlingsblütengewächse)

H 50–200 cm Mai–Juni Strauch ☠

Reife Fruchthülsen springen besonders an heißen Tagen mit einem lauten Knacken auf und schleudern die Samen fort. Aus den struppigen, zähen Zweigen stellte man früher haltbare Kehrbesen her. Die Blüten und die Zweigspitzen enthalten ähnliche gelb färbende Substanzen wie der Färber-Ginster (s. vorherige Seite) und dienten früher zum Färben von Wolle. In der Medizin hilft das Kraut in genau festgelegten Mengen bei Herz- und Kreislaufbeschwerden.

Vorkommen *Heiden, Waldschläge, Gebüsche, Weg- und Straßenränder, Böschungen. Auf sauren Böden. Fast ganz Europa.*

> ***Zweige ohne Dornen***
> ***braucht viel Licht***
> ***eignet sich zum Befestigen von Böschungen***

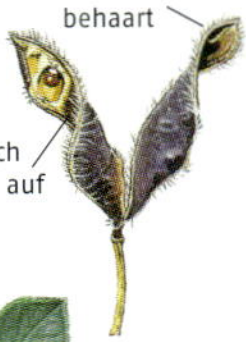

Schon gewusst?

Landet eine Hummel oder eine schwere Wildbiene auf der Blüte, drückt sie das Schiffchen nach unten. Dabei schnellen die Staubblätter und der Griffel auf das Insekt. Einmal auf diese Weise explodiert, bleiben die Blüten geöffnet.

Gewöhnlicher Flügelginster

Chamaespartium sagittale (Schmetterlingsblütengewächse)
H 15–25 cm Mai–Juni Strauch (☠)

Vorkommen *Magere Weiden und Rasen, Böschungen, Wald- und Wegränder, Felsbänder. Besonders Mitteleuropa.*

- ***wächst meist flächig***
- ***braucht warme Sommer***
- ***zeigt nährstoffarme Böden an***

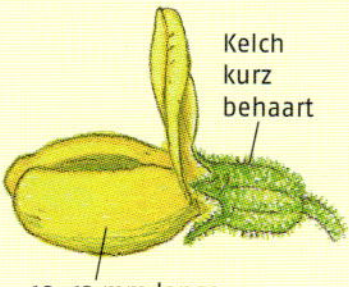

Beim Flügelginster übernehmen die grünen Flügel der Stängel die Funktion der früh abfallenden Blätter und bilden lebensnotwendige Kohlenhydrate. Sie verdunsten weniger Wasser als dies bei größeren Blättern der Fall wäre. Die Pflanze kann deshalb an trockenen Standorten recht gut wachsen.

Wundklee

Anthyllis vulneraria (Schmetterlingsblütengewächse)
H 5–30 cm Mai–Aug. Staude

Vorkommen *Sonnige Trockenrasen, magere Weiden, Straßenböschungen, Bahndämme, Steinbrüche, Felsköpfe. Fast ganz Europa.*

- ***wächst oft in großen Gruppen***
- ***verträgt keine Düngung***
- ***vertrocknete Blüten bleiben am Köpfchen***

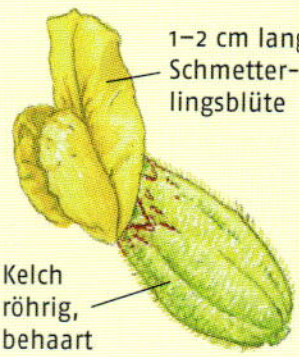

Wundklee galt früher als gutes Heilmittel bei Verletzungen. Die Pflanze enthält zwar Gerbstoffe, die zusammenziehend und etwas blutstillend wirken, heute spielt sie jedoch in der Heilkunde kaum mehr eine Rolle. Möglicherweise leitete man früher die Heilkraft auch davon ab, dass die Knospen oft rot überlaufen sind und sich diese „Blutfarbe" beim Aufblühen verliert.

Gewöhnlicher Steinklee

Melilotus officinalis (Schmetterlingsblütengewächse)
H 30–100 cm   Juni–Sept.   zweijährig   (☠)

Nach Welken oder Trocknen duftet Steinklee nach Heu und Waldmeister (S. 98). Ab diesem Zeitpunkt enthält er nun Kumarin und hilft gegen Venenleiden, Blutergüsse und Prellungen. Wenn Steinklee verschimmelt, entsteht dagegen eine andere Substanz. Diese setzt die Blutgerinnung herab und kann beim Vieh zu tödlichen inneren Blutungen führen. Dieser Stoff wird als Rattengift verwendet. Außerdem war er Vorlage für Arzneimittel zur Verflüssigung des Blutes.

***Vorkommen** Sonnige Unkrautbestände an Wegen, Dämmen, in Steinbrüchen, auf Bahngelände, Schuttplätzen, Ödflächen. Ganz Europa.*

> ***erträgt Trockenheit***
> ***besiedelt oft größere Flächen***
> ***Blüten duften nach Honig und locken Bienen an***

Schon gewusst?

An den gleichen Standorten, oft auch gemeinsam mit dem Gewöhnlichen Steinklee, wächst der Weiße Steinklee, der sich in erster Linie in der Blütenfarbe unterscheidet.

Hopfenklee

Medicago lupulina (Schmetterlingsblütengewächse)
H 15–60 cm Mai–Okt. einjährig bis Staude

Vorkommen *Magere Rasen, trockene Wiesen, Äcker, Wege, Straßenränder, Dämme. Fast ganz Europa.*

> ***Pionier auf offenen Böden***
> ***braucht warme Standorte***
> ***typische Früchte***

Der Name „Hopfenklee“ bezieht sich auf die entfernt hopfenähnlichen Blütenstände, „Schneckenklee“ auf die gekrümmten Hülsen. Die Blüten besitzen einen Explosionsmechanismus, bei dem die Staubblätter beim ersten Insektenbesuch herausschnellen und sich dem Insekt an den Bauch drücken.

Gewöhnlicher Hornklee

Lotus corniculatus (Schmetterlingsblütengewächse)
H 5–40 cm Juni–Aug. Staude (☠)

Vorkommen *Wiesen, Weiden, Halbtrockenrasen, Gebüsch- und Wegränder, Böschungen. Von der Ebene bis auf über 3000 m. Ganz Europa.*

> ***Wurzeln reichen bis 1 m tief***
> ***liefert gutes Viehfutter***
> ***dient vielen Wildbienen als Nahrungspflanze***

Wissenschaftlich heißt der Hornklee Lotus, so hießen im Altertum viele Pflanzen, die essbare Früchte lieferten. Auch die Früchte eines Hornklees aus Südeuropa wurden verzehrt. Der Gewöhnliche Hornklee eignet sich jedoch nur als Viehfutter. Die bei Wandfarben als „Lotuseffekt“ bezeichnete Fähigkeit Schmutz abzustoßen, bezieht sich nicht auf Hornklee, sondern auf ein Seerosengewächs.

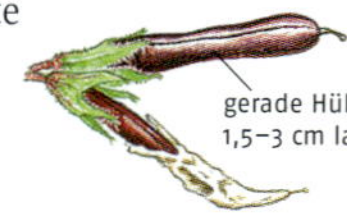

Gelbe Spargelerbse

Tetragonolobus maritimus (Schmetterlingsblütengewächse)

H 10–30 cm   Mai–Juni   Staude

Landet ein Insekt auf der Blüte einer Spargelerbse, so löst es einen Pumpmechanismus aus: Durch eine kleine Öffnung an der Spitze des unteren, schiffchenförmigen Kronblatts schiebt der Stempel etwas Blütenstaub heraus, der dem Insekt am Bauch kleben bleibt. Um den Vorgang zu beobachten, kann man auch mit einem Hölzchen auf das Kronblatt drücken.

Vorkommen *Magerrasen über Kalk, nasse Stellen in Hängen, Moorwiesen, Wegränder, Flussufer. Meist in Gebieten mit Kalkgestein. Mittel-, Ost- und Südeuropa.*

> ***trotz des Namens keine Gemüsepflanze***
> ***verträgt Salz***
> ***braucht warme Sommer***

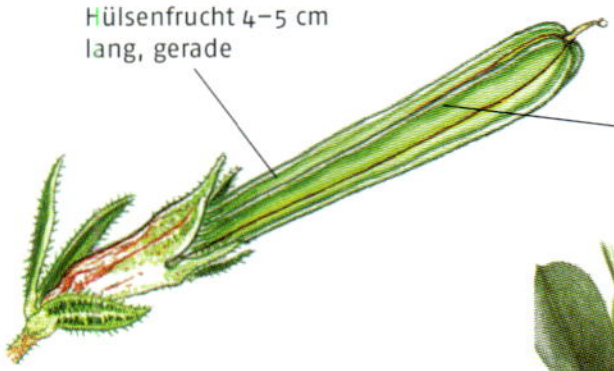

Schon gewusst?

In Südeuropa wächst die Rote Spargelerbse. Gelegentlich bieten Märkte oder Feinkostgeschäfte deren stark geflügelten Hülsen an. Kurz gekocht liefern sie ein spargelähnlich schmeckendes Gemüse.

Gewöhnlicher Hufeisenklee

Hippocrepis comosa (Schmetterlingsblütengewächse)
H 8–25 cm   Mai–Juli   Staude

Vorkommen *Magere Rasen und Weiden über Kalkgestein, Felsen, Dämme, Wege, Böschungen. Auf meist steinigen Böden. Mittel- und Südeuropa.*

> ***bildet typische Früchte***
> ***wächst oft in größeren Gruppen***
> ***bevorzugt warme, trockene Standorte***

Im Volksglauben befürchtete man früher, Pferden würden die Hufeisen abfallen, sobald sie auf die Pflanze treten. Grund hierfür waren die Früchte, die reif in einzelne, hufeisenförmige Segmente zerfallen.

Wiesen-Platterbse

Lathyrus pratensis (Schmetterlingsblütengewächse)
H 30–100 cm   Juni–Aug.   Staude   (☠)

Vorkommen *Nährstoffreiche und nasse Wiesen, Hecken, Wälder, Fluss- und Bachufer. Vor allem in Lehmgebieten in ganz Europa.*

> ***hält sich mit den Ranken an anderen Pflanzen fest***
> ***lockt Hummeln, Bienen und Wespen an***
> ***typische Wiesenpflanze***

Die schwarzen Früchte heizen sich an warmen Sonnentagen stark auf und trocknen aus. Dabei entstehen Spannungen, bis die Frucht an Nahtstellen aufreißt, sich blitzschnell einrollt und die Samen dabei fortschleudert.

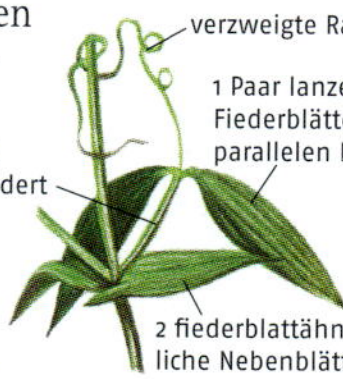

Buchsblättriges Kreuzblümchen

Polygala chamaebuxus (Kreuzblumengewächse)

H 10–20 cm April–Juni Strauch

Polygala bedeutet „viel Milch". Die Pflanze enthält jedoch keinen Milchsaft, vielmehr wurde früher eine verwandte nordamerikanische Art, die Senegawurzel, stillenden Frauen zur Anregung der Milchsekretion empfohlen. Auch das Buchsblättrige Kreuzblümchen sollte diese Wirkung haben, was jedoch nicht bestätigt werden konnte.

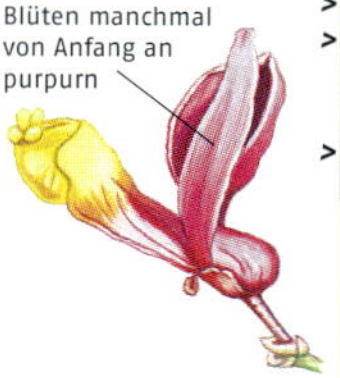

***Vorkommen** Lichte Kiefernwälder, Felsköpfe, magere Rasen über Kalkboden. Gebirge Mittel- und Südeuropas, in den Alpen bis auf über 2000 m.*

- **Blätter im Winter grün**
- **Blüten färben sich von gelb nach braunrot bis purpurn**
- **duftet etwas nach Veilchen**

Kleinblütiges Springkraut

Impatiens parviflora (Balsaminengewächse)

H 30–60 cm Juni–Sept. einjährig (☠)

1837 säten Gärtner das Kleinblütige Springkraut in Dresden aus, Ende des 19. Jahrhunderts hatte es sich bereits über ganz Deutschland ausgebreitet. Nur mit seinem Schleudermechanismus (s. folgende Art) hätte es dies wohl nicht geschafft. Der Mensch half unfreiwillig mit, da die nassen Samen klebrig sind und in Reifenprofilen hängen blieben.

***Vorkommen** Stammt aus Ostasien und Sibirien. In Europa eingebürgert in Wäldern mit krautigem Unterwuchs, an Waldrändern, in Parks und Gärten.*

- **braucht hohe Luftfeuchtigkeit**
- **Pflanzen welken, sobald sie in der Sonne stehen**
- **Samen können über 3 m weit fliegen**

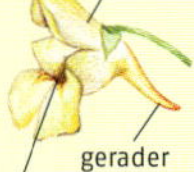

Großblütiges Springkraut

Impatiens noli-tangere (Balsaminengewächse)
H 30–100 cm   Juli–Aug.   einjährig   (☠)

Vorkommen *Auenwälder, Schluchtwälder, Waldquellen, Waldbäche, feuchte Waldränder. Fast ganz Europa.*

- ***einzige heimische Springkraut-Art***
- ***braucht Schatten und Feuchtigkeit***
- ***wächst oft in Gruppen***

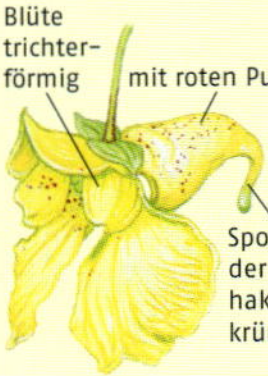

Springkräuter haben speziell aufgebaute Fruchtkapseln. Während der Reife baut sich in ihnen eine Spannung auf. Ist diese ausreichend hoch, platzen die Früchte bei der leichtesten Berührung von selbst auf und schleudern die Samen dabei bis über 3 m weit weg.

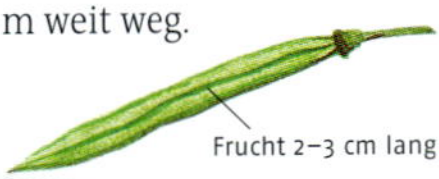

Gelber Günsel

Ajuga chamaepitys (Lippenblütengewächse)
H 5–15 cm   Mai–Sept.   einjährig

Vorkommen *Getreideäcker, Weinberge, Trockenrasen, Brach- und Schotterflächen. Auf trockenen, oft steinigen Böden. Süddeutschland, Südeuropa.*

- ***ganze Pflanze lang behaart***
- ***benötigt viel Wärme***
- ***riecht beim Zerreiben aromatisch, etwas harzig***

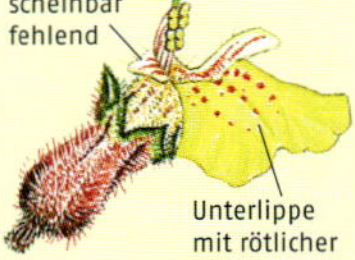

Die schöne Zeichnung der Unterlippe weist den bestäubenden Bienen den Weg zum Nektar, der tief in der Blüte verborgen ist. Der Gelbe Günsel kommt im Mittelmeerraum wesentlich häufiger vor als bei uns. Früher galt er als wirksam gegen Hirnschlag und hieß auch „Schlagkräutlein".

Bunter Hohlzahn

Galeopsis speciosa (Lippenblütengewächse)

H 50–100 cm Juni–Okt. einjährig

Die hohlen Zähne auf der Unterlippe der Blüte dienen als Führungsschiene für Insekten, besonders langrüsselige Hummeln: Diese müssen ihren Kopf zwischen den Zähnen hindurch in den Schlund stecken, um an den Nektar im Grund der Röhre zu gelangen. Auf diese Weise berühren sie sowohl die Narbe wie auch die Staubblätter und bestäuben so die Blüte.

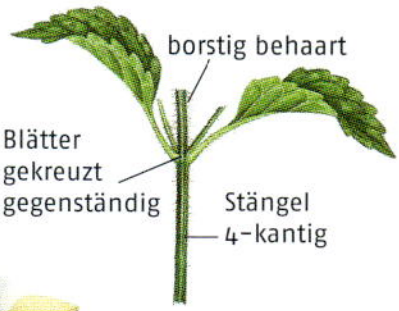

***Vorkommen** Unkrautbestände auf Waldlichtungen und Äckern, an Wegen, Ufern. Fast ganz Europa.*

> ***zeigt Stickstoff im Boden an***
> ***braucht viel Feuchtigkeit***
> ***blüht auch im Schatten***

Klebriger Salbei

Salvia glutinosa (Lippenblütengewächse)

H 40–80 cm Juli–Okt. Staude

Die Staubblätter liegen in der Oberlippe der Blüte verborgen. Erst wenn man z. B. einen Grashalm in die Blüte einführt und ein Gelenk berührt, bewegen sie sich heraus. Die klebrigen Haare der Pflanze hindern vor allem kleine flügellose Insekten wie Ameisen, die diesen Mechanismus nicht auslösen können, daran, den Stängel hinaufzuklettern und von dem Nektar der Blüten zu naschen.

***Vorkommen** Bergwälder mit krautreichem Unterwuchs, Schluchtwälder, Waldränder. Auf feuchten, meist steinigen Böden. Europa außer Skandinavien.*

> ***Pflanze besonders im oberen Bereich klebrig***
> ***duftet zerrieben aromatisch***
> ***lockt besonders Hummeln an***

Gewöhnliche Goldnessel

Lamium galeobdolon (Lippenblütengewächse)

H 15–80 cm Mai–Juli Staude

Vorkommen *In Wäldern mit krautigem Unterwuchs. Auf nährstoffreichen Böden an schattigen oder halbschattigen Standorten. Ganz Europa.*

- ***bildet lange, oberirdische Ausläufer***
- ***kann als spinatartiges Gemüse gekocht werden***
- ***bleibt im Winter oft grün***

In Gärten wächst meist die Form mit silberweißen Flecken auf den Blättern, die „Silberblättrige Goldnessel". Diese verwildert oft in der Nähe der Siedlungen. Die Flecken erscheinen dadurch, dass die Blattoberhaut dem Blattgewebe nicht direkt anliegt. Es befindet sich Luft dazwischen, die das Licht reflektiert. Die Goldnessel eignet sich auch als Zimmerpflanze.

Aufrechter Ziest

Stachys recta (Lippenblütengewächse)

H 20–60 cm Juni–Okt. Staude

Vorkommen *Gebüsch- und Waldränder, magere Rasen. Auf eher trockenen, meist kalkhaltigen Böden an sommerwarmen Standorten. Mittel- und Südeuropa.*

- ***blüht hellgelb oder fast weißlich***
- ***wächst meist in der prallen Sonne***
- ***wurzelt bis 2 m tief***

In den Kräuterbüchern des 16. Jahrhunderts hieß die Pflanze „Wundkraut" oder „Gliedkraut". Sie galt als wirksame Heilpflanze bei verwundeten Gliedern. Im Mittelmeerraum wurde stattdessen das Rauhaarige Gliedkraut verwendet. Es ist sehr nah mit dem Syrischen Gliedkraut (s. rechts) verwandt.

Syrisches Gliedkraut

Sideritis syriaca (Lippenblütengewächse)

H 20–60 cm Mai–Aug. Staude

Die Pflanze ist mit bis 2 m tiefen Wurzeln und der filzigen Behaarung an trockene Standorte angepasst. Teeläden und Märkte bieten die getrockneten, blühenden Stängel meist unzerkleinert unter der Bezeichnung „Griechischer Bergtee" an. Sie ergeben einen angenehm, schwach nach Zimt schmeckenden Kräutertee.

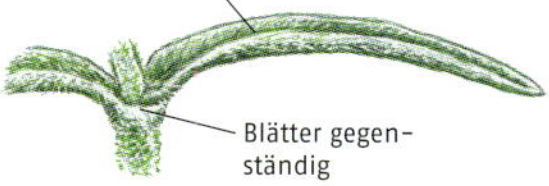

Vorkommen *In Buschgebieten und an offenen Standorten im Mittelmeerraum von Kreta bis Syrien.*

- > ***duftet zerrieben angenehm***
- > ***lässt sich auch bei uns im Freien kultivieren***
- > ***weitere ähnliche Arten am Mittelmeer***

Strauchiges Brandkraut

Phlomis fruticosa (Lippenblütengewächse)

H 50–130 cm April–Juli Strauch

Nur sehr schwere Insekten wie große Hummeln oder Holzbienen können die Unterlippe der Blüte herunterdrücken, um den Nektar am Blütengrund zu erreichen. „Brandkraut" weist darauf hin, dass sich die Pflanze auf Brandflächen in Massen entwickeln kann. Die Früchte besitzen eine sehr feste Wand, wodurch sie widerstandsfähig gegen Feuer sind.

Vorkommen *Buschgebiete, felsige Flächen, offene Standorte, Kahlschläge. Auch als Zierstrauch in Gärten und von dort verwildert. Mittelmeerraum.*

- > ***immergrüner Blütenstrauch***
- > ***wird vom Vieh gemieden***
- > ***weitere ähnliche Arten im Mittelmeergebiet***

Gewöhnliches Leinkraut

Linaria vulgaris (Braunwurzgewächse)

H 20–75 cm Juni–Okt. Staude

Vorkommen *Offene, lockere Unkrautbestände, Flussschotter, Eisenbahndämme, Äcker, Ödflächen, Straßenränder. Ganz Europa.*

> ***Blätter erinnern an die des Flachs (S. 159)***
> ***braucht viel Sonne***
> ***sehr schöne Pflanze für den Wildpflanzengarten***

Die orangegelbe „Maske", welche die Blütenöffnung verschließt, sieht auf den ersten Blick wie ein großes einzelnes Staubblatt aus. Sie täuscht Insekten damit leicht zugängliche Nahrung vor. Um tatsächlich Nahrung zu bekommen, müssen die Besucher jedoch bis in den Sporn vordringen. Kräftige Hummeln und langrüsselige Bienen schaffen dies, indem sie die Lippen der Blüten an einem Gelenk auseinanderdrücken.

Schon gewusst?

Weitere Namen der Pflanze sind „Frauenflachs" oder „Marienflachs". Sie beziehen sich wohl darauf, dass blühende Stängel in vielen Gegenden in die an Mariä Himmelfahrt geweihten Kräuterbüschel gehören.

Wald-Wachtelweizen

Melampyrum sylvaticum (Braunwurzgewächse)

H 10–35 cm Juni–Sept. einjährig (☠)

Die Samen sind für Ameisen sehr interessant: Zum einen tragen sie einen nährstoffreichen Ölkörper, zum anderen ähneln sie in Größe und Form den Ameisenpuppen. Kein Wunder also, dass Ameisen sie in ihre Nester schleppen und so für die Ausbreitung sorgen. Oft keimen die Samen sogar direkt in den Ameisennestern.

Vorkommen *Lichte Wälder, Heiden, Waldränder, Hochmoore. Auf sauren, oft modrigen Böden. Ganz Europa.*

> ***wächst meist in Gruppen***
> ***sitzt mit den Wurzeln auf Fichten oder Heidelbeeren und entnimmt diesen Nährstoffe***

Gefleckte Gauklerblume

Mimulus guttatus (Braunwurzgewächse)

H 25–60 cm Juni–Okt. Staude

Die Blüten erinnern an Masken von Gauklern oder Possenreißern. Als eine Besonderheit besitzen sie eine reizbare Narbe. Anfangs spreizt sich diese wie Lippen auseinander. Wird sie auf der Innenseite berührt, klappt sie innerhalb weniger Sekunden zusammen. Der Blütenstaub, den ein blütenbesuchendes Insekt mitgebacht hat, geht so nicht verloren.

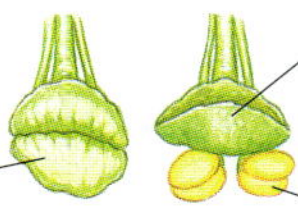

Vorkommen *Stammt aus Nordamerika. Als Zierpflanze in Europa, verwildert an Ufern von Flüssen und Bächen und in Gräben.*

> ***braucht nasse Böden***
> ***lockt Bienen an***
> ***in Gärten auch Arten und Sorten mit roten Blüten***

Gewöhnlicher Zottiger Klappertopf

Rhinanthus alectorolophus (Braunwurzgewächse)

H 10–80 cm Mai–Aug. einjährig (☠)

Vorkommen *Wenig gedüngte Wiesen, Halbtrockenrasen. Auf meist kalkhaltigen Böden. Besonders in Mitteleuropa.*

> ***braucht etwas Wärme***
> ***wächst oft in großen, lockeren Gruppen***
> ***färbt sich beim Trocknen meist schwarz***

Die länglich-linsenförmigen, geflügelten Samen klappern bei Wind, beim Vorbeistreifen an der Pflanze oder beim Schütteln deutlich hörbar in den reifen Fruchtkapseln. Der wissenschaftliche Name Rhinanthus bezieht sich auf die etwas nasenartig ausgebildete Oberlippe der Blüte.

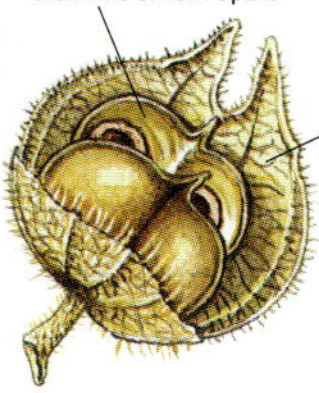

Schon gewusst?

Der Klappertopf ist ein Halbschmarotzer, der Wasser und Nährsalze aus den Wurzeln anderer Pflanzen saugt. Tritt er in Massen auf, schwächt er diese Wirtspflanzen und mindert so den Heuertrag. Er gilt deshalb als „Milchdieb“.

Durchblättertes Läusekraut

Pedicularis foliosa (Braunwurzgewächse)
H 20–50 cm Mai–Aug. Staude (☠)

Das Läusekraut sitzt wie der Klappertopf (s. linke Seite) als Halbschmarotzer mit seinen Wurzeln auf anderen Pflanzen und entzieht diesen Wasser und Nährsalze. Hierzu muss es wesentlich kräftiger saugen, als wenn es mit den Wurzeln nur in der Erde sitzen würde. Dies erreicht es, indem es sehr viel Wasser verdunstet und so einen kräftigen Sog aufbaut. Abgepflückte Stängel welken deshalb sehr rasch.

__Vorkommen__ Bergrasen auf Kalkgestein, Bachränder, Gebüsche im Bereich der Baumgrenze. Gebirge in Mittel- und Südeuropa.

> ***heißt auch „Schopf-Läusekraut"***
> ***früher gegen Läuse verwendet***
> ***Blätter ähneln Farnwedeln***

Junkerlilie

Asphodeline lutea (Affodillgewächse)
H 40–100 cm April–Juni Staude

Der Teil *lutea* des wissenschaftlichen Namens bedeutet gelb und bezieht sich sowohl auf die Farbe der Blüten wie auch auf die der Wurzeln. Als die Pflanze in der Renaissance als Zierpflanze aus dem Mittelmeergebiet nach Deutschland kam, nannte man sie zuerst *Hastula regia*, was so viel wie „Königsspießchen" heißt. Der Name „Junkerlilie" bürgerte sich erst ab dem 19. Jahrhundert ein.

__Vorkommen__ Im Mittelmeerraum auf felsigen Flächen und im Buschland. In Mitteleuropa auch als Zierpflanze kultiviert.

> ***Blüten duften***
> ***erträgt Trockenheit***
> ***heißt auch „Große Affodeline"***

Gewöhnlicher Wasserschlauch

Utricularia vulgaris (Wasserschlauchgewächse)

H 15–35 cm Juni–Aug. Staude

Vorkommen *Zwischen Seerosen oder im lichten Schilf in stehenden oder höchstens langsam fließenden, meist kalkarmen Gewässern. Ganz Europa.*

> ***fleischfressende Pflanze***
> ***fällt nur zur Blütezeit auf***
> ***schwimmt meist frei im Wasser***

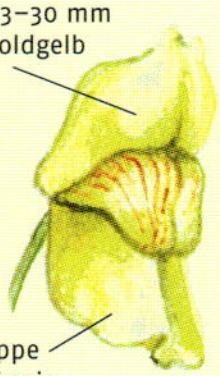

Die Fangblasen haben eine Klappe mit abstehenden Borsten. Berührt ein kleines Wassertier, etwa ein Wasserfloh, die Borsten, öffnet sich die Klappe. Ein Wassersog zieht das Tier in die Blase hinein. Dann schließt sich die Klappe wieder und das Tier wird im Innern verdaut. Über diesen Mechanismus versorgt sich die Pflanze mit zusätzlichen Nährstoffen.

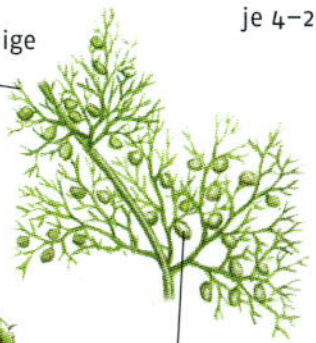

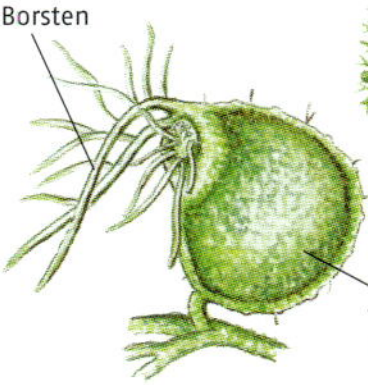

Europäische Korallenwurz

Corallorhiza trifida (Orchideengewächse)

H 8–25 cm Mai–Juli Staude

Vorkommen *Moosige, dunkle Fichten- oder Tannenwälder und -forste. Auf modrigen Böden. Nord- und Mitteleuropa, im Süden im Gebirge.*

> ***Blüten duften schwach nach Moschus***
> ***wächst an sehr dunklen, luftfeuchten Standorten***
> ***sieht auf den ersten Blick nicht wie eine Orchidee aus***

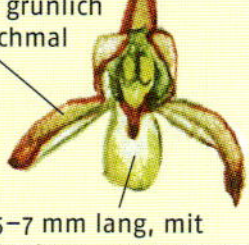

Die Korallenwurz hat kein oder nur Spuren von Blattgrün und keine Wurzeln. Sie ernährt sich ausschließlich von Pilzen, die mit ihren Fäden in ihre korallenartig verzweigte Grundachse eindringen und dort von der Pflanze verdaut werden.

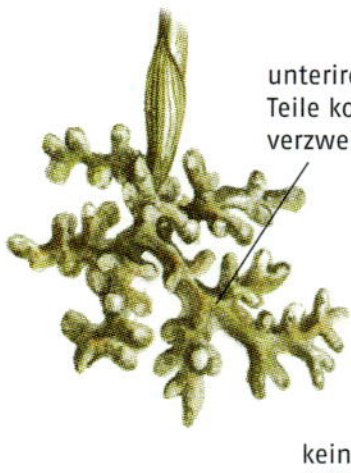

Gelber Frauenschuh

Cypripedium calceolus (Orchideengewächse)

H 15–50 cm Mai–Juni Staude

Die Unterlippe der Blüte wirkt wie eine Fallgrube. Insekten, die nach Nektar suchen, purzeln hinein. Um aus dem rutschigen Inneren hinauszukommen, müssen sie sich durch enge Öffnungen hinauszwängen. Dabei laden sie mitgebrachten Blütenstaub ab oder nehmen neuen mit. Damit sie den Weg zum Ausgang finden, besitzt die Lippe helle „Fenster", welche die Insekten wieder hinausleiten.

Vorkommen *Wälder mit grasigem oder krautigem Unterwuchs, Gebüsch. Im Halbschatten. Selten. Mittel- und Nordeuropa.*

> ***heimische Orchidee mit den größten Blüten***
> ***erst mindestens 16 Jahre alte Pflanzen blühen***
> ***stark gefährdet***

Schon gewusst?

Blumengeschäfte verkaufen als Topfpflanzen Venusschuh-Orchideen, deren Blüten in der Form dem heimischen Frauenschuh ähneln. Venusschuh-Orchideen stammen jedoch aus Asien und wurden vielfach weitergezüchtet.

Europäische Haselwurz

Asarum europaeum (Osterluzeigewächse)

H 5–10 cm März–Mai Staude ☠

***Vorkommen** Laub- und Nadelmischwälder mit krautigem Unterwuchs. Auf feuchten, meist kalkhaltigen Böden. Hauptsächlich Mittel- und Osteuropa.*

> **Blätter im Winter grün**
> **riecht zerrieben pfefferartig**
> **Blüten meist unter Laub verborgen**

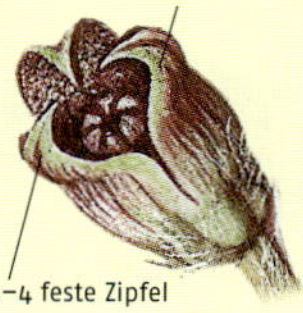

Früher verwendete man die Europäische Haselwurz für Niespulver und gegen Bronchitis. Die Blüten locken Pilzmücken an. Diese kleinen Insekten legen ihre Eier normalerweise in Pilze. Sie lassen sich jedoch vom Duft der Haselwurz irreführen und platzieren ihr Gelege stattdessen in deren Blüten. Dabei bestäuben sie diese.

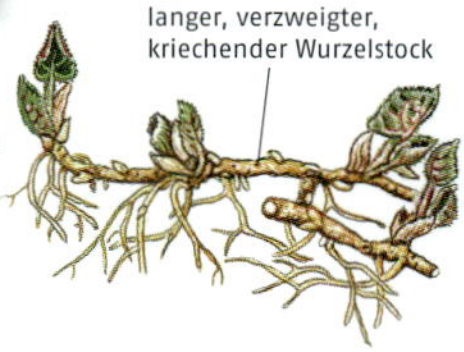

Aufrechtes Glaskraut

Parietaria officinalis (Brennnesselgewächse)

H 30–100 cm Juni–Okt. Staude

***Vorkommen** Lichte Auenwälder, Felsen, Mauern, Ödflächen. Auf nährstoffreichen Böden. Mittel- und Südeuropa.*

> **benötigt Wärme und Feuchtigkeit**
> **erinnert an eine Brennnessel ohne Brennhaare**
> **Stängel brüchig**

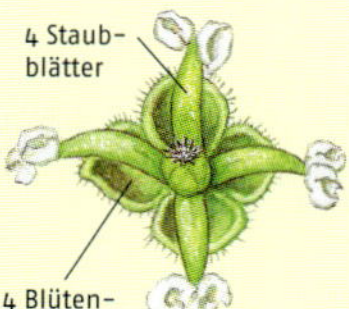

Die Blätter des Aufrechten Glaskrauts glänzen etwas glasartig und werden beim Trocknen durchscheinend. Früher diente die Asche der Pflanze zum Reinigen von Glas und Geschirr. Heilkundige verwendeten die Pflanze gegen Infektionen der Harnwege sowie gegen Blasen- und Nierensteine.

Gewöhnliche Brennnessel

Urtica dioica (Brennnesselgewächse)

H 30–150 cm Juli–Okt. Staude

Brennnesseln gelten als Unkraut, sind jedoch auch nützlich: Aus der früh im Jahr austreibenden Pflanze kann man spinatartiges Gemüse kochen. Der vitaminhaltige Presssaft lindert Frühjahrsmüdigkeit. Die Heilpflanze wirkt gegen Arthritis und Rheuma sowie gegen Prostata- und Harnwegserkrankungen. Bereits im 12. Jahrhundert stellte man aus den Fasern der Stängel Segel und Fischernetze her. Als Faserlieferant verlor die Pflanze jedoch in dem Maß an Bedeutung, wie die der Baumwolle zunahm.

Vorkommen *Wege, häufig auch in Dörfern, Schuttplätze, Gräben, Waldränder, überdüngte Wiesen. Ganz Europa.*

- ***es gibt männliche und weibliche Pflanzen***
- ***einer der besten Stickstoffzeiger***
- ***bewächst oft riesige Flächen***

Schon gewusst?

Brennnesseln sind die Futterpflanzen der Raupen des Tagpfauenauges und des Kleinen Fuchs. Die Raupen dieser Schmetterlinge fallen besonders deshalb auf, weil sie bis zu ihrer letzten Häutung zu vielen gemeinsam in einem Gespinst leben.

Alpen-Ampfer

Rumex pseudoalpinus (Knöterichgewächse)

H 70–200 cm Juni–Aug. Staude (☠)

Der Alpen-Ampfer stellt ein Alm-Unkraut dar, das in der Nähe der Almhütten oft große Flächen bedeckt. Das Weidevieh verschmäht die Pflanze. Sie enthält Oxalsäure, die in größeren Mengen giftig wirkt. Früher nutzten die Bauern auf den Almen die großen Blätter zum Einwickeln von Käse oder Butter oder bereiteten sie ähnlich wie Sauerkraut zu.

Vorkommen *Meist an Almhütten in den Bereichen, in denen das Vieh lagert. Auch an Standorten früherer Siedlungen. Gebirge Mittel- und Südeuropas.*

- ***sehr große Blätter***
- ***zeigt Stickstoff und Überweidung an***
- ***Blätter ähneln denen der Gewöhnlichen Pestwurz (S. 56)***

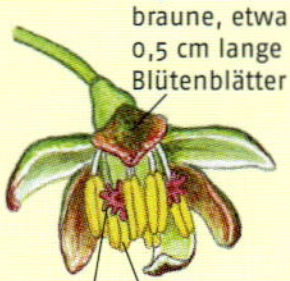

Schild-Ampfer

Rumex scutatus (Knöterichgewächse)

H 20–40 cm Mai–Aug. Staude

Bei den Römern war das „Scutum" der große viereckige Schild der Infanterie, bei der botanischen Bezeichnung ist die Schildform weniger streng festgelegt. Früher pflanzte man Schild-Ampfer als „Französischen Spinat" oder „Römischen Ampfer". Er schmeckt angenehmer als der heute noch kultivierte Garten-Ampfer, wird aber nur noch von Liebhabern kultiviert.

Vorkommen *Steinschutt- und Geröllhalden, Mauern, Steinbrüche, Bahnschotter. Auf bewegtem, offenem Schutt. Mittel- und Südeuropa.*

- ***wirkt aus der Ferne oft blaugrün***
- ***an den Blättern leicht erkennbarer Ampfer***
- ***schmeckt sauer***

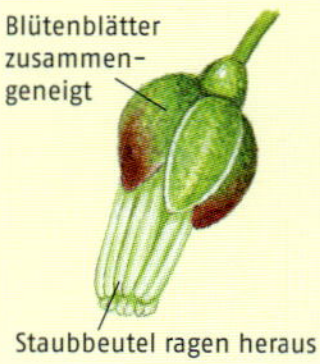

Kurzähren-Queller

Salicornia europaea (Gänsefußgewächse)

H 5–30 cm Aug.–Okt. einjährig

Der Kurzähren-Queller gehört zu den wenigen Pflanzen, die zum Keimen und für ein optimales Wachstum Salz benötigen. Sein fleischiges Aussehen erhält er durch Salz- und Wassereinlagerung. Gelegentlich verwendet man heute die Pflanze als salzig-würzige Salatbeigabe. Früher mischte man ihre salzige Asche in Glasschmelzen, die dadurch bereits bei niedereren Temperaturen flüssig wurden. Aus dieser Zeit stammt noch der Name „Glasschmelz".

Vorkommen *Erstbesiedler von offenen Salzschlickböden der Meeresküsten ganz Europas. Selten im Binnenland.*

> ***wagt sich unter den Blütenpflanzen am weitesten ins Watt hinaus***
> ***oft zu vielen locker beieinander***
> ***um die Pflanzen sammelt sich Schlick***

Schon gewusst?

Während des Sommers nimmt der Salzgehalt des Quellers laufend zu, deshalb quillt er immer mehr auf. Im Herbst, kurz bevor sie absterben, färben sich die Pflanzen rot.

Spieß-Melde

Atriplex prostrata (Gänsefußgewächse)

H 30–90 cm   Juli–Sept.   einjährig

Vorkommen *Unkrautbestände an Gräben, Straßenrändern, Ufern, am Meeresstrand, auf Müll- und Schuttplätzen. Ganz Europa.*

> ***Blätter oft mit hautartiger, sich ablösender Kruste überzogen***
> ***verträgt Salz***
> ***wächst oft in Gruppen***

Ähnlich wie Spinat zubereitet kann man die jungen Blätter und Sprosse der Spieß-Melde als Wildgemüse essen. Meist verwendet man zu diesem Zweck jedoch die Garten-Melde, die bis 1,5 m hoch werden kann und bereits seit der Antike kultiviert wird.

Kleiner Wiesenknopf

Sanguisorba minor (Rosengewächse)

H 15–40 cm   Mai–Aug.   Staude

Vorkommen *Magere Rasen, Böschungen, Wegränder, trockene Wiesen, Schafweiden, Mauern. Auf mäßig trockenen, kalkhaltigen Böden. Fast ganz Europa.*

> ***wird vom Wind bestäubt***
> ***zeigt magere Böden an***
> ***heißt auch „Kleine Bibernelle"***

Als „Pimpernelle" oder „Bibernelle" liefert die Pflanze ein leicht bitteres, nussartig schmeckendes Küchengewürz und eine Salatbeigabe. Für den Gewürzgarten bieten Gärtnereien die Staude deshalb in Töpfen an. Es gibt jedoch noch eine andere „Bibernelle" oder „Pimpernelle": Ein mit der Wilden Möhre (S. 121) verwandtes Doldengewächs, das in der Heilkunde verwendet wird.

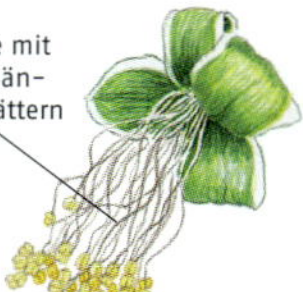

Rizinus

Ricinus communis (Wolfsmilchgewächse)

H 50–400 cm Febr.–Okt. einjährig bis Strauch ☠

In ägyptischen Gräbern aus der Zeit um 4000 v. Chr. fanden Archäologen die ältesten Rizinussamen. Ihre erste schriftliche Nennung als Abführmittel und gegen Geschwüre erfolgte etwa um 1500 v. Chr. Rizinussamen sind jedoch nicht ungefährlich. Sie enthalten das tödlich giftige Ricin, das man sorgfältig abtrennen muss, wenn man das fette Öl auspresst. Rizinusöl wird noch heute bei Verstopfung empfohlen.

Vorkommen *Im Mittelmeerraum an Straßenrändern, auf Schuttplätzen, Ödflächen. In Mitteleuropa als einjährige Zierpflanze in Parks und Gärten.*

- ***Blattform auffällig***
- ***aus dem tropischen Afrika im Mittelmeerraum eingebürgert***
- ***schnell wachsend, heißt deshalb auch „Wunderbaum"***

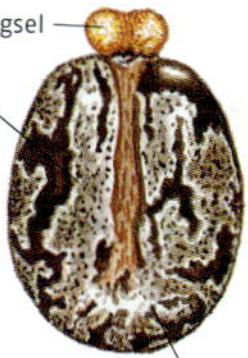

Schon gewusst?

Der Name Rizinus bezieht sich auf die Ähnlichkeit der Samen mit Zecken (Ixodes ricinus). Einige Kräuterbücher des 16. Jahrhunderts nennen die Samen „Zeckenkörner", die Pflanzen „Zeckenbäume".

Wald-Bingelkraut

Mercurialis perennis (Wolfsmilchgewächse)

H 15–30 cm April–Mai Staude ☠

***Vorkommen** Wälder mit krautreichem Unterwuchs, Gebüsche. An eher schattigen Standorten in fast ganz Europa.*

- **wächst oft in großen Gruppen**
- **meist viele männliche und wenige weibliche Pflanzen**
- **zeigt Sickerwasser an**

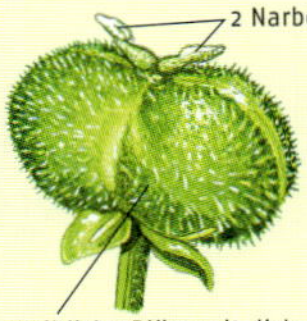

„Bingelkraut" leitet sich wohl von „pinkeln" ab: Die Pflanze wirkt harntreibend. Vergiftet sich Vieh mit Bingelkraut, so färbt sich der Harn rotblau. Die Pflanze ändert beim Trocknen ihr Grün in ein metallartig schimmerndes Blauschwarz. Die Alchemisten des Mittelalters dachten deshalb, die Pflanze könne dabei helfen, Quecksilber („Mercurius") in Gold zu verwandeln.

Spitz-Wegerich

Plantago lanceolata (Wegerichgewächse)

H 10–50 cm Mai–Sept. Staude

***Vorkommen** Wiesen, Weiden, Parkrasen, Ödflächen, Wege, Äcker. Auf meist tiefgründigen Böden. Fast ganz Europa.*

- **schmeckt etwas bitter**
- **Samen werden bei Nässe klebrig**
- **zerquetschte Blätter lindern Insektenstiche**

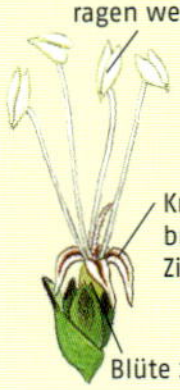

Spitz-Wegerich war bereits im Altertum ein bewährtes Hustenmittel. Auch heute noch gibt es Tee oder Saft gegen trockenen Reizhusten. Ausgepresster Saft schimmelt im Gegensatz zu den meisten anderen Pflanzensäften auch ohne Konservierungsmittel nicht. Er enthält Stoffe, die das Wachstum von Mikroorganismen unterdrücken.

Krähenfuß-Wegerich

Plantago coronopus (Wegerichgewächse)
H 5–15 cm Juni–Sept. einjährig

Die Italiener, aber auch die Franzosen schätzen die jungen Blätter dieses Wegerichs als Gemüse oder in Mischsalaten. Hierfür wird er angebaut. Auf italienischen Speisekarten heißt das Gemüse „Minutina o erba stella". Der Name „Erba stella" (Sternkraut) für die Pflanze geht bis ins 17. Jahrhundert zurück und bezieht sich auf die Form der Blattrosette.

***Vorkommen** Salzwiesen an den Meeresküsten, im Binnenland gelegentlich auf salzhaltigen Böden. Mittel- und Südeuropa.*

> ***sehr vielgestaltig***
> ***heißt auch „Hirschhorn-Wegerich"***
> ***verträgt Überflutung***

Tannenwedel

Hippuris vulgaris (Tannenwedelgewächse)
H 10–50 cm Mai–Aug. Staude

Der Tannenwedel ist gegen Wasserverschmutzung empfindlich und verschwindet in belasteten Gewässern. Der Name bezieht sich auf den Wuchs, der einem kleinen Tannenbäumchen ähnelt. Alte Namen weisen auch auf eine Ähnlichkeit mit dem Schachtelhalm hin, mit dem der Tannenwedel aber genauso wenig verwandt ist wie mit der Tanne.

***Vorkommen** Wasserpflanze in stehenden oder langsam fließenden Gewässern mit max. 2 m Tiefe. Auch an Ufern. Ganz Europa.*

> ***blüht sehr unscheinbar***
> ***wächst meist in größeren Gruppen***
> ***benötigt saubere, kühle, nährstoffreiche Gewässer***

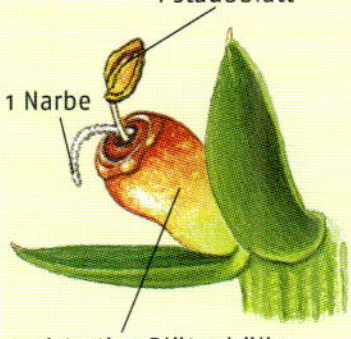

Schwimmendes Laichkraut

Potamogeton natans (Laichkrautgewächse)
H 60–150 cm Juni–Aug. Staude

***Vorkommen** Weiher, Tümpel, Seebuchten, Altwässer. Oft zwischen anderen Schwimmblattpflanzen wie Seerosen. Ganz Europa.*

> ***wächst ziemlich rasch***
> ***Blätter schwimmen auf der Wasseroberfläche***
> ***kann größere Wasserflächen bedecken***

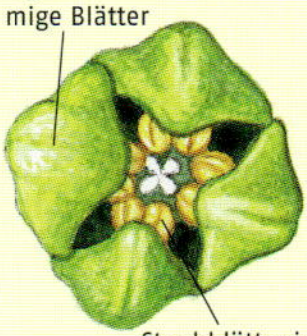

Die Oberfläche der schwimmenden Blätter weist durch einen Ölfilm das Wasser ab. Früher sammelten Bauern die verdickten, stärkereichen Wurzelstöcke und nutzten sie besonders zur Schweinemast. In Gartenteichen wächst die Pflanze zu dichten Beständen, die meist schon bald ausgelichtet werden müssen, da sonst kaum noch Licht ins Wasser gelangen kann.

Kalmus

Acorus calamus (Kalmusgewächse)
H 60–120 cm Juni–Juli Staude (☠)

***Vorkommen** Sümpfe, Ufer stehender oder langsam fließender, nährstoffreicher Gewässer an wärmeren Standorten. Fast ganz Europa.*

> ***Blätter schilfartig***
> ***Wurzelstock riecht zerrieben aromatisch***
> ***bei uns seit dem 16. Jh. aus Gärten verwildert***

Kalmus stammt ursprünglich aus Südostasien. Heute kommt er in Asien, Amerika und Europa in verschiedenen Rassen vor. Europäische Kalmuswurzeln liefern, oft unter der Bezeichnung „Deutscher Ingwer", ein beliebtes Gewürz für Liköre und Getränke. In Form von Medikamenten hilft er bei Verdauungsstörungen und Magenschleimhautentzündung.

Gefleckter Aronstab

Arum maculatum (Aronstabgewächse)

H 15–40 cm April–Juni Staude ☠

Das Hüllblatt bildet eine Kesselfalle. Es entfaltet sich am Abend, der Kolben verströmt einen harnartigen Geruch und lockt kleine Schmetterlingsmücken an. Diese rutschen in den Kessel und bestäuben die weiblichen Blüten. Die Staubbeutel der männlichen Blüten öffnen sich erst später. Die Reusenblüten halten die Mücken im Kolben gefangen und entlassen sie, mit Blütenstaub bepudert, erst am nächsten Abend – rechtzeitig, um in den nächsten Kessel zu fallen.

Vorkommen *Krautreiche Laubwälder, Auenwälder, Hecken. Auf nährstoffreichen Böden an schattigen Standorten. Mittel- und Südeuropa.*

> ***jeder Blütenstand blüht nur 1 Tag***
> ***riecht aasähnlich***
> ***Blätter nur im Frühjahr vorhanden***

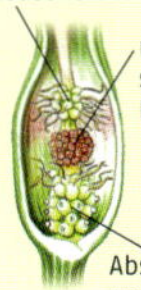

Schon gewusst?

Die Pflanze diente früher als Orakel: Der Kolben stand für Getreide, die Reuse für Heu, die männlichen Blüten für Obst, die weiblichen für Weintrauben. Gut entwickelte Teile verhießen eine gute Ernte, verkümmerte kündeten eine Missernte an.

Krummstab

Arisarum vulgare (Aronstabgewächse)

H 10–40 cm Okt.–Mai Staude ☠

***Vorkommen** In Gebüschen, Olivenhainen, auf Brachflächen, an Mauern. Braucht schattige, nicht zu trockene Standorte. Mittelmeerraum.*

- > ***blüht oft im Frühjahr und im Herbst***
- > ***heißt auch „Kleiner Aronstab"***
- > ***wächst meist in Gruppen***

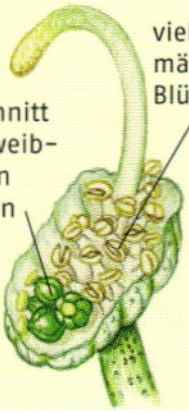

Die würzig riechenden Blütenstände locken kleine Fliegen und Mücken an. Im Gegensatz zum nah verwandten Aronstab (S. 297) können die Bestäuber ungehindert in die Blattröhre hinein- und hinauskrabbeln. Die grünen Beeren können sich jedoch auch ohne Insektenbesuch entwickeln. Der scharfe Geschmack dient der Pflanze wohl als Fraßschutz.

Ästiger Igelkolben

Sparganium erectum (Igelkolbengewächse)

H 30–50 cm Juni–Aug. Staude (☠)

***Vorkommen** Im Röhricht stehender oder fließender, nährstoffreicher Gewässer, auf humusreichen Schlammböden. Ganz Europa.*

- > ***nach der Form der Fruchtstände benannt***
- > ***besiedelt auch stärker verschmutzte Gewässer***
- > ***braucht viel Licht***

Die reifen Früchte in den morgensternartigen Fruchtköpfchen können bis zu 12 Monate im Wasser schwimmen und so auch weit entfernte Standorte erreichen. Die Blätter enthalten reichlich spitze, nadelförmige Kristalle, die als wirksamer Fraßschutz dienen.

Breitblättriger Rohrkolben

Typha latifolia (Rohrkolbengewächse)

H 100–200 cm   Juli–Aug.   Staude

Heute verwendet man nur noch die als „Schilfzigarren“ bezeichneten Fruchtstände für Trockengestecke. Früher jedoch verfütterten Bauern die stärkereichen Wurzelstöcke an Schweine oder verwendeten sie gemahlen in Notzeiten zum Strecken von Brotmehl. Als Ersatz für Jute gewann man Ende des 19. und Anfang des 20. Jahrhunderts Fasern aus Blättern und Stängeln. Küfer verwendeten bis ins 20. Jahrhundert die Blätter zum Abdichten von Fassfugen.

Vorkommen *Im Röhricht stehender bis schwach fließender, nährstoffreicher Gewässer. Kann große, dichte Gruppen bilden. Fast ganz Europa.*

> ***in gemäßigten Zonen fast weltweit verschleppt***
> ***früher besonders von Küfern kultiviert***
> ***reife Kolben zerfallen***

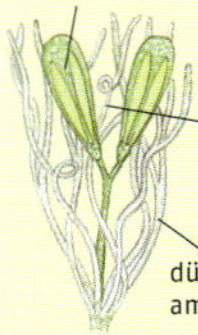

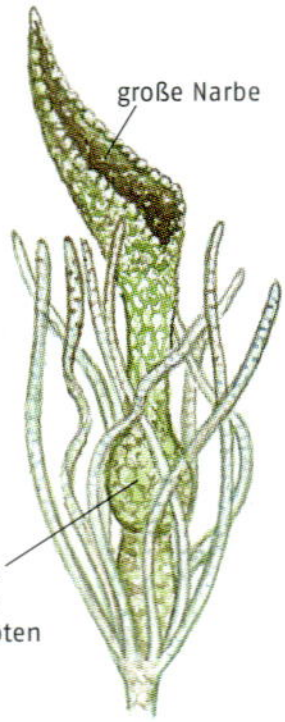

Schon gewusst?

Früher sammelte man die Fruchthaare als Kissenfüllungen und für Verbandszwecke. Sie lassen sich jedoch nicht zu längeren Fäden verspinnen.

Stinkende Nieswurz

Helleborus foetidus (Hahnenfußgewächse)
H 30–80 cm   März–Mai   Staude   ☠

Vorkommen *Trockene Abhänge, lichte, krautreiche Buchen- und Eichenwälder und Waldsäume auf Kalk. Von Südwesteuropa bis Deutschland.*

- ***Blätter über den Winter grün***
- ***wächst oft in Gruppen***
- ***Pflanze riecht unangenehm***

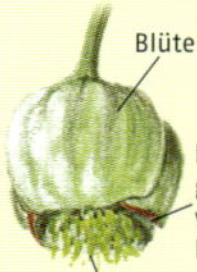

Die Blütenknospen entwickeln sich bereits im Herbst, öffnen sich aber erst im Frühjahr. Bei der Stinkenden Nieswurz gehen die Laubblätter stufenweise in Blütenblätter über. Sie dient deshalb als Paradebeispiel, um zu zeigen, dass Blütenblätter entwicklungsgeschichtlich aus Laubblättern entstanden sind. In manchen Weingegenden hofften die Winzer nach einer reichlichen Blüte der Pflanze auf ein gutes Weinjahr.

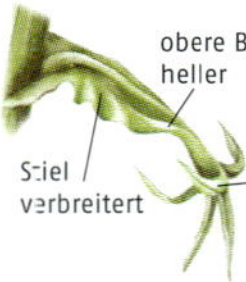

Fichtenspargel

Monotropa hypopitys (Fichtenspargelgewächse)
H 10–25 cm   Juni–Juli   Staude

Vorkommen *Kiefern-, Fichten- und Tannenwälder. Auf modrigen Böden auch noch an stark schattigen, dunkleren Standorten. Fast ganz Europa.*

- ***Pflanze ohne Blattgrün, gelb bis gelbbraun***
- ***braucht kein Licht***
- ***nur Blütenstängel ragen aus dem Boden***

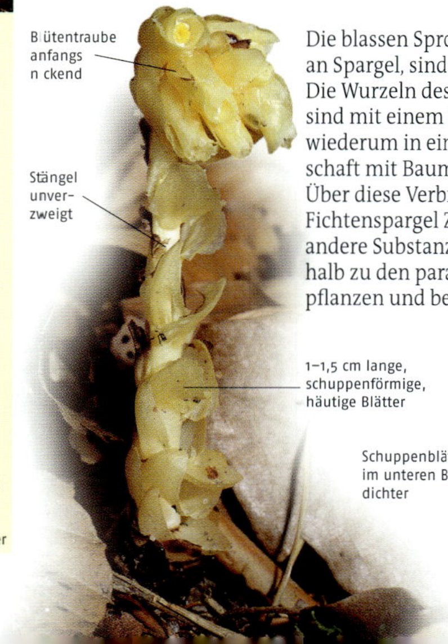

Die blassen Sprosse erinnern etwas an Spargel, sind aber nicht essbar. Die Wurzeln des Fichtenspargels sind mit einem Pilz verbunden, der wiederum in einer Lebensgemeinschaft mit Baumwurzeln steht. Über diese Verbindung erhält der Fichtenspargel Zuckerstoffe und andere Substanzen. Er zählt deshalb zu den parasitischen Blütenpflanzen und benötigt kein Licht.

Weißer Gänsefuß

Chenopodium album (Gänsefußgewächse)
H 20–150 cm   Juli–Okt.   einjährig

Heute gilt der Weiße Gänsefuß als Unkraut. Seine Samen bleiben bis zu mehreren Jahrhunderten keimfähig. Da jede Pflanze bis zu 100 000 davon bilden kann, können sich diese im Boden stark anreichern und für Massenbestände sorgen. Aus den Samen stellten schon die Menschen der Jungsteinzeit Mehl her, wie Funde in den Pfahlbauten belegen. Blätter und Sprossspitzen ergeben ein mildes, spinatartiges Wildgemüse oder eine Suppe.

Vorkommen *Unkrautbestände auf Schuttplätzen, Äckern, in Gärten, an Wegen, Straßenrändern. Auf nährstoffreichen Böden. Ganz Europa.*

> ***wirkt oft wie mit Mehl bestäubt***
> ***Blattform sehr variabel***
> ***Erstbesiedler auf Ödflächen***

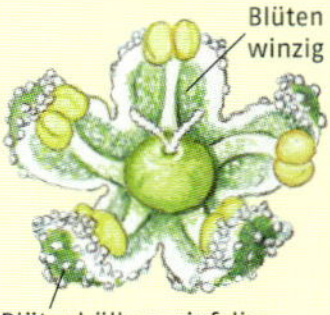

Schon gewusst?

Nah verwandt ist der Gute Heinrich, der meist in Siedlungsnähe wächst. Der Volksglaube verglich ihn mit einem „Guten Geist“ oder Heiligen, da er als Heil- und Gemüsepflanze wichtig war. Er liefert „Wilden Spinat“ und wurde gegen Hautkrankheiten verwendet.

Hängendes Nabelkraut

Umbilicus rupestris (Dickblattgewächse)

H 10–50 cm Mai–Juli Staude

Vorkommen *Trockene Felsspalten und Gemäuer, meist auf der Schattenseite, schattige Hänge. Süd- und Westeuropa.*

> ***heißt auch „Venusnabel"***
> ***nach der typischen Blattform benannt***
> ***besiedelt auch hochgelegene Mauerspalten***

Im Altertum verwendete man das Hängende Nabelkraut für „Liebeszauber". Auch gegen Fallsucht sollte es helfen. Später empfahlen Heilkundige, die saftigen Blätter zur Kühlung auf Brandwunden zu legen. Die fleischigen, wasserspeichernden Blätter und ein besonderer Stoffwechsel helfen der Pflanze, auch trockene, humusarme Standorte zu besiedeln, z. B. Felsspalten.

Gewöhnliche Hundszunge

Cynoglossum officinale (Raublattgewächse)

H 30–80 cm Mai–Juli zweijährig ☠

Vorkommen *Unkrautbestände, Schuttplätze, Wegränder, Ödflächen. Auf eher trockenen Böden an sonnigen Standorten. Fast ganz Europa.*

> ***Früchte auffälliger als Blüten***
> ***zeigt Stickstoff im Boden an***
> ***riecht bei Verletzung nach Mäusen***

Namensgebend für die Gewöhnliche Hundszunge sind die rauen, zungenähnlichen Blätter. Die Klettfrüchte bleiben an vorbeistreifenden Tieren hängen und werden so verbreitet. Die Pflanze gilt wegen ihres unangenehmen Geruchs als altes Hausmittel gegen Ratten und Mäuse und wird hierfür noch heute manchmal in Gärten gepflanzt.

Echte Tollkirsche

Atropa bella-donna (Nachtschattengewächse)

H 50–150 cm   Juni–Aug.   Staude   ☠

Schon drei der süß schmeckenden, vom Aussehen an Kirschen erinnernden Früchte können für ein Kind tödlich sein. Leichte Vergiftungen führen zu trockenem Mund, schnellem Puls und vergrößerten Pupillen. Bei größeren Mengen kommt es zu Halluzinationen, Tobsuchtsanfällen und zum Tod durch Atemlähmung. Vögel wie Drosseln können die Beeren unbeschadet fressen und so die Samen verbreiten. In der Steinzeit spielte Tollkirsche als Pfeilgift eine Rolle.

Vorkommen *Waldlichtungen, Waldwege, Waldschläge. Meist auf Kalkböden an hellen oder schwach beschatteten Standorten. Mittel- und Südeuropa.*

> ***oft Blüten und Früchte gleichzeitig***
> ***Blüten riechen unangenehm***
> ***tödlich giftig***

Schon gewusst?

Das Krainer Tollkraut, auch „Glockenbilsenkraut" genannt, ist ähnlich giftig wie die Tollkirsche. Es wächst in Laubwäldern von Kärnten bis Süd- und Südosteuropa.

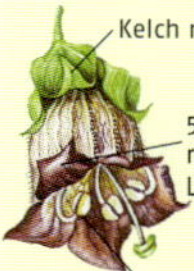

Beifußblättriges Traubenkraut

Ambrosia artemisiifolia (Korbblütengewächse)

H 50–150 cm   Aug.–Okt.   einjährig

Vorkommen *Unkrautbestände auf Schutt, in Häfen und Gärten. Auf warmen, nährstoffreichen Böden. Mittel- und Südeuropa.*

- ***stammt ursprünglich aus Nordamerika und Mexiko***
- ***breitet sich bei uns aus***
- ***problematischer Heuschnupfenauslöser***

Die Früchte waren mehrere Jahrzehnte in Winter-Vogelfutter-Mischungen enthalten. Die Art ist eines der wenigen Korbblütengewächse, das vom Wind bestäubt wird. Auf den reichlich gebildeten Blütenstaub reagieren in den Ursprungsländern rund 10 Prozent der Bevölkerung mit Heuschnupfen oder Asthma. Wissenschaftler empfehlen deshalb, die Pflanze auszureißen.

Vierblättrige Einbeere

Paris quadrifolia (Dreiblattgewächse)

H 10–30 cm   Mai–Juni   Staude   ☠

Vorkommen *Feuchte Wälder mit meist krautreichem Unterwuchs, Auenwälder. Auf nährstoffreichen Böden. Ganz Europa.*

- ***an den meist 4, seltener 5 oder 6 Blättern erkennbar***
- ***zeigt Grundwasser oder Sickerwasser an***
- ***braucht Schatten***

In der griechischen Mythologie musste der Jüngling Paris den Zank um den „Erisapfel" entscheiden. Er war dabei von vier Gottheiten umgeben, ähnlich wie bei der Einbeere die Blüte oder Beere von vier Blättern umgeben ist. Im Mittelalter meinte man, die an eine Pestbeule erinnernde Frucht könne Pest und ansteckende Krankheiten heilen.

Knotige Braunwurz

Scrophularia nodosa (Braunwurzgewächse)
H 40–120 cm Juni–Sept. Staude

Die Blüte der Knotigen Braunwurz ist eine typische Rachenblume: Man meint geradezu, in den Rachen eines gähnenden Tieres zu schauen. Die Pflanze lockt bei uns besonders Wespen als Bestäuber an, in Nordamerika hat man auch Kolibris daran beobachtet. Im Mittelalter verglich man den knotigen Wurzelstock der Pflanze mit Geschwülsten der Lymphdrüsen und anderen Drüsenschwellungen und meinte, die Pflanze könne entsprechende Krankheiten heilen.

***Vorkommen** Wälder mit krautigem Unterwuchs, Wegränder. Auf wasserdurchsickerten oder feuchten Böden. Ganz Europa.*

> ***meist nur wenige Blüten gleichzeitig geöffnet***
> ***riecht zerrieben unangenehm***
> ***blüht meist im Schatten oder Halbschatten***

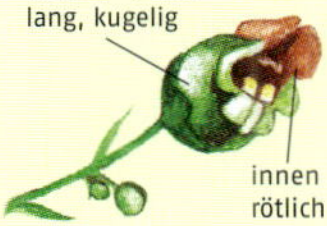

Schon gewusst?

Die auffälligen Raupen des Braunwurz-Mönchs und des sehr ähnlichen Königskerzen-Mönchs fressen im Sommer an den Pflanzen. Die unscheinbaren Nachtschmetterlinge schlüpfen frühestens im folgenden Jahr aus den Puppen.

Vogel-Nestwurz

Neottia nidus-avis (Orchideengewächse)
H 20–50 cm Mai–Juni Staude

***Vorkommen** Wälder. An schattigen Standorten im Humus oder auf Moderholz. Fast ganz Europa.*

> ***Blüten duften nach Honig***
> ***nach der Form der Wurzeln benannt***
> ***enthält kein Blattgrün***

Die Vogel-Nestwurz verzichtet darauf, wie grüne Pflanzen Kohlenhydrate mit der Energie der Sonne aus Kohlendioxid und Wasser zu gewinnen (Photosynthese). So kann sie auch an ausgesprochen dunklen Standorten im Waldesinneren gedeihen. Sie ernährt sich ausschließlich von Pilzfäden, die in ihre wie ein Vogelnest verflochtenen Wurzeln eindringen. Vom Keimen bis zum ersten Blühen vergehen in der Regel ungefähr 9 Jahre.

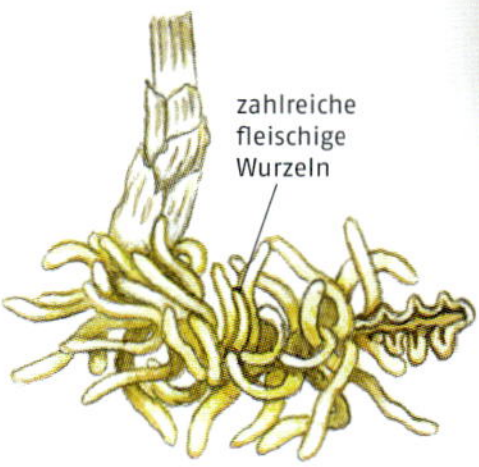

Schon gewusst?

Die Kapselfrüchte öffnen sich durch Längsspalten und entlassen staubfeine, je nur 0,000008 g schwere Samen. Der vertrocknete Fruchtstand bleibt oft noch mehrere Jahre sichtbar.

Großes Zweiblatt

Listera ovata (Orchideengewächse)
H 20–50 cm Mai–Juni Staude

Das Große Zweiblatt hat eine ungewöhnliche Methode entwickelt, um für seine Bestäubung zu sorgen: Berührt ein Insekt eine bestimmte Zone in der Blüte, spritzt ihm ein Tropfen klebriger Flüssigkeit entgegen, an dem dann in einem zweiten Schritt Pakete aus Blütenstaub angekittet werden.

__Vorkommen__ Laubwälder, Auenwälder, Gebüsche, Bergwiesen. Auf eher feuchten, nährstoffreichen Böden im Halbschatten. Fast ganz Europa.

> ***auch ohne Blüten an den 2 Blättern zu erkennen***
> ***Lippe oft durch Nektar glänzend***
> ***wird leicht übersehen***

Fliegen-Ragwurz

Ophrys insectifera (Orchideengewächse)
H 15–40 cm Mai–Juni Staude

Die Blüten ahmen in Form, Farbe und Behaarung Insektenweibchen nach. Außerdem bilden sie Sexuallockstoffe, mit denen normalerweise Grabwespenweibchen paarungsbereite Männchen anlocken. Die Männchen dieser Grabwespen versuchen deshalb, sich mit den Blüten zu paaren und transportieren dabei den Blütenstaub von einer Blüte zur anderen.

__Vorkommen__ Magere Rasen, lichte, trockene Kiefernwälder. Auf mäßig trockenen, kalkreichen Böden. Fast ganz Europa.

> ***2 der Blütenblätter wirken wie Insektenfühler***
> ***Blüten täuschen Insekten einen Partner vor***
> ***wird häufig übersehen***

Bienen-Ragwurz

Ophrys apifera (Orchideengewächse)

H 20–40 cm   Mai–Juni   Staude

Vorkommen *Magerrasen, Halbtrockenrasen, lichte Eichen-Kiefernwälder. Auf kalkreichen Böden an warmen Standorten. Mittel- und Südeuropa.*

- ***eine unserer schönsten Orchideen***
- ***hat über den Winter eine grüne Blattrosette***
- ***blüht nicht jedes Jahr***

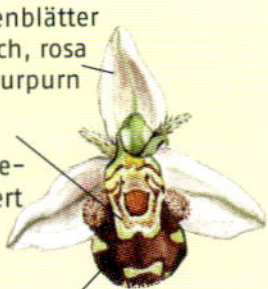

Die Blüten der Bienen-Ragwurz ahmen wie die der Fliegen-Ragwurz (S. 307) Insektenweibchen nach. Wissenschaftler beobachten besonders seit den 90er Jahren, dass die Pflanze öfters an neuen Standorten auftritt. Außer der Klimaerwärmung hat hierzu sicher beigetragen, dass sie auch ohne Bestäubung Samen ausbildet (s. Kasten). Unter guten Bedingungen können bereits 3 bis 4 Jahre alte Pflanzen blühen.

Schon gewusst?

In Mitteleuropa fehlen die als Bestäuber geeigneten Bienen. Die Blüten bestäuben sich regelmäßig selbst: Hierzu hängen schon kurz nach dem Aufblühen Pakete mit dem Blütenstaub heraus und biegen sich schließlich bis auf die Narbe hinab.

Bocks-Riemenzunge

Himanthoglossum hircinum (Orchideengewächse)
H 30–80 cm Mai–Juni Staude

Die Samen bleiben jahrelang keimfähig. Die Blüten werden hauptsächlich von Wildbienen besucht, die durch den Geruch und süßen Nektar im Blütensporn angelockt werden. Im Gegensatz zu den meisten anderen Orchideen kann die hochwüchsige, robuste Pflanze auch noch zwischen Büschen wachsen.

Vorkommen *Magere Rasen, Böschungen, lichte, sonnige Gebüsche, ehemalige Weinberge. Auf warmen Kalkböden. Westliches Süd- und Mitteleuropa.*

- > ***unverwechselbar durch die typischen „Riemen"***
- > ***empfindlich gegen Spätfröste***
- > ***stinkt besonders nachts nach „Ziegenbock"***

Schwarzes Kohlröschen

Nigritella nigra (Orchideengewächse)
H 5–20 cm Mai–Aug. Staude

Kaum ein Bergwanderer versäumt es, in die Knie zu gehen und an dieser kleinen Orchidee zu schnuppern. Denn die mit Volksnamen wie „Brändele", „Blutrösli" oder „Schokolade-Blüemli" versehene, geschützte Orchidee ist ein Duftwunder. Kühe fressen die Pflanze meist nicht, geschieht dies doch, können Butter und Käse nach Vanille riechen.

Vorkommen *Sonnige Bergwiesen, trockene Rasen von 1400–2400 m. Meist auf Kalkböden.*

- > ***Gebirge in Mittel- und Südeuropa***
- > ***duftet intensiv nach Vanille***
- > ***verträgt keine Düngung***

Register der Blumenarten

Wegen des Umfangs des Registers wurden zweiteilige deutsche Namen nur einmal, und zwar mit vorgestelltem Gattungsnamen aufgeführt. So ist z. B. die „Echte Kamille“ nur unter „Kamille, Echte“ zu suchen.

Bildnachweis

Zeichnungen
Golte-Bechtle/Kosmos (488); **Haag/Kosmos** (74); **Hofmann/Kosmos** (10); **Kohnle/Kosmos** (11); **Söllner/Kosmos** (4); **Spohn/Kosmos** (456)

Fotografien
Albers/Hecker 254L, **Bellmann** 101K; **Hecker** 72oH, 72oL, 87oH, 87uH, 87uL, 129oH, 139oH, 158uL, 171uH, 171oL, 177uL, 181uL, 186H, 187uL, 195H, 288oH, 294oL, 294uL, 295oL, 297L; **König** 293L; **Laux** 79oL, 288oL; **Mertz/Hecker** 146oL; **Pforr** 18oH, 18oL, 23uH, 23uL, 25oH, 25oL, 27oL, 27uL, 29uH, 30oH, 30uH, 30oL, 30uL, 34oH, 34uH, 34uL, 36L, 40oH, 42uH, 45oH, 46oH, 46uH, 46uL, 48uH, 55oH, 55oL, 57oH, 57uH, 57oL, 58oH, 58uH, 58oL, 58uL, 60L, 61oH, 61uH, 61oL, 61uL, 62uH, 62uL, 63H, 63L, 63K, 64oH, 64uH, 64uL, 79oL, 90uL, 97H, 100oH, 100oL, 103uH, 103oH, 103uL, 103oL, 107uL, 108uH, 110H, 113H, 113L, 115oL, 120uH, 125uH, 125oH, 125uL, 129uL, 139uH, 139uL, 139oL, 141oH, 141oL, 142oH, 143H, 148uH, 148oH, 148uL, 151oH, 152L, 154oH, 154oL, 155L, 158oL, 166oH, 170uH, 171oH, 171uL, 174L, 177uH, 178uL, 179H, 187uH, 200H, 201uH, 202H, 203uH, 209oH, 210H, 214H, 216oH, 216oL, 218oH, 218uH, 219uL, 222oH, 223L, 225oH, 226H, 231L, 237oH, 237oL, 241oH, 245oH, 245uH, 245oL, 246uH, 250oH, 250uH, 254H, 256oH, 256uH, 256oL, 259oH, 259uH, 260uH, 261oH, 261uH, 264uH, 267oH, 267uH, 268oH, 277uH, 280oH, 282H, 282L, 285uH, 285oL, 286oL, 287H, 293K, 300oL, 305L, 307oH, 307uL, 309uH, 1004oH; **Reinhard-Tierfoto, Hans Reinhard Heilgkreuzsteinach-Eiterbach** 25uH, 25uL, 71oH, 76L, 85oH, 85oL, 89L, 119oH, 142uL, 161L, 286oH, 298uL, **Sauer/Hecker** 55uH, 68uH, 77uH, 87oL, 88uL, 160uL, 188oH, 193uH, 308H, **Schönfelder** 19H, 20uH, 20uL, 27oH, 27uH, 36H, 40oL, 48oL, 50uH, 50uL, 56H, 60H, 95L, 96uH, 96oL, 96uL, 132uL, 136L, 137oL, 147oL, 152K, 155H, 158oH, 160uH, 164oH, 164oL, 164uL, 166oL, 168uL, 169H, 181uH, 185oH, 190L, 213oH, 219oH, 227oH, 230uH, 230uL, 232oH, 232uH, 232oL, 232uL, 243L, 245uL, 251uH, 252oH, 252oL, 253L, 264oL, 264uL, 270uL, 281oL, 295oH, 297H, 298oH, 298oL, 300uH, 302uH, 302uL; **Spohn** 18uH, 18uL, 19L, 19Z1, 19K, 19Z2, 20oH, 20oL, 21oH, 21uH, 21oL, 21uL, 22H, 22L, 23oH, 23oL, 24H, 24L, 24K, 26H, 26L, 26K, 28H, 28L, 28K, 29oH, 29oL, 29uL, 31H, 31L, 32oH, 32uH, 32oL, 32uL, 33oH, 33uH, 33oL, 33uL, 34oL, 35H, 35L, 36Z, 36K, 37oH, 37uH, 37oL, 37uL, 38H, 38L, 38K, 39oH, 39uH, 39oL, 39uL, 40uH, 40uL, 41H, 41L, 41K, 42oH, 42oL, 42uL, 43oH, 43uH, 43oL, 43uL, 44H, 44L, 44K, 45uH, 45oL, 45uL, 46oL, 46Z, 47H, 47L, 47K, 48oH, 48uL, 49H, 49L, 50oH, 50oL, 50uZ, 51H, 51L, 51K, 51Z, 52H, 52L, 53oH, 53uH, 53oL, 53uL, 54H, 54L, 54K, 55uL, 56L, 56Z, 57uL, 59H, 59L, 59K, 59Z, 62oH, 62oL, 62oZ, 63Z, 64oL, 65H, 65L, 65Z, 66oH, 66uH, 66oL, 66uL, 67H, 67L, 67K, 68oH, 68oL, 68uL, 69H, 69L, 69K, 70oH, 70uH, 70oL, 70uL, 71uH, 71oL, 71uL, 72uH, 72uL, 73H, 73L, 73K, 74H, 74L, 75oH, 75uH, 75oL, 75uL, 76H, 76K, 77oH, 77oL, 77uL, 78oH, 78uH, 78oL, 78uH, 78uL, 79oH, 79uH, 79uL, 80H, 80L, 80K, 81oH, 81uH, 81oL, 81uL, 82H, 82L, 82K, 83oH, 83uH, 83oL, 83uL, 84oH, 84uH, 84oL, 84uL, 85uH, 85uL, 86H, 86L, 86K, 86Z, 88oH, 88uH, 88oL, 89H, 90oH, 90uH, 90oL, 91H, 91L, 91K, 92H, 92L, 93uH, 93oH, 93uL, 93oL, 93Z, 94uH, 94oH, 94uL, 94oL, 95H, 96oH, 97L, 97K, 97Z, 98uH, 98oH, 98uL, 98oL, 99H, 99L, 100uH, 100uL, 101H, 101L, 102H, 102L, 102K, 104uH, 104oL, 104uL, 105H, 105L, 106H, 106L, 107oH, 107uH, 107oL, 108oH, 108uL, 108oL, 109H, 109L, 109K, 109Z, 110L, 110K, 111oH, 111uH, 111oL, 111uL, 112oH, 112uH, 112oL, 112uL, 114H, 114L, 114K, 115oH, 115uH, 115uL, 116H, 116L, 116K, 117H, 117L, 117K, 118uH, 118oH, 118uL, 118oL, 119uH, 119uL, 119oH, 119oL, 120oH, 120uL, 120oL, 121H, 121L, 121K, 122oH, 122uH, 122oL, 122uL, 122uZ2, 123H, 123L, 123Z, 124uH, 124oH, 124uL, 124oL, 125oL, 125oZ, 126oH, 126uH, 126oL, 126uL, 127oH, 127uH, 127oL, 127uL, 128H, 128L, 128K, 129uH, 129oL, 130H, 130L, 130K, 131H, 131L, 131K, 132oH, 132uH, 132oL, 132uZ, 133H, 133L, 133K, 133Z, 134oH, 134uH, 134oL, 134uL, 135H, 135L, 135K, 136H, 136K1, 136K2, 137oH, 137uH, 137uL, 138H, 138L, 138K, 139Z, 140H, 140L, 140K, 141uH, 141uL, 142uH, 142oL, 143L, 143K1, 143K2, 144oH, 144uH, 144oL, 144uL, 145H, 145L, 146uH, 146oH, 146uL, 147uH, 147oH, 147uL, 148oL, 149H, 149L, 150H, 150L, 150K, 151uH, 151uL, 151oL, 152H, 153H, 153L, 153K, 154uH, 154uL, 156oH, 156uH, 156oL, 156uL, 157H, 157L, 157K, 157Z, 158uH, 159H, 159L, 159Z3, 159K, 160oH, 160oL, 161H, 161K, 162oH, 162uH, 162oL, 162uL, 163oH, 163uH, 163oL, 163uL, 164uH, 165H, 165L, 165K, 166uH, 166uL, 167oH, 167uH, 167oL, 167uL, 168oH, 168uH, 168oL, 169L, 169K, 170oH, 170oL, 170uL, 172oH, 172uH, 172oL, 172uL, 173oH, 173uH, 173oL, 173uL, 174H, 174K, 174Z, 175H, 175L,

175K1, 175K2, 175Z, 176oH, 176uH, 176oL, 176uL, 177oH, 177oL, 178oH, 178uH, 178oL, 179L, 179Z, 180H, 180L, 180K1, 180K2, 181oH, 181oL, 182H, 182L, 182K, 183H, 183L, 184H, 184L, 184K, 185uH, 185oL, 185uL, 186L, 186K, 187oH, 187oL, 188uH, 188oL, 188uL, 189H, 189L, 189K, 189Z, 190H, 190K, 191oH, 191uH, 191oL, 191uL, 192H, 192L, 193oH, 193oL, 193uL, 194oH, 194uH, 194oL, 194uL, 195L, 195K, 195Z, 196oH, 196uH, 196oL, 196uL, 197H, 197L, 198H, 198L, 198Z, 199oH, 199uH, 199oL, 199uL, 200L, 200Z, 201oH, 201oL, 201uL, 202L, 203oH, 203uL, 203oL, 204H, 204L, 204K, 205uH, 205oH, 205uL, 205oL, 206H, 206L, 206K, 207oH, 207uH, 207oL, 207uL, 208H, 208L, 208K, 209uH, 209uL, 209oL, 209oZ, 210L, 211H, 211L, 211K, 211Z, 212H, 212L, 212K, 213uH, 213uL, 213oL, 214L, 215H, 215L, 215K1, 215K2, 215Z, 216uH, 216uL, 217H, 217L, 218oL, 218uL, 219uH, 219oL, 220H, 220L, 221uH, 221oH, 221uL, 221oL, 222uH, 222oL, 222uL, 223H, 223K, 224uH, 224oH, 224uL, 224oL, 225uH, 225uL, 225oL, 226L, 227uH, 227oL, 227uL, 228uH, 228oH, 228uL, 228oL, 228Z, 229oH, 229uH, 229oL, 229uL, 230oH, 230oL, 231H, 231K, 233H, 233L, 233K1, 233K2, 234oH, 234uH, 234oL, 234uL, 235H, 235L, 236H, 236L, 236K 237uH, 237uL, 238oH, 238uH, 238oL, 238uL, 239H, 239L, 239K, 240H, 240L, 240Z, 241uH, 241oL, 241uL, 242oH, 242uH, 242oL, 242uL, 243H, 243K, 243Z, 244H, 244L, 244Z1, 246oH, 246oL, 246uL, 246oZ, 247H, 247L, 247Z2, 248H, 248L, 248Z, 249oH, 249uH, 249oL, 249uL, 250oL, 250uL, 251oH, 251oL, 251uL, 251oZ, 252uH, 252uL, 253H, 255oH, 255uH, 255oL, 255uL, 256uL, 257H, 257L, 257Z1, 257K, 258H, 258L, 258K, 258Z, 259oL, 259uL, 260oH, 260oL, 260uL, 261oL, 261uL, 262H, 262L, 262Z, 263H, 263L, 263K, 264oH, 265H, 265L, 265K, 266H, 266L, 266Z, 267oL, 267uL, 268uH, 268oL, 268uL, 268Z, 269H, 269L, 269K, 270oH, 270uH, 270oL, 271H, 271L, 271K, 272oH, 272uH, 272oL, 272uL, 273H, 273L, 273K, 274oH, 274oL, 274uH, 274uL, 275H, 275L, 275K, 276oH, 276uH, 276oL, 276uL, 277oH, 277oL, 277uL, 278oH, 278uH, 278oL, 278uL, 279oH, 279uH, 279oL, 279uL, 280uH, 280oL, 280uL, 281oH, 281uH, 281uL, 283oH, 283uH, 283oL, 283uL, 283oZ, 284H, 284L, 285oH, 285uL, 286uH, 286uL, 287L, 287K, 288uH, 288uL, 289H, 289L, 289Z3, 289K, 290oH, 290uH, 290oL, 290uL, 291H, 291L, 291K, 292oH, 292uH, 292oL, 292uL, 293H, 293Z3, 293Z3, 294oH, 294uH, 295uH, 295uL, 296oH, 296uH, 296oL, 296uL, 297Z1, 298uH, 299H, 299L, 299K, 300oH, 300oL, 301H, 301L, 301K, 302oH, 302oL, 303H, 303L, 303K, 304oH, 304uH, 304oL, 304uL, 305H, 305K, 306H, 306L, 306K, 307uH, 307oL, 308L, 309oH, 309oL, 309uL

H = Hauptmotiv, L = Lebensraum, Z = zusätzliches Detail (von oben nach unten bzw. von links nach rechts), K = Kasten, u = unten, o = oben

NABU
Giftfrei Gärtnern tut gut …
… Ihnen und der Natur.
Informieren Sie sich hier und nutzen Sie Ihre Chance!
Weitere Infos unter www.NABU.de/giftfrei
NABU/A. Wolff

Die Autoren

Die Autoren dieses Buches, das Biologenehepaar Margot und Roland Spohn, verbringen jede freie Minute draußen in der Natur. Bei der Arbeit an diesem Buch ergänzen sie sich gegenseitig: Margot Spohn schreibt über die Pflanzen und Roland Spohn fotografiert und illustriert sie. Beide haben schon erfolgreich beim Standardwerk „Was blüht denn da? zusammengearbeitet.

Impressum

Mit 2054 Fotos und Illustrationen (siehe Bildnachweis S. 316).

Das Foto auf der Seite 2 zeigt eine Echte Pfingstrose. Die Fotos auf der Seite 3 zeigen von oben nach unten: Klatsch-Mohn, Doldiger Milchstern, Wegwarte, Arnika, Vierblättrige Einbeere. Auf Seite 16/17 finden Sie eine Aufnahme der Sumpf-Schwertlilie.

Umschlaggestaltung: Gramisci Editorialdesign, Cornelia Sekulin, München unter Verwendung eines Fotos von Oliver le Moal/Shutterstock (Mohn) und einer Zeichnung von Golte-Bechtle (Kapselfrucht Mohn).

Unser gesamtes lieferbares Programm und viele weitere Informationen zu unseren Büchern, Spielen, Experimentierkästen, DVDs, Autoren und Aktivitäten finden Sie unter **kosmos.de**

FSC® www.fsc.org
MIX
Papier aus verantwortungsvollen Quellen
FSC® C023164

Gedruckt auf chlorfrei gebleichtem Papier

ISBN: 973-3-440-15182-2
Lektorat: Carsten Vetter / Henrike Lotz
Produktion: Markus Schärtlein / Johannes Geyer
Grundlayout: eStudio Calamar
Printed in Italy / Imprimé en Italie